室内土工试验手册

丛书译委会主任：梅国雄　丁　智

室内土工试验手册

第 1 卷：土的分类和击实试验
（第三版）

Manual of Soil Laboratory Testing

Volume I ：Soil Classification and Compaction Tests

3rd Edition

〔英〕K. H. 黑德　著

朱鸿鹄 等　译

中国建筑工业出版社

著作权合同登记图字：01-2019-1753 号

图书在版编目（CIP）数据

室内土工试验手册. 第 1 卷，土的分类和击实试验：
第三版 / 梅国雄主编；(英) K. H. 黑德著；朱鸿鹄等译
. — 北京：中国建筑工业出版社，2023.5
书名原文：Manual of Soil Laboratory Testing，
Volume Ⅰ：Soil Classification and Compaction Tests
3rd Edition
ISBN 978-7-112-28566-2

Ⅰ. ①室⋯ Ⅱ. ①梅⋯ ②K⋯ ③朱⋯ Ⅲ. ①室内试
验-土工试验-手册 Ⅳ. ①TU411-62

中国国家版本馆 CIP 数据核字（2023）第 057260 号

Manual of Soil Laboratory Testing，Volume Ⅰ：Soil Classification and Compaction Tests 3rd Edition ©
2014 K. H. Head
Published by Whittles Publishing
ISBN 978-1904445-36-4
Chinese Translation Copyright © 2023 China Architecture & Building Press

本书经 Whittles Publishing 公司正式授权我社翻译、出版、发行。

责任编辑：刘颖超　杨　允　李静伟
责任校对：董　楠

室内土工试验手册
丛书译委会主任：梅国雄　丁　智
室内土工试验手册
第 1 卷：土的分类和击实试验
（第三版）
Manual of Soil Laboratory Testing
Volume Ⅰ：Soil Classification and Compaction Tests
3rd Edition
［英］K. H. 黑德　著
朱鸿鹄　等　译
*
中国建筑工业出版社出版、发行（北京海淀三里河路 9 号）
各地新华书店、建筑书店经销
北京鸿文瀚海文化传媒有限公司制版
天津画中画印刷有限公司印刷
*
开本：787 毫米×1092 毫米　1/16　印张：23¾　字数：585 千字
2023 年 9 月第一版　　2023 年 9 月第一次印刷
定价：**128. 00** 元
ISBN 978-7-112-28566-2
（39842）

室内土工试验手册

丛书译委会

主　任：梅国雄（浙江大学）
　　　　丁　智（浙大城市学院）
副主任：朱鸿鹄（南京大学）
　　　　吴文兵（中国地质大学（武汉））
　　　　倪芃芃（中山大学）

第 1 卷：土的分类和击实试验

本卷译委会

主任：朱鸿鹄（南京大学）
委员（按姓氏笔画排序）：
　　　　卞　夏（河海大学）
　　　　吴静红（苏州科技大学）
　　　　张诚成（南京大学）
　　　　秦　月（武汉理工大学）
　　　　徐东升（武汉理工大学）
　　　　寇海磊（中国海洋大学）
　　　　程　刚（华北科技学院）

序言

从 1773 年库仑创立抗剪强度理论，到 1923 年太沙基提出一维固结理论，再到近代的剑桥模型等各种模型理论的建立，土工试验都是研究的基本手段，我国土力学的研究也是始于 1945 年黄文熙先生创立的第一个土工试验室。此外，在很多重大土木工程开展之前，土工试验也是不可或缺的技术手段，可以为设计和施工的顺利实施提供可靠的参数和数据支撑。

对土工试验仪器、方法和详细的试验操作流程的熟练掌握，有助于深化对土的特性与行为的理解，有助于土力学的创新与岩土工程的发展。《室内土工试验手册（第三版）》原著由英国著名学者 K. H. 黑德和 R. J. 埃普斯担任主编，对室内土工试验相关的专业术语、试验原理和操作流程进行了系统、详细的整理和介绍，为从事土工试验人员提供了一本全面、实用、可靠的工具书。该手册一直深受专业人员的信赖，至今已修订至第三版，在国际土工试验领域具有广泛的影响力。

为了国内科研和技术人员更好地学习和了解这本手册，浙江大学梅国雄教授和浙大城市学院丁智教授，联合岩土工程博士、中国建筑工业出版社刘颖超编辑召集国内外 20 余所高校、50 余位学者，共同参与该手册的翻译和审校工作。这些学者都具有深厚的专业知识和英文功底，翻译过程中对书中的每一个细节进行了精心打磨和整理，力争最接近原著意思并符合国内专业知识环境。此外该中译本采用中英双语对照的形式，既可以快速学习土工试验操作的基本知识，也可以通过原版图书了解相关英文知识背景，符合科研全球化和工程国际化的发展方向。

侠之大者，为国为民。翻译工作常常被低估，但实际上，它是知识传递中的一项至关重要的环节。翻译是一项需要细致入微和高度专注的工作。译者们为确保每一个专业术语和概念的准确对应而进行的努力，将有助于推广中国土工试验领域的研究，促进国际合作，提高我国土木工程的国际声誉。他们的奉献精神和专业素养，必将激励更多的人投身到土工试验领域。

我相信，这套书的翻译出版能进一步激发研究人员探索土力学奥秘的好奇心，提升我国岩土工程理论和实践水平，为国家重大土木工程建设、"一带一路"等提供更好的基础保障。

张建民

2023 年 9 月

译者的话

土是岩石风化之后的产物，具有典型的碎散性、三相性和天然变异性，其力学特性与工程应用场景密切相关。卡尔·太沙基被誉为"土力学之父"，他于1943年出版的第一本《土力学》专著为工程师提供了一个理解土的基本力学行为的理论框架，使全球的岩土工程从业者都能使用一个共同的语言来描述岩土工程问题，从而为土力学及岩土工程几十年来的蓬勃发展打下了坚实的基础。

从太沙基时代开始，室内土工试验在土力学中的重要性便众所周知。这些试验是理解土的基本力学行为的重要手段。通过试验，我们能够深入了解土体的物理力学性质，为理论计算和工程设计提供必要的参数，并验证土力学分析理论的准确性和实用性。例如，通过测定土的强度，我们能够确定地基承载力和边坡稳定性的关键参数；通过测定土的变形性质，我们可以预测建筑物沉降和地面变形情况；通过测定土的渗流特性，我们能为路基设计、渗流侵蚀防治以及土石坝渗流分析等工程问题提供解决方案。

室内土工试验的核心目的是在实验室内重现土样在特定的埋藏深度、应力历史、应力水平和饱和度等条件下的状态，并通过试验手段模拟土样在未来工程应用中可能遇到的各种工况。基于这些试验，我们能够深入分析应力路径、边界条件和荷载类型等多种因素的作用机制及其时间效应。因此，室内土工试验是岩土工程设计和施工的基础，同时也对土力学理论的持续发展起到了关键作用。

K. H. 黑德和 R. J. 埃普斯合著的《Manual of Soil Laboratory Testing》是一套全面介绍室内土工试验的经典手册。该书已经修订至第三版，并在国际岩土工程界广受赞誉。译者精选这一套经典著作进行翻译，目的是让读者能够准确掌握室内土工试验相关的专业术语、试验原理和操作流程，以及了解国际上一些先进的试验方法和设备。在翻译过程中，译者努力保留了原文的语言风格，以确保读者不仅能够全面理解其内容，更能深入地领会和应用。

翻译经典著作是一项意义重大且影响深远的工作。非常感谢中国工程院院士、清华大学张建民教授长期对我们年青学者的厚爱和对这样工作的支持，欣然乐意作序推荐。浙江大学梅国雄教授和浙大城市学院丁智教授，联合岩土工程博士、中国建筑工业出版社刘颖超编辑专门召集成立了译委会，三卷手册分别由南京大学朱鸿鹄、中国地质大学（武汉）吴文兵、中山大学倪芃芃三位学者主持翻译工作。本套丛书集结了来自天津大学、湖南大学、中南大学、西南交通大学、英国剑桥大学等20余所高校的50余位青年学者参与翻译和校对。中国建筑工业出版社的杨允、李静伟编辑为手册的图表制作和文字校对付出了巨大的努力。这些年轻学者有热情，更有干劲，为土力学及岩土工程事业的发展和创新注入了新活力！

译者谨识

2023 年 9 月

第1卷前言

本卷全面介绍了土的分类和击实试验的相关内容，涵盖了本书的论述范围及一般规定、含水率和指数试验、密度和颗粒密度、颗粒粒径、化学试验、击实试验、土的描述，以及附录、索引等部分。这些内容可为从事室内土工试验的工程师、咨询顾问、科研工作者和学生提供宝贵的参考和指导。

K. H. 黑德教授是国际上享有盛誉的土工实验室管理专家。他在此领域的长期研究和实践中，积累了宝贵的经验和知识。他认为，室内土工试验的每一步骤都应被操作者深入理解和掌握。因此，本书采用了循序渐进且层次分明的叙述方式，详细描述了各种试验操作的步骤，并辅以众多的流程图、试验设备照片、试验数据和计算分析实例，使读者能够更为直观地理解这些关键内容。

在本卷的翻译过程中，南京大学朱鸿鹄、苏州科技大学吴静红主译第1章；南京大学朱鸿鹄、华北科技学院程刚主译第2章；南京大学张诚成主译第3章；武汉理工大学徐东升、秦月主译第4章；中国海洋大学寇海磊主译第5章；河海大学卞夏主译第6章、第7章；附录部分由南京大学张诚成主译。本卷的整体统稿由朱鸿鹄完成。

限于译者水平，书中难免有不足和疏漏之处，敬请广大读者提出宝贵的意见和建议！

译者
2023 年 9 月

第三版前言

本系列丛书共 3 卷，本书是第 1 卷，该书旨在为实验室技术人员和其他从事建筑及土木工程领域土工试验的人员提供一本工作手册。本书第三版修订时已补充增加了 BS 1377：1990 的相关要求及最新的修订内容。

这本书是基于我多年来管理大型土工实验室、指导英国和海外的技术人员及工程师开展试验所获得的经验而编写。我希望通过我的努力，能澄清那些经常导致困难或误解的细节。因此，本书中提供了试验步骤的详细描述，使用了很多流程图，以及试验数据和计算分析的实例，使得土工试验的新手也能正确理解这些知识点。

本卷详细介绍了土的分类和击实试验的方法和相关设备，前者包括相关的化学试验。英国标准（BS）涵盖了上述的大多数试验方法，其中最重要的是《土木工程土工试验方法》BS 1377：1990 第 1、2、3 和 4 部分。这本书不能替代相关标准，但它以其实用的方法增加了它的要求。本书也参考了某些美国标准（ASTM），并就英国皇家认可委员会（UKAS）的质量保证要求提供了一些指导，尤其是关于校准方法。即将出版的第 2 卷和第 3 卷修订版将同样涉及 BS 1377 第 5、6、7 和 8 部分。

本书假设读者已具备基本的数学、物理和化学知识，但在适当的位置解释了土工试验中必要的一些基本原则。我希望，在相关章节提供背景信息、一般应用和基本理论，将使技术人员能够更好地理解相关试验的目的和意义。为了介绍土力学的重要原理，在书中加入"土的描述"这一章，并可能激发人们对更广泛的地质学知识的兴趣。

我希望这本手册能继续在土工实验室中得到很好的应用，也欢迎各位读者提出意见和建议。

K. H. 黑德
萨里郡科巴姆

致谢

非常感谢 ELE 有限公司为本书提供了许多照片。也要感谢英国标准协会、冲击试验有限公司、土力学和土的性质测试有限公司、运输研究实验室和威立雅水务，允许复制照片、数据和数字。我还要感谢克兰菲尔德大学和麦考利研究所为本版提供独家照片。

我想向那些在手册修订过程中提供帮助的人表示感谢，尤其是彼得·基顿、约翰·马斯特斯、大卫·诺伯里、菲利普·舍伍德、西蒙·汤恩德和迈克·温特博士。

最后，我还要向基思·惠特尔斯博士表达衷心的谢意，他主动建议我出版一本纸质书而不是一本电子书。

目录

试验程序总结

试验名称	章节	参考文献*
第2章		
含水率:		
烘干法	2.5.2	BS：第2部分：3.2
砂浴法	2.5.3	（BS 1377：1975**）
白垩土饱和含水率	2.5.4	BS：第2部分：3.3
液限:		
锥式贯入仪法	2.6.4	BS：第2部分：4.3
单点贯入仪法	2.6.5	BS：第2部分：4.4
卡萨格兰德（Casagrande）法	2.6.6	BS：第2部分：4.5
单点卡萨格兰德法	2.6.7	BS：第2部分：4.6
塑限	2.6.8	BS：第2部分：5.3
缩限:		
TRL法（TRL：英国交通研究实验室）	2.7.2	BS：第2部分：6.3
ASTM法	2.7.3	BS：第2部分：6.4
线性收缩率	2.7.4	BS：第2部分：6.5
压实黏土	2.8.2	尼克松（Nixon,1956）
自由膨胀	2.8.3	吉布斯和霍尔茨（Gibbs 和 Holtz,1956）
黏性极限	2.8.4	太沙基和佩克（Terzaghi 和 Peck,1948）
土吸力（滤纸法）	2.9	BRE报告文档 IP4/93
第3章		
密度:		
测定法	3.5.2	BS：第2部分：7.2
取样管	3.5.3	土力学
排水法	3.5.4	BS：第2部分：7.4
浸水法	3.5.5	BS：第2部分：7.3
土粒密度:		
小比重瓶法	3.6.2	BS：第2部分：8.3
气罐法	3.6.4	BS：第2部分：8.2
大比重瓶法	3.6.5	BS：第2部分：8.4
最大干密度:		
砂土	3.7.2	BS：第4部分：4.2
粉土	3.7.3	土力学

试验名称	章节	参考文献*
含砾土	3.7.4	BS:第4部分:4.3
最小干密度:		
砂土	3.7.5	BS:第4部分:4.4
含砾土	3.7.6	BS:第4部分:4.5
第4章		
筛分:		
干筛:简单	4.6.1	BS:第2部分:9.3
干筛:复合	4.6.2	BS:第2部分:9.3
干筛:巨粒土	4.6.3	BS:第2部分:9.3
湿筛:细粒土	4.6.4	BS:第2部分:9.2
湿筛:含砾土	4.6.5	BS:第2部分:9.2
湿筛:黏土	4.6.6	BS:第2部分:9.2
湿筛:含大颗粒黏土	4.6.7	土力学
沉积:		
移液管	4.8.2	BS:第2部分:9.4
比重计	4.8.3	BS:第2部分:9.5
第5章		
pH值:		
试纸	5.5.1	供应商
电测法	5.5.2	BS:第3部分:9
比色法	5.5.3	(BS 1377:1975**)
罗维朋比色仪法	5.5.4	供应商
硫酸盐含量:		
硫酸盐总量—酸萃取法	5.6.2	BS:第3部分:5.2
水溶性硫酸盐—萃取法	5.6.3	BS:第3部分:5.3
地下水	5.6.4	BS:第3部分:5.4
重量分析法	5.6.5	BS:第3部分:5.5
离子交换分析法	5.6.6/5.6.7	BS:第3部分:5.6
有机质含量:		
重铬酸盐氧化法	5.7.2	BS:第3部分:3.4
过氧化物氧化法	5.7.3	(BS 1377:1975**)
碳酸盐含量:		
快速滴定法	5.8.2	BS:第3部分:6.3
重量法	5.8.3	BS:第3部分:6.4
钙质测定仪-标准法	5.8.4	柯林斯(Collins,1906)
钙质测定仪-简化法	5.8.5	柯林斯(Collins,1906)

试验名称	章节	参考文献 *
氯化物含量:		
定性法	5.9.2	BS:第 3 部分;7.2.3.3
水溶法	5.9.3	BS:第 3 部分;7.2
摩尔法	5.9.4x	鲍利(Bowley,1995)
酸溶法	5.9.5	BS:第 3 部分;7.3
总溶解固体	5.10.2	BS:第 3 部分;8.3
点燃失重法	5.10.3	BS:第 3 部分;4.3
试纸法	5.10.4	供应商
第 6 章		
轻型击实(1 升模具)	6.5.3	BS:第 4 部分;3.3
重型击实(1 升模具)	6.5.4	BS:第 4 部分;3.5
CBR(承载比)模具击实	6.5.5	BS:第 4 部分;3.4/3.6
ASTM 标准击实法	6.5.7	ASTM D 698/D 1557
振动击实	6.5.9	BS:第 4 部分;3.7
哈佛微型压实法	6.5.10	ASTM STP 479
湿度条件值(MCV):		
原始状态 MCV	6.6.3	BS:第 4 部分;5.4
湿度条件校准(MCC)	6.6.4	BS:第 4 部分;5.5
快速评估	6.6.5	BS:第 4 部分;5.6
白垩破碎值(CCV)	6.7.2	BS:第 4 部分;6.4
骨料压实性	6.8	派克(Pike,1972);派克和埃科特(Pike 和 Acott,1975)

　* 除非另有说明,否则 BS 默认为英国标准 BS 1377:1990(BS 1377:1990 是 BS 系列标准中有关土工试验方法的标准)。

　**被废止的标准

ASTM:美国材料与试验学会

BRE:英国建筑研究所

供应商:供应商或生厂商的说明书

第1章
范围及一般规定

本章主译：朱鸿鹄（南京大学）、吴静红（苏州科技大学）

1.1　简介

1.1.1　作为工程材料的土体

在岩土工程领域，土被看作是一种工程材料。工程用土的一般定义见第1.1.7节。土的物理特性可以通过试验确定，采用一定的分析方法可以帮助我们预测土体在特定条件下表现出来的性状。但是，与其他工程材料（如金属和混凝土）不同的是，土是一种天然材料，通常在自然条件下使用，因此无法在施工过程中对其进行严格的控制。尽管有时也会在现场对原位土体或开挖土体进行处理，但这种工程措施都是有限的、相对简单的。有个重要的例外是人们使用某些类型的黏土来制砖，但这已超出了岩土工程的范围。

实际上，土的种类繁多，且没有两个场地具有完全一样的土质条件。因此，评价不同开发场地土体的物理性质和工程特性是有必要的。用于确定土性的许多方法都源于工程实践的经验方法。

1.1.2　土力学

土力学是工程科学的一个分支，它应用力学、水力学和地质学原理解决与土有关的工程问题。土力学是地球科学的一部分，常常和岩石力学、地球物理、水文和工程地质等相关学科统称为岩土工程。

土力学研究涵盖了对土的调查、描述、分类、测试和分析，以确定土与其内部或其上的构筑物之间的相互作用。尽管土是人类最早使用、数量最丰富的一种建筑材料，土力学却是土木工程中最年轻的一门学科。

1.1.3　土工试验目的

为了确定土的物理性质，通常需在实验室中对土样进行试验。试验方法分为两大类：

（1）分类试验，以确定土的类型及其所属的工程类别。

（2）用于工程性能评估的相关试验，如抗剪强度、压缩性和渗透性等。

为了满足岩土工程师的多种目的，需要将室内试验确定的土性参数，现场获取的土体描述性数据和原位试验数据相结合，例如：

（1）分类试验中获得的数据可用于所调查场地的地层识别——即现场勘察。

（2）其他试验数据可用来定量描述土的工程特性，并基于此在现场勘察报告中给出相

1

应的建议。

（3）试验数据可用于检验以往基于经验和工程判断所获得的假设。

（4）根据试验结果，可以制定土方施工的验收标准（可能是在地基处理之后）。

（5）在土方工程或开挖过程中，特别是为了确保满足设计标准，需要进行室内试验，这是控制措施的一部分。

（6）在施工过程中可以进一步开展试验，以作为现场勘察结果的一种补充，例如，开挖新的土层时。

《室内土工试验手册》第1卷讨论了为土的分类而提出的室内试验方法，尤其针对英国本土。第2卷和第3卷介绍了与土的工程特性有关的试验。

1.1.4　室内试验的优势

在工程建设项目的场地勘察中，现场试验至关重要，其中包括对场地的地质条件、地质历史的调查，以及地下勘探和原位试验。考虑大尺度效应，由原位试验可确定地基土的特征，例如土的构造、结构和地层的不连续性，这些信息很难在室内小型土样中获取。

本书介绍的是通过室内试验确定土的性质，这一方法具有以下一些特别的优点：

（1）可以很好地控制试验条件，包括边界条件。

（2）室内试验结果通常比现场具有更高的精度。

（3）可以自由选取试验对象。

（4）可以在与原位相似或不同的条件下进行试验。

（5）土性参数可以在较短的时间内获取。

（6）可以模拟现场工况的变化，如施工期或工后可能发生的各种情况。

（7）可以用扰动、重塑或以其他方式处理过的土体进行试验。

原位试验和室内试验都是现场勘察的必要组成部分。它们不能互相替代，而是具有互补的关系。

1.1.5　一般应用

在过去的75年里，通过可靠的试验程序对土体特性进行评价，使人们对土的工程性质有了更深入的了解。其试验在土木工程建设领域的有益作用包括：

（1）减少基础和土方工程分析中的不确定性。

（2）采用较小的安全系数，节省设计费用。

（3）特殊场地的勘探。

（4）提供了建设构筑物和地下工程所需的知识。

（5）提高了使用土作为建筑材料的经济效益（例如在土坝和路堤中）。

1.1.6　实验室认证

通过认证的土工实验室应能遵守公认的标准，负责地、安全地、有效地开展所需的试验工作。质量认证是说明实验室充分具备这些能力的有力证据。英国和其他国家的许多著名土工实验室都得到了英国认证服务机构（UKAS）的认证。UKAS认证提供实验室能正确执行相关试验程序的"能力标志"。

UKAS 认证的要求是：

（1）所有程序都有文件记录，任何与标准文本不符的地方都有标注。

（2）正确维护、检查和校准试验设备。

（3）试样得到恰当的处理、保护和储存。

（4）工作人员有相关能力，经验丰富，训练有素。

（5）实验室提供适当的、安全的工作环境。

（6）审查系统能确保以上条款始终得以贯彻执行。

1.1.7　定义

以下定义基于《简编牛津英语词典》以及《简明牛津词典》，并进行了一定程度的扩展，以匹配本书的涵盖范围。

试验（源自拉丁语 testum，最初用于瓦片或陶罐的处理或试炼金属，特别是金或银的合金）：（1）关键性检验或测试，用以确定任意物质的质量。（2）在已知条件下核查一个物质，以确定其特性或其中一种组分的行为或过程。（3）测试材料物理性能的操作，以确保其满足特定的要求。上述定义（3）适用于土工试验的定义，但（1）也是相关的，（2）适用于分类和化学试验。

实验室（源自拉丁语 laborare，任务）：为自然科学实验（最初是化学实验）而设置的房间或建筑物。

土（源自拉丁语 solum，大地）：一般指大地或地面；地球的表面。出于不同的目的，土有不同的定义，而上述定义对于工程应用而言过于宽泛。在岩土工程领域，土的定义如下：土是构成地壳外层的、自然形成的沉积物，由离散的颗粒（通常是矿物，有时含有机质）、数量可变的水和气体（通常是空气）组成，其中颗粒可以简单地用机械方式方法将其分离开。第 7 章将更详细地讨论此定义。

样品（来自中古英语 essample，例子）：（1）小的、单独的一部分，可用来代表被取样总体的性质。（2）数量相对较少的物质，但从中可以推断出它所代表物体的特性。在本书中，从地面获取的、代表特定沉积物或地层的材料称为"样品"。

试样（来自拉丁语 specere，观察）：（1）一个从中可以推断出事物整体特征的例子。（2）代表整体事物的一部分。（3）作为被调查或科学研究对象的一部分或部分物质。

当材料保持原状时，用于试验的原始样品的一部分通常被称为"样品"。然而，"样品"和"试样"通常被当作是同义词。

1.1.8　本书的涵盖范围

1. 概述

本书主要介绍实验室内的土工试验。实验室既包括大型的、设施齐全的试验机构，也包括在勘察或施工项目地点设立的小型初级试验中心。在原位土体上开展的野外试验不在本书的涵盖范围内。本书定位于给读者提供一份工作手册，因此主要面向进行土工试验的人员。

2. 涵盖程序

在英国，室内土工试验通常依据《英国土木工程土的试验方法标准》BS 1377：1990 第 1~8 部分（第 9 部分关于原位试验）。本卷主要介绍标准的实验室分类试验、化学试验和击实试验，在上述标准的第 1~4 部分进行了规定，本卷第 2~6 章中进行了说明。《英国土木工程用土的试验方法标准》是本卷的主要参考文献（下文简称为英国标准或 BS），其他英国标准以其完整名称引用。

本卷也提到了美国标准，并参考了美国材料与试验学会（ASTM）的一些标准。它们描述的试验程序通常与英国标准非常相似，但是在细节上会有一些差异。其他国家也有各自的标准，其中有些是基于英国或美国标准的。统一的欧洲标准已进入起草阶段，目前进展顺利。

3. 局限性

英国标准规定了在土工试验中应遵守的标准程序。但是，这些程序以及本手册中描述的程序都是基于英国对沉积土的常规做法，即水下形成的沉积土，它是温带地区分布最广的土。当遇到其他类型的土时，例如热带地区的残积土，可能需要采取特殊程序以获得可靠且一致的试验结果，这尤其适用于试验之前对土样的处理，以及待测土样的选取和制备。

4. 建议方法

实验室技术人员必须能够细致、准确地执行试验工作，并符合公认的标准程序。这需要相关人员具备良好的试验技术知识，并且掌握土样制备的正确程序。第 1.3~1.5 节将介绍这些内容，它们是进行第 2~6 章中所述试验的先决条件。第 1.6 节概述了与实验室安全相关的事项。第 1.7 节讨论了试验设备的校准、标定。

第 1.2 节和附录 5 中列出了实验室设备的清单，以及不同试验中用到的一些物件的特性和使用说明。

第 7 章简要介绍了实验室中对土的描述。土的工程描述是经过多年才逐渐发展、成熟的一门艺术，但是只要运用正确的基本原理和常识，很快就能培养对室内土样进行合理描述的能力。

附录 1 总结和简要说明了英国标准（本书使用）采用的国际单位制（SI）。附录 2 列出了本书中所用的符号。附录 3 提供了其他相关数据的快速指引。

5. 总体内容结构

每章均以一段简介开始，然后列出一个适用于本卷的术语列表。理论部分提供了足够的理论背景，可以帮助读者理解相关的试验原理。随后，概述试验结果在工程实践中的一些应用。但是本书的重点在于实验室土样制备和试验开展应遵循的详细程序，也包括与试验有关的一般事项的评论，所需设备的详细信息，试验阶段的列表，以及详细的步骤。最后，介绍了分析计算、绘图以及试验结果展示，同时给出了典型的实例。

6. 单位和术语

在本卷中，度量单位采用国际单位制（SI）。在少数情况下，如果使用陈旧的试验设备，可能会给出原始的英制量值。

在英国标准所涵盖的试验中，所使用的术语和符号与英国标准统一。除非另行定义，则该符号将会在附录中列出。单位和符号通常沿用国际土力学与岩土工程学会（ISSMGE）（1981）所推荐的对应值。

7. 参考文献

参考文献列于每一章的末尾，作者的名字按字母顺序排列。本书中经常引用的 BS 1377：1990 的全称仅在本章的末尾引用。

1.2　实验室设备

1.2.1　范围

本部分概述了本卷中所提及的实验室试验设备。首先，列出了用于各种参数测量的仪器设备。在几乎所有试验中都会用到的天平、烘箱及辅助物品将会单独介绍。其次，介绍了各种试验中使用的机械和电子仪器，但对于那些仅用于特定试验的设备，请参考相应章节。

土工实验室所需的其他物品列于附录5，包括玻璃皿和陶瓷皿，五金制品（即金属器皿、塑料器皿等），小工具，化学试剂和指示剂，杂项材料和清洁材料等。

下面列出的章节和表格将提供本卷中所述试验需要用到的所有设备、消耗品、试剂和其他材料的清单。由于其数量取决于具体试验情况，因此此处没有给出相关建议。

测量：

长度，位移	表 1.1
体积	表 1.2；第 1.2.7、1.2.8 节
质量	表 1.3；第 1.2.3 节
时间	表 1.4
环境	表 1.5
天平	第 1.2.3 节
烘箱等	第 1.2.4 节
其他主要项目	第 1.2.5 节
特殊试验的专用设备	第 1.2.6 节
玻璃器皿和陶瓷器皿	附录 5
五金制品	附录 5
小工具	附录 5
化学试剂和指示剂	附录 5
杂项材料	附录 5
清洁材料	附录 5

1.2.2　测量工具

和其他试验工作类似，在土工试验中需测量并记录各种参数。接下来将讨论本卷涉及的测量工具。但是，土工试验的开展并不只是借助于各类测量工具，文字记录试验中观测到的现象同样重要。

长度和位移的测量工具			表1.1
工具	图号	量程范围	分度值（mm）
卷尺		2m 或 3m	1
米尺		1m	1
钢尺		300mm	0.5
袖珍钢尺		150mm	0.5
游标卡尺	1.1	150mm	0.1
数显游标卡尺	1.1	154mm	0.01
深度计		150mm	0.1
外卡尺	1.1	用钢尺测量	
内卡尺	1.1		
千分尺	1.1	25mm	0.001
千分尺		75～100mm	0.01
千分表	1.1	15mm	0.005
千分表		50mm	0.01
圆锥式液限仪上的贯入规	2.11	40mm	0.1

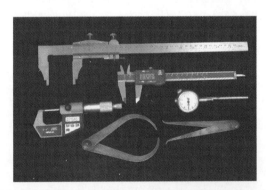

图1.1　长度和位移的测量工具见表1.1。从最上方顺时针依次为：游标卡尺、数显游标卡尺、千分表、内卡尺、外卡尺、千分尺［图片由麦考利研究所（Macaulay Institute）提供］

体积和流体密度的测量工具		表1.2
工具	容量	分度值（mL）
玻璃量筒	2L	20
	1L	10
	500mL	5
	250mL	2

续表

工具	容量	分度值(mL)
塑料量筒	100mL	1
	50mL	0.5
	25mL	0.5
	2L	
	1L	
玻璃烧杯	800mL	
	400mL	
	200mL	有限的中间刻度
	75mL	
塑料烧杯	800mL	
	400mL	
滴定管	100mL	0.2
移液管	50mL	
	25mL	
	10mL	
	5mL	
	2mL	无中间刻度
气罐	1L	
密度瓶	50mL	
比重计(土类)	0.995~1.030g/mL	0.0005g/mL

尽管试验的主要目标是测量各种物理量，但我们不应忽视其他感官观察。例如，土体的外观和"触感"，以及土样在试验过程中表现出来的特性，这些观察同样具有重要的参考价值。本书中介绍的、用于确定土体性质的各类试验中，涉及对长度、体积、质量、流体密度、时间和温度等物理量的测量。所需的仪器工具类型汇总在表1.1~表1.5中，表中列出了大多数设备的"量程"或"测量范围"以及"分度值"。量程或测量范围表示量度工具的最大设计测值，或可用刻度的读数范围。分度值是在仪器刻度上标记的最小间隔。通常情况下，可以将读数估读至标记刻度的1/5~1/2，有时这是必要的。然而，如果仪器的灵敏度不足，无法对如此微小的增量产生准确的反应，那么在这种情况下，强求精度的显著提高并不总是理智的做法。

测量质量的秤和天平（见第1.2.3节）　表 1.3

类别	种类	图号	称量	分度值	精度(%)
重型	台秤	1.2	60kg	10g	0.017
重型	托盘	1.3	30kg	1g	0.0033
粗级	托盘	—	6kg	0.1g	0.0017
中级	托盘	1.4	2100g	0.01g	0.0005
精细级	托盘	—	360g	1mg	0.0003
分析级	封闭盘	1.5	210g	0.1mg	0.00005

测量时间的量度工具　　　　　　　　　　　　　表 1.4

类别	典型测量范围	分度值
秒表	30min	0.2s
时钟计时器	1h	1s
定时开关(振筛机)	1h	1min
挂钟	12h	1min
日历	1a	1d

用于环境测量和控制的量度工具　　　　　　　表 1.5

类别	测量范围(℃)	分度值(℃)
汞温度计	0～250	1
	0～110	1
	0～50	0.5
热电偶	1000	20
最高/最低温度计	−20～50	1
干湿球温度计	−5～50	0.5
水浴控制器	15～50	0.1
福丁气压计	670～820mmHg	0.05mmHg
真空计	0～1 个大气压	2kPa

1.2.3　天平

1. 质量测量

在常规的实验室工作中，质量比任何其他物理量测量得更加精确。在表 1.3 中列出了天平的分度值，其与称量的百分比来表示精度，从台秤的 0.017%（1/6000）到分析天平的 0.00005%（1/2000000）。土工实验室中需要配备几种不同类型的天平，以适应从零点几克到高达 60kg 的称重范围以及所需的精度。

2. 天平选择

表 1.3 给出了用于土样质量测量的电子天平的建议选项。对于质量 60kg 以内的超大土样，通常需要使用台秤，如图 1.2 所示。

图 1.3 为常见的称量为 30kg 的电子盘秤，图 1.4 为称量为 2100g 的盘秤。其他不同称量的电子秤外形基本相同。可精密测量的分析天平如图 1.5 所示。一些现代的电子天平具有双量程功能，在每一量程内的精度和分度值可以满足大多数土力学试验所需的 2～3 种称重参数。电子天平通

图 1.2　最大称量为 60kg、分度值为 10g 的电子台秤（照片由 ELE International 提供）

常需要通过变压器连接到主电源。许多电子天平还装有可充电电池组，以便可以在远离市电的情况下使用。

图 1.3 电子粗级盘秤，称量为 30kg，分度值为 1g（照片由 ELE International 提供）　　图 1.4 电子中级盘秤，称量为 2100g，分度值为 0.01g（照片由 ELE International 提供）　　图 1.5 分析天平，称量为 210g，分度值为 0.1mg（照片由 ELE International 提供）

1.2.4 烘箱和干燥设备

1. 常规的烘干设备

实验室烘箱通过加热到预定的温度，来实现快速烘干物料的目的。电加热式烘箱是常用的设备，图 1.6 和图 1.7 中显示了两种不同尺寸的烘箱。也可以使用民用燃气和瓶装气供热的烘箱，后者适合现场使用。

图 1.6 大容量电烘箱
（照片由克兰菲尔德大学提供）　　图 1.7 带有防潮容器和配件的台式烘箱
（照片由克兰菲尔德大学提供）

使用烘箱之前，必须先校准恒温器。恒温器刻度盘上的刻度不一定以℃为单位，可能是一个校准编号（通常为 1~10，中间为刻度）。当烘箱为清空状态时，通过将恒温器设置到某个标记并记录所指示的温度来校准烘箱。

当温度稳定时，把温度计放在烘箱中间。对表盘上的每个主要校准标记重复此操作，并绘制温度校准曲线（类似于图 1.8）。在实际测量时，温度从该曲线上读取。通常，干土的温度要求是 105～110℃，即 107.5℃±2.5℃，某些土可能需要较低的温度（通常在 60～80℃）（第 2.5.2 节）。在烘箱实际使用的环境中，对其进行校准是很重要的。如果把烘箱移到实验室的另一个地方，则应该重新校准。

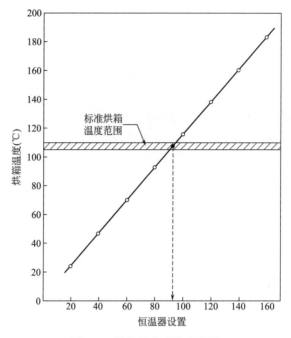

图 1.8　烘箱的典型校准结果

实验室烘箱必须能够在整个箱体空间内将温度稳定保持为所需的数值。一个好的烘箱应在一定的时间内使某一位置的温度波动保持±1℃或±0.5℃以内，并且使得整个箱体空间内的温度波动控制在 4℃范围内。此项检查应在箱体有足够多工作空间的情况下进行。如果发现任何位置的温度不能保持在规定的范围内，则该区域需被禁用，并被标注出来。热电偶探头常常用来测量烘箱内各个位置的温度。

烘箱内必须保证空气的自由流通。在小烘箱中，可以通过热对流来实现，但在较大的烘箱中，需要借助风扇来实现充分的热对流。烘箱架应由穿孔板或钢丝网组成。通风口的内外都必须保持畅通，而且烘箱的负荷不能太大，以避免限制空气的流通。良好的绝缘隔热有助于保持均匀的温度和节约电能消耗。

烘箱的温控器不得被阻塞或锁定。为了保证安全，有些烘箱配有辅助的恒温器，以防主机出现故障。将恒温器设置为所需温度后，应将其锁定或快速固定在该位置，或者至少要清楚地标识。当烘箱开启和加热器实际通电时，单独的指示灯会显示。

待烘干土样应用金属容器盛放，并置于烘箱中。有时要求在玻璃瓶中烘干土样，应非常小心地处理土样，并将其放置在远离加热元件的高架子上。热的土样容器应用烘箱钳或戴烘箱手套处理，并在取出后立即放在隔热垫上。切勿将热的玻璃器皿放在冷金属表面上，否则可能引起玻璃破裂。装有黏性土的容器应尽快转移到干燥器柜中冷却。

通过定期从烘箱中取出土样，冷却、称重，并送回烘箱，可以确定在指定温度下完全烘干土样需要的时间。通过绘制土样质量随时间变化的曲线，可以看出质量在什么时候达到恒定。在大多数情况下，当多次称重之间的差异小于土样初始质量的 0.1％时，可被认为质量达到恒定。在实践中，一般建议烘干 16～24h（通常是整夜），但前提是已经做过控制检查验证这一点，并记录了数据。对于非常大或非常潮湿的土样，或者烘箱中还包含许多非常潮湿的土样，需要的烘干时间会更长。

2. 其他烘干方法

以下是其他五种土体干燥设备：

（1）红外干燥柜（图 1.9），装有许多红外线灯来加热土体。该设备适用于快速干燥大量的砂土，以便开展粒径分析或击实试验。但是，由于该设备不能控制温度，因此不适用于土样含水率的测量，尤其对于存在有机质的情况下。

（2）热风干燥柜，内置有一台电扇，用于将热空气吹到散布在托盘上的土样。图 1.10 为机架安装在手推车车轮上的大型干燥柜。

（3）具有强制对流功能的微波炉，为快速干燥土样提供了一种新的办法，但该设备也不能控制温度，因此也不适用于含水率的测定。如果土样中存在被土粒封闭的水分，则用微波炉加热很危险，因为土样可能会爆炸。

（4）具有内置加热器单元的手持式电动鼓风机，可在喷嘴处提供约100℃的热空气流，因此可用于快速降低少量土样的含水率。但它同样不适用于土样含水率的测定。

（5）装有加热控制单元的电热板，该设备有多种尺寸。它们可用于快速烘干散布在托盘上的无黏性土，但是热量分布不均匀，因此需要不断观察和搅动土体。电热板可用于砂浴法测定某些土的含水率。也为化学试验提供了一种方便的可控热源，并且在许多方面可以用来代替本生灯。

图 1.9　红外干燥柜

图 1.10　热风干燥柜
（照片由麦考利研究所提供）

3. 烘土容器

烘干土样一般有两个目的，需要不同类型的容器。

（1）土样制备。有时需要将一定数量的土样烘干，用于开展下一阶段的土工试验。开敞的容器（例如金属托盘）通常适用于此目的。

（2）土样含水率测定。这是大多数试验中的必要程序，需要把少量土样进行烘干。为此，需要有密封盖的容器，如铝罐或玻璃称量瓶。

图 1.11（a）为一些典型的金属容器，图 1.11（b）展示了玻璃称量瓶，它们均可满足上述两种目的。专门用于含水率测定的容器将在第 2.5.2 节讨论。

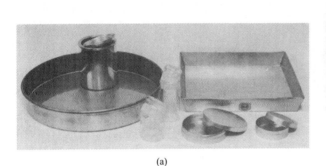

(a)　　　　　　　　　　　　　　　(b)

图 1.11　烘干土样的容器

（a）金属容器；（b）玻璃称量瓶

1.2.5　其他主要设备

1. 干燥器

土样从烘干设备中取出后，重要的是让它在干燥的空气中冷却。如果暴露在潮湿的空气中，土样冷却时会吸收水分。干燥器是一个密封的容器，通过干燥剂保持干燥，可由常规实验室玻璃干燥器［图 1.12（a）］或小机柜（图 1.13）组成。当必须使用图 1.12（b）的保护笼时，前者也可以用作真空室（请参阅第 3.6.2 节）。

图 1.12　干燥器

（a）真空干燥器；（b）带保护笼干燥器

（照片由克兰菲尔德大学提供）

最方便的干燥剂是硅胶，其晶体大小为 4～6mm。当新鲜干燥且有活性时，晶体呈亮蓝色，吸收水分后，硅胶将失去颜色，饱和时则变为粉红色。通过在 110℃的烘箱中干燥数小时，可以重复利用，但一定不要使其过热。

硅胶晶体应散布在干燥器多孔板下约 10mm 深的小托盘上。由两个或多个单独的机柜组成的干燥柜，必须在每个机柜中均放置干燥剂。每个干燥器机柜应保留两盘硅胶，一个在干燥器中，一个在 105～110℃的烘箱中干燥。每天更换一次，使干燥剂在使用中总是处在活性状态。

方便操作的排列方式是将干燥器放置在烘箱和最常用于测量含水率的天平之间。摆放顺序是天平—烘箱—干燥器—天平。

2. 恒温水槽

当需要在试验过程中保持均匀的温度（例如沉降试验或使用比重瓶的相对密度试验），恒温水槽必不可少。用于沉降试验的浴液必须足够深，以包围圆柱体中的悬浮液，并应有透明的玻璃面。合适的尺寸约为 600mm×300mm×380mm（深），如图 1.14 所示。比重瓶要用较小的水槽，或者用较深水槽侧面支撑的多孔托盘，将比重瓶支撑在适当的高度。

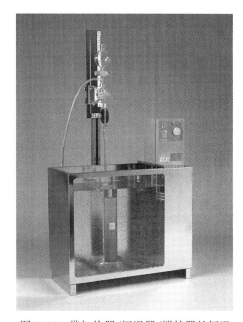

图 1.13　干燥柜（照片由麦考利研究所提供）　　图 1.14　带加热器/恒温器/搅拌器的恒温水浴（照片由 ELE International 提供）

由搅拌器、加热线圈和可调恒温器以及指示灯组成的电动装置可以置于或固定在水浴槽侧面。与烘箱一样，恒温器应根据使用环境的温度进行校准。水温应通过插入已校准的温度计读数至 0.2℃进行验证。水位应保持在正确的位置，以使加热器和搅拌器完全浸没。使用蒸馏水或沸水可以最大程度地减少水浴槽侧面"水垢"的堆积。放置在水浴槽上方的盖子可保持水质清洁，并减少热量和蒸发损失。可以使用漂浮在表面的小塑料球作为另一种绝缘的方法。

适用于大多数工作的恒定温度是 25℃。如果选择 20℃，则在天气炎热时需要冷却水，除非实验室装有空调。

为了抑制藻类的生长，可以将水稳定剂添加到水浴槽里的新鲜水中。

3. 真空容器

提供中等真空度的一种简单方法是使用连接在自来水龙头上的过滤泵（图 1.15）。如果有良好的总水压，可获得约 2kPa 的真空（1 个大气压约为 101kPa）。上述设置适合需要中等真空度的单个试验，但不适合多种用途试验，且浪费水。

可以通过电动真空泵产生 1Pa 或更低的真空度（图 1.16）。这种泵如果容量足够，可以连接实验室中安装的真空管线，根据需要将其用于各种目的。

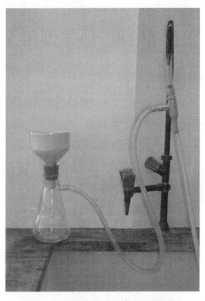

图 1.15 过滤泵和真空过滤瓶   图 1.16 电动真空泵
（照片由克兰菲尔德大学提供）   （照片由克兰菲尔德大学提供）

如果要使用这种系统，需要记住几点。应将一个可以定期排水的疏水阀安装在泵附近，以最大程度地减少泵中积聚的冷凝水。建议在广泛用于真空过滤的出口使用类似的疏水阀。阀门必须是适用于真空的类型，并且应安装在特定的位置，以使其在不使用时可以隔离管路。应将以 Pa 为单位的真空计安装在真空泵附近，也应安装在需要保持高真空的出口处，例如用于对密度瓶进行排气的真空干燥器位置。必须按照制造商的说明定期维护真空泵。油位应加满，不应忽视定期从储水室排水。维护良好的泵可以长时间连续运转。在关闭泵之前，所有的连接线应首先与泵隔离或向大气开放。

每当将玻璃容器（如真空干燥器）连接至真空管路时，应首先用如图 1.12（b）所示设计的金属笼罩住，以防内爆。应该逐渐施加高真空，不要通过快速打开连接龙头来突然施加高真空。只能将设计用于承受外部大气压力的容器置于真空中。

真空计应由经过认证的第三方机构每隔一年进行一次校准。

4. 水的净化

在许多土工试验中，需要使用蒸馏水或去离子水。普通自来水含有溶解的固体和细菌，可能会与土体中的矿物质发生离子交换或其他反应，影响试验结果。

蒸馏水通常从电热蒸馏器中获得。如图 1.17 所示为一款现代型号的电热蒸馏器，其功率为 3kW，每小时生产 4L 蒸馏水。其安装和操作说明由制造商提供，确保在电源接通时水始终处于循环状态是一项重要的措施。在硬水区，加热元件需要经常进行除垢或更换，以保持工作效率。

英国法律要求在安装了蒸馏器后，通知当地的海关税务员。检查员可能偶尔来检查，以确认只有水在蒸馏。

净化水的另一种方法是去离子。图 1.18（a）中显示了可重复使用的过滤器产品，图 1.18（b）中显示了一种可充电钢瓶型产品。两类产品都连接到供水系统，并可以通过水龙头排出去离子水。产生的去离子水水质通常可由电池供电的电阻表测出，在必要时可轻松更换滤芯。去离子水被认为比普通蒸馏水具有更高的纯度。

图 1.17　电热蒸馏器（照片由 ELE International 提供）

图 1.18　水去离子器（照片分别由威立雅水务系统和土性测试有限公司提供）

在本手册中，"蒸馏水"一词也涵盖去离子水。BS 1377-1：1990 中对蒸馏水或去离子水的要求如下：

（1）按照 BS 1377-3：1990 第 8 条的规定：进行试验时，每升水中溶解的总固体含量不超过 5mg（见第 5.10.2 节）。

（2）pH 值在 5.0～7.5。

5. 蜡罐和蜡

石蜡涂层是一种有效、廉价的土样密封方法，可以防止土样储存时含水率发生变化。

试验中应使用低熔点的蜡（大约 52～54℃），以避免土样在涂蜡过程中受损。熔点越高的蜡越脆。微晶蜡比普通石蜡收缩小，是一种较好的选择。

　　蜡的使用温度应仅高于其熔点，不应过热，否则会损害其密封性能，并且可能会使其变脆。恒温控制的电加热蜡锅或蜡槽（图 1.19）可以将蜡保持在所需的温度，这是土工实验室的基本要求。另外还需要其他物品：长柄勺，漆刷（例如 10mm 和 50mm）和环刀（直径与 U100 管相同，用于制作蜡盘）。

6. 土搅拌机

　　电动搅拌机（如霍巴特搅拌机）的工作原理与食品搅拌机相同，可促进水土的彻底混合，特别适用于无黏性土。黏性土可能需要"面团"搅拌器，但是对于稠度从硬塑到坚硬的黏土，机器搅拌未必切实可行。

7. 脱水压力容器

　　自来水或蒸馏水可以通过在合适的真空容器中搅拌或在密封容器中煮沸然后冷却来去除空气。无论采用哪种方法，容器都必须足够坚固，以抵抗外部的大气压。

8. 分土器

　　使用分土器可以方便快捷地将大量无黏性土分成多份。有几种不同尺寸的过滤网箱可供使用，容量从 0.3～18L 不等，最大的过滤网可容纳粒径 50mm 以下的砾石颗粒。完整的尺寸范围如图 1.20 所示，表 1.6 中列出了其中最常用的三个尺寸。

图 1.19　电加热熔蜡炉

图 1.20　分土器

分土器　表 1.6

最大粒径(mm)	齿缝宽度(mm)	齿缝数量	容量（大约）	
			L	cm³
50	64	8	18	18000
20	30	10	4.4	4400
5	7	12	0.3	300

一个分土器由两个独立的容器，容器位于齿槽下方；一半的齿槽将土送入一个容器，另一半送入另一个，交替布置。这确保每个容器接收到的是原始土样的一半。使用三个容器能加快土样分格的过程。

9. 振筛机

机械振筛减轻了操作人员的体力劳动，如果使用得当，可确保筛分程序一致。振筛通常设计成一组直径 200～305mm 不等的筛子。

如图 1.21 所示的振筛机以高频垂直振荡的方式搅动土样，同时做圆周运动，使土样在每个筛子表面旋转。筛分时间由一个内置的计时器开关来控制。

如图 1.22 所示的振筛机通过电磁脉冲对土体进行垂直、横向和旋转运动。由连接的数控面板控制振动的强度，并且内置计时器开关。安装在振筛机上的自动计时器应在指定的实验室里定期校准。

图 1.21　振筛机
（照片由 ELE International 提供）

图 1.22　高频振动式振筛机
（图片由冲击试验设备提供）

10. 摇瓶机

在对细粒土进行沉淀试验之前的预处理期间，有必要将土中的悬浮液摇动几个小时。在某些化学试验中，连续摇动也是必要的。为此，可从化学试验设备的供应商处购买用于锥形瓶的摇瓶机。在 BS 1377 中，建议使用 30～60r/min 的设备进行翻滚式摇动，如图1.23 所示。使用合适的夹子将最多 8 个瓶子固定到电动旋转滚筒上。如果土样数量为奇数，可通过增加加水的瓶子来保持平衡。如果不需要翻滚式摇动，则可以选择图 1.24 中所示类型的辊式摇瓶机。

另一种设备是图 3.15 所示的摇瓶机，进行调整可以容纳多个瓶子。注意需要使用校准过的实验室计时器，同时每年至少检查一次摇瓶机的转速。

图 1.23　翻滚式摇瓶机　　　　　　　　　图 1.24　辊式摇瓶机
（照片由 Geolabs 提供）　　　　　　（照片由 Soil Mechanics 提供）

11. 离心机

BS 1377：1990：2 中规定的用于沉淀试验的离心机能够容纳容量为 250mL 的瓶子。这是一台大型且昂贵的机器，不太可能在土工实验室中使用。但是，通过将土样分成小份，可以使用尺寸和成本更合理的仪器（接受 50mL 离心管）来代替。这种离心机如图 1.25 所示。

应使用合适的频闪观测仪定期校准转速。离心机不是必须的，因为真空过滤虽然速度较慢，但可以代替离心机。

12. 马弗炉

在某些化学试验中，必须使用马弗炉（图 1.26）才能在指定温度下点燃材料。要求马弗炉温度最高为 800℃，并且应能够自动将温度保持在试验规定的范围内（例如，±25℃）；应具有安全功能，例如在门打开后能自动关闭，并在温度传感器发生故障时保护加热元件。

图 1.25　离心机（照片由克兰菲尔德大学提供）　　图 1.26　马弗炉（照片由 ELE International 提供）

打开马弗炉时，应始终戴好眼罩和隔热手套。放入和取出坩埚需采用坩埚钳（图 1.26）。

马弗炉应备有校准过的热电偶，使炉内达到的温度与所指示的或预先设定的温度一致。应当利用已校准的热电偶探头，定期校验马弗炉的温度控制器。每次校准应持续足够长的时间，以验证在试验方法所需的时间内可以保持指定的温度。该过程中可能需要经过认证的外部组织提供相关服务。

1.2.6　特殊设备

除了上述主要设备外，还有许多专用设备和许多较小的设备，都是土力学实验室所需的，总结在附录 A.5 中。它们被列在特殊项目，玻璃和陶瓷器皿，五金制品，小型工具，化学试剂和指示剂以及杂项材料下。

连同前文第 1.2.1～1.2.5 节所述的主要设备，这些清单提供了本卷内容相关的设备、工具和材料的完整目录，在建立新实验室或扩展现有设施的范围时是有用的。

1.3　技术

1.3.1　概述

良好的实验室操作首先取决于试验、观察数据、记录观察结果的正确技术的发展。同时，技术人员必须掌握的其他技能包括在需要时仔细绘制图表，准确计算和正确报告结果。

相应章节详细介绍了试验步骤。这里给出的技术通常与室内试验有关，并且大多数是土工试验所必需的技术，例如天平的正确使用。其中一些步骤可能看起来很简单，但是必须一开始就正确掌握。

在实验室试验过程中，对某些小物品的需求会不断出现。因此，在口袋中随着携带以下物品（通常是实验室工作服或工装裤）是很方便的：

- 铅笔（削尖）（HB 级用于书写，H 级用于绘图）
- 圆珠笔
- 橡皮
- 笔记本
- 记号笔（防水）
- 小除尘刷
- 钢尺（长 150mm）
- 小刮刀
- 小折刀
- 放大镜
- 清洁布

微型计算器在现场计算很有用。室内试验数据表、图表和计算表可放在写字夹板上。

1.3.2 使用卡尺

测量卡尺由一对铰接的钢爪组成，用于测量无法直接用刻度尺测量的固体物体的尺寸。有两种类型，如图1.1所示，分别用于物体外部和内部测量。

当使用卡尺或游标卡尺测量圆形或圆柱形物体的外径时，必须保证测量到真实直径，测量时应成直角而不是倾斜〔图1.27（a）〕。真实直径是钳口之间可获得的最小尺寸。逐渐闭合钳口，直到它们在所需的测量点接触到物体为止，且不应过度拧紧。然后用钢尺测量钳口之间的距离，精度为0.5mm，或者从游标卡尺上读取。

当测量内径（如样品管）时，同样的原理适用，如图1.27（b）所示。此时，真实直径是指钳口张开的最大尺寸，前提是该尺寸垂直于管的方形端轴线。

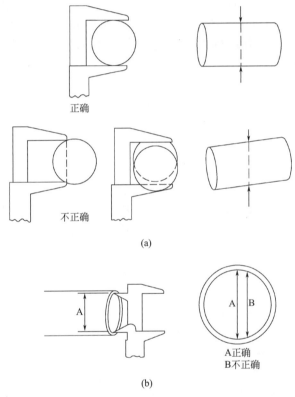

正确

不正确

(a)

A正确
B不正确

(b)

图1.27 游标卡尺的使用方式

（a）外径测量；（b）内径测量

1.3.3 使用游标尺

游标尺是适合多种类型测量的仪器。它通常是土工试验中滑动卡尺或游标卡尺的基础部件（图1.1）。游标是皮埃尔·韦尼尔（Pierre Vernier）在17世纪发明的，可以在测量时直接读取到0.1mm，而不需要估读。它的制造非常简单，无需高精度的机床。

游标卡尺有一个钢制的刻度尺，刻度尺以mm为单位，两端分别是固定钳口和滑动钳口，它的刻度尺长9mm，分为10等分（图1.28）。因此，游标刻度的长度为0.9mm，比

1mm 的刻度短 0.1mm。当将滑动钳口移到要测量的物体上时，游标对应的最左刻度表示所测量的 mm 总数，并且根据与刻度标记完全重合的游标对应的标记数增加 1/10mm。在图 1.28 所示的示例中，游标零点在 32～33mm 之间，因此测量值为 32mm 加一个分数。游标上的第 7 个标记直接与刻度标记对齐（未读取），因此分数为 0.7mm。因此，该尺寸为 32.7mm。

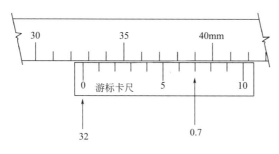

图 1.28　游标卡尺读数

游标卡尺有用于内部和外部测量的钳口。滑动部分应保持清洁，远离灰尘和土粒。

游标卡尺是通过在卡爪之间放置量块，并将刻度读数与量块厚度进行比较来校准的。钳口开度超过 100mm 时需要用测量杆来校准。

1.3.4　使用天平

以下的说明为如何正确使用天平进行称重提供了指导。每一种天平的详细信息都不同。表 1.3 列出了 6 种主要类型。

1. 选择天平

为了获得足够的精度，有必要在称量之前选择适合于待测质量的天平。通常选择具有最高灵敏度和所需量程的天平。在任何情况下，天平的负载均不得超过其规定的量程，否则可能会损坏机械装置。如不能确定，应先在粗天平上粗略称量土样。

2. 建立平衡

下面概述了建立平衡应遵循的原则。每一款天平的细节会有所不同，应遵循制造商的说明或建议。

（1）天平应放置在远离走道、门和其他振动源（如机器和电梯）的地方，最好不要靠近外墙。

（2）天平不应放置在加热器、散热器或烘箱旁边，必须避免阳光直射和对流风。高精度天平对温度变化特别敏感。

（3）高灵敏度的天平应有独立的支撑。较好的布置方式是将砖或混凝土墩安装在坚固的地板上，上面有 50mm 厚的混凝土或板岩板-铺路砖是最理想的。在墩与板之间铺一层毛毡可以有助于天平免受振动的影响。

（4）应留出足够的空间让操作员可以坐（在恰当高度的凳子上）或站在天平边，并留出足够的工作台空间来记录质量等数据。

（5）天平应放置在一个坚实的平面上。

（6）天平应用调节脚调平（如果已安装），并且必须保持稳定。

（7）天平不使用时应防止灰尘进入。

3. 称重过程

在称量烘箱中干燥的土样之前，应使样品在干燥器中冷却。

切勿将粉状物质（包括土体）直接放在天平的秤盘上，而应放在玻璃杯或称量瓶或防潮容器中。（当使用配备有用于盛放土的铲式盘的天平时，此方法不适用防潮。）

（1）电子天平

其不需要零散的砝码，良好的使用方法总结如下。如果符合制造商的说明，电子天平通常应保持打开状态。

① 检查托盘是否干净，完全卸载时检查读数是否为零。

② 如果使用了该设备，则在托盘上放置空容器后进行去皮操作。

③ 将要称量的物品轻轻放在托盘上，靠近中心，以避免偏心加载。

④ 读取指示的质量，并立即在天平前的测试表的对应位置处记录。

⑤ 需要检查所指示的质量，并确认所记录的值是正确的。

⑥ 从托盘中取出土样后清洁托盘。

（2）手动天平

以下总结了使用老式的具有两个秤盘且所需测量重量较轻的天平的良好经验。

① 检查平底托盘是否干净，完全卸载时读数为零（如果安装指示灯，则在打开后）。

② 要使用时，在托盘上放置空容器，并去皮操作。

③ 将要称量的物品放在托盘中央，并增加砝码（如果合适）直到平衡（请参阅下面的⑥）。如果使用两盘式天平，则将要称重的物体放在左盘中，并将砝码添加到右盘中。当要称量给定质量的土体或其他物质时，首先应将组成给定质量的砝码放在左侧秤盘中，以便将物料添加到右侧秤盘中。

④ 当使用带有"平衡"位置的天平来减轻秤盘重量时，无论何时对秤盘中的物品进行调整，秤盘都应处于此位置。应平稳地抬起刀刃。

⑤ 天平稳定后，读取指示的质量，并将所有砝码的总和加到该质量上。

⑥ 在天平平衡时，立即在试验表格上的适当位置记录该质量。

⑦ 需要检查指示的质量和砝码的质量，并确认已写下正确的值。

⑧ 卸下所有多余的砝码，然后重新检查总量。将它们装在盒子里。

⑨ 从托盘中取出土样，然后清洁托盘。

⑩ 适当时关掉指示灯。

4. 一般保养

① 使用前，请检查天平是否稳定。

② 始终保持天平清洁无尘。为此，请随时准备一个小的软刷。如果天平有盖，使用后应更换。

③ 使用镊子夹持较小的砝码。

④ 更换砝码必须始终在砝码盒中进行。

⑤ 切勿使用高灵敏度的天平称量腐蚀性液体。

⑥ 与提供这项服务的专业公司签订定期维修合同，确保天平处于良好的工作状态。可能需要与两家不同的公司签订单独的合同，以涵盖分析天平和精密天平，以及超常规的天平和尺度。

5. 天平校准

应使用适当的经过认证的标定砝码定期校准天平。可以在维修后立即由负责维护天平的承包商（最好是 UKAS 认可的承包商）进行校准，作为维护合同的扩展，也可以由高级实验室人员在内部进行。后者应在维修后立即进行。

天平有许多不同的类型，详细的校准步骤根据类型而有所不同。以下概述了一般原则。对于具有双量程刻度的天平，应在每个量程内重复此过程。应使用有效且可追溯校准的标定砝码。

应依次添加约占天平满刻度的 25％、50％、75％和 100％的标定砝码，并观察读数。至少应使用两个加载和卸载周期来确定可重复性和准确性。此外，应将相当于全刻度读数约 50％的砝码加载和卸载 5 次，以进行进一步的可重复性检查，每次都要观察加载和卸载的读数。所有读数都应记录下来。然后可以评估观察到的精度，线性和可重复性，以确定性能是否在天平的规格范围内。

校准间隔应不少于 12 个月。在两次校准之间，应定期（例如每周一次）使用已被标定砝码校准的工作砝码进行检查。如果发现任何差异，应遵循完整的校准程序。

1.3.5 记录试验数据

1. 试验表格

首先要注意，在试验表格的适当位置记录待测土样的完整标识（如土样编号和项目编号）。还应记录对土样的描述。任何特殊试验说明都应在表格上注明。所有的条目都应清楚明了。记录时应准确，并直接记录在表格的适当位置。错误数据应该被划掉（而不是修改），并在上面记录新的数据，以防弄错。

严禁使用零星的纸张来记录数据。当把数据从一张纸写到另一张纸时，很容易出错，而且零星的纸张易丢失。不正确的计算是另一个误差来源。数值和计算应该反复检查，最好是用不同的方法或由他人检查。

试验结束后，操作者应在记录单上签字并记录试验日期。

2. 数据呈现方法

所有实验室试验都涉及数据的记录，在试验过程中会以各种方式进行观察。有时，这些观察结果构成了试验所需数据的一部分；有时，必须通过计算或其他方式处理观察到的数据才能获得所需的结果。无论哪种情况，观察或计算出的数字都必须以易于理解的形式呈现。这可以通过两种方式完成：制成表格或绘制图形。

制成表格相当简单，将在每个试验过程中进行讨论。如果要从图形中获得最多信息，则作图需要应用一些简单的规则。

1.3.6　图

图是一种以图解形式表示一系列观测或计算的数据的方法。与表格相比，图的优势在于能将数据一目了然地联系在一起，还可以很方便地估计实际观测值之间的值。

大多数图是在方格纸上绘制的。一组值沿着水平轴（横坐标）表示为一定的刻度，另一组沿着垂直轴（纵坐标）表示为相同或不同的刻度。每一对对应的观测值或值被绘制成一个点，然后通过这些点绘制一条平滑的曲线或直线来表示这两个量之间的关系。例如，圆锥入土深度（mm）与含水率（%）的关系如图 2.14 所示。

1. 绘图纸类型

（1）算术图形纸为正方形网格纸。网格尺寸通常为 1mm、2mm 或 5mm，有时也采用 10mm 或 50mm 间隔。

（2）半对数坐标适用于大范围值。纵坐标根据算数标度划分，而横坐标则根据对数标度划分为若干个周期。每一个周期代表的是乘以 10 的数值变化。因此，1 和 10 之间、10 和 100 之间、100 和 1000 之间的距离是相等的。中间标记遵循固定的模式，如图 1.29 所示。对数坐标可以容纳非常大的数值，同时也能以相同的精度显示非常小的数据。半对数坐标主要应用于颗粒分析试验，绘制的尺寸范围为 0.002～200mm 或更大（5 个周期，即 100000∶1）。

图 1.29　对数坐标纸

推荐单位绘图示例　　　　　　　　　　　　　　　　　表 1.7

推荐单位的示例	不推荐单位的示例
1cm＝1、2、5 个单位	1cm＝4 个单位
10、20、50 个单位	25 个单位
0.1、0.2、0.5 个单位	3 个单位
1mm＝0.001、0.002、0.005 个单位	1mm＝0.004、0.025 个单位

半对数坐标纸以各种形式提供，其宽度最多可容纳 7 个对数周期。

2. 比例尺选择

在算术网格上为图的坐标轴选择合适的比例尺是很重要的，并且必须确保：作图容易、作图准确和读取中间值容易。

（1）根据以下建议，选择一个合适的比例尺。

（2）充分利用纸张的可用面积。

如果必须使用不合适的或非标准的比例尺来达到这一目的，那么使图覆盖整张纸是没有好处的。所使用的比例尺应是每一主要刻度代表所绘制的数量的一个单位，或与之有 2、5、10 倍或 20、50、100 倍的关系等。尽可能避免使用 4 的倍数，不要使用 3 的倍数。

规则是使用 1、2、5 的因数或它们的 10 的倍数（或 1/10）。表 1.7 中列出了使用以 mm 和 cm 为正方形的坐标纸作图的合适和不合适的比例尺的例子。

半对数图的算术纵坐标比例尺的选择应遵循上述规则。在可能的情况下，比较不同样本的测试结果时，使用相同的比例尺。否则，要非常清楚地标明比例尺是不同的。

1.3.7　计算和检查

实验室试验数据的计算通常使用微型计算器或台式计算机进行。后者可以通过编程自动执行计算并显示或打印出最终结果。然而，为了正确地理解这些原理，操作员需先通过使用基本算法进行所有阶段的手动计算。为了说明所涉及的原理，本卷中给出的所有计算都已全部列出，其方式与在不借助于程序计算器的情况下使用传统工作表进行实际计算的方式相同。

所有计算，无论是否由计算机辅助，都应由有经验的人员独立检查。结果应进行严格的审查，并提出以下问题——在此类土上进行这类试验，结果是否合理？如果在重新检查计算结果和所绘数据后有任何疑问，应进行重复试验。正确检查数据和评估结果的有效性，需要根据经验进行判断。

计算时应使用记录的数据，并且在得出最终结果之前不得四舍五入。只有在此之后，才能对结果进行四舍五入，以使结果能够以表 1.8 中建议的精度进行报告。

1.3.8　报告

选择正确形式来显示结果。试验结果应清晰易读，并以清晰易懂、毫不含糊的方式报告。

报告实验室试验结果的建议精度　　　　　　　　　　　　　　　　表 1.8

项目	精度	单位
密度	0.01	Mg/m^3
含水率	小于 10%:0.1	%
	大于 10%:1	%
液限	1	%
塑限	1	%
塑性指数	1	%
颗粒密度	0.01	Mg/m^3
黏土,粉砂,砂的粒组含量	常规:1	%
砾石含量	小于 5%:0.1	%
孔隙比	0.001	—

当没有标准表格时，则完整记录结果所需的信息包括：

（1）实验室机构的名称和地址

（2）试验性质

（3）试样识别数据（第 1.4.2 节）

（4）工作名称和位置编号

（5）客户名称（如已知）

（6）试验土样说明

（7）试验规范和任何特殊说明

（8）符合规范的试验结果和特殊说明的要求

（9）在试验期间或试验结果中出现的任何异常情况

（10）签字和试验数据

各地实验室工作规程各不相同，但通常要求每个试验单据由进行试验的技术人员签署，并负责确保包括计算和数据交付在内的所有资料都经过核对。试验结果的表格经过签字并注明日期后，即可提交给主管。

报告结果的准确性应该在每个试验描述最后的"报告结果"中注明。这些建议汇总在表 1.8 中。

1.3.9　实验室环境

需要定期测量实验室的环境指标，这对某些试验非常重要，尽管本卷中涉及的试验一般对环境变化并不特别敏感。通常测量的项目有：实验室温度、大气压和相对湿度。

1. 温度

为了记录实验室的温度变化，需要一个最高/最低温度计。指示最大和最小读数的指针可以很容易地通过小磁铁复位到汞液面。每个指针的底部指示最大和最小读数，而两侧的汞液面指示当前温度。

通常每天需读取并记录 5 个读数：上午 9 点（或一天的开始时间）读取前一天夜间的最低温度，前一天的最高温度和当前温度。将指针复位至汞液面。在中午和下午 5 点（或一天结束时），再次读取温度。

如果有自动记录设备，所需要做的就是每周或每隔一定时间更新记录图表。温度计或记录装置必须远离热源，并始终避免阳光直射。

2. 大气压

最令人满意的大气压测量仪器是福丁气压计，它通过刻度上的游标记录精度达 0.05mmHg 的气压读数。仪器必须小心安装。另外也可以使用无液气压计。

每天早晚应各读数一次，也可以使用自动记录读数的设备。

3. 相对湿度

相对湿度一般采用干湿球温度计测得。必须用蒸馏水给小水箱注满水，并确保灯芯始终湿润。如果变硬或不吸水，则应及时更换。

根据室温（用干球温度计表示）和两个温度计读数之间的差值，可以从仪器随附的表中读取相对湿度（%）。

1.3.10　清洁

1. 工作区域

保持土工实验室清洁并不容易，因为土在本质上是一种比较脏的材料。应尽一切努力防止在土样准备和试验中积聚过多的杂土。每次试验后，应清除工作台面和地板上多余的土。每天结束时，应擦拭台式电脑并清扫地板。

应定期清理和整理橱柜、抽屉、架子和储物架。土样存储区也应定期清理。这些定期的工作应基于良好的实践和常识。应鼓励所有操作人员养成有序和整洁的良好习惯。一个干净整洁的工作场所能充分说明实验室管理有序、高效和安全。

2. 设备

试验设备应在每次使用后及时清洗。像含水率容器这样的物品可以放在烘箱里烘干。刮土刀等铁质物品应在清洗后立即擦干。

烘箱、干燥柜、恒温水槽等应定期清空和清理。所有设备需按照制造商的相关说明定期清洗和维护。

不使用时，应把天平和带有活动部件的设备都盖上，以防止灰尘、干扰或意外损坏。

3. 玻璃器皿

保持玻璃器皿和陶瓷器皿绝对清洁且无油脂很重要，尤其是在化学试验时。最简单、有效的清洁方法之一是用温肥皂水或含有少量合成洗涤剂（例如界面活性剂）的水洗涤。用吸水纸或软布擦拭，或用长柄刷子擦拭滴定管等设备。然后彻底冲洗，以确保清洁剂完全清除。将物品沥干在干燥架上，然后用干净的布擦干。

1.4　土样保管

1.4.1　观察

土样为地下勘察提供了一些最重要的证据。它们的获取成本很高，所以应予以适当的对待和处理。

土样的检查和描述通常由岩土工程师或地质工程师进行，但在制样和试验中观察到的现象同样重要，操作员应详尽记录所见到、所摸到、所闻到的东西。实验室中与土样的接触将比其他任何地方都更加频繁。例如，最初工程师可能只在两端检查未受干扰的土柱试样，直到将土样从取土器中取出、开展试验后，才能观察到整个土样的长度。如果最终发现有很大差异，则应在试验前将这些差异通知工程师。

第 7 章给出了土体描述的系统程序。以下各节介绍土样的一般处理和储存。

1.4.2　识别

每个土样都应予以编号，编号一般包括三部分：

作业参考编号/钻孔编号/取样深度（m）。

在一些识别系统中，除了取样深度外，还可以使用连续的数字，每个钻孔编号从 1 开始。基本要求是为每个土样提供一个唯一的、明确的、可理解的参考编号。在适当的情况下，可以使用坑道、沟渠、平坑或其他取样地点的识别号来代替钻孔编号。

所有必要的识别信息应使用防水标记笔书写在贴在土样容器上的适当标签上。不应仅依赖于盖子或端盖上的标签或标记。这些细节也应在开始阶段就清楚地记录在土样描述表上。如果对土样编号存在任何疑问，应立即进行核实。

土样的完整信息包括以下细节：

（1）地点名称

（2）位置参考编号

（3）钻孔或坑号等

（4）土样编号

（5）取样深度（顶部和底部）

（6）土样类型（扰动或未扰动）

（7）容器类型和编号

（8）取样日期

（9）土样的外观描述

（10）记录员姓名

（11）记录日期

（12）签名

随后可以根据室内试验结果修改上述的描述文字。

1.4.3　打开取样容器

在打开土样进行检验或试验之前，需检查容器以确定其是否密封良好。记录任何关于密封或包装不完整的观察结果，特别是对于未扰动的土样。此外还要注意取样容器是否有任何损坏或劣化。

土样容器打开时必须非常小心，以免材料或液体的扰动和损失。应轻轻打磨涂抹在未受扰动的土样上的保护性蜡涂层。必须小心地处理未受扰动的土样，不要将其掉落或撞击在工作台上。

应将土样标签贴在容器上，而不是在盖子或端盖上。但是在取下盖子时，应该将其放置在取样容器周围，以免混淆。

1.4.4　再次密封土样

当从未扰动土样中提取了足够的试验用土后，剩余部分应重新密封并放回土样库。在描述或取出试验用土后应尽快重新密封土样，以防止土样变干。密封程序如下。

直接将未经保护的土样浸入熔融蜡中是不可取的。应首先用刷子涂一层薄薄的熔融蜡，确保没有孔洞。如果土样是多孔的，则首先用蜡纸覆盖。蜡硬化后，可将土样浸入蜡浴中两次或三次，选取浸入的间隔时间时要注意使蜡完全凝固。

为了保护黏性土的块状样品，首先在土样周围包裹平纹细布或粗棉布，以加强和保留蜡封的侧面和边角位置。

将土样密封在U100管中后，首先将蜡片插入到土样末端附近。然后刷上两三层蜡，以密封圆盘和管之间的间隙。最后，将薄薄的熔融蜡层倒在圆盘的顶部，然后在第一层硬化后再铺上一层厚度约 20mm 的第二层蜡。为了密封较小的管子，插入一个圆盘纸并用蜡刷将其密封，然后将两三层熔融蜡倒在上面。

装在瓶和袋中的土样应重新密封，以防止水分和材料的损失。把玻璃罐的盖子旋上后，可以用塑料胶带封住，也可以刷上一层蜡。

聚乙烯袋的密封最好是在开口处用塑料胶带封好，然后尽可能多地抽走空气。扭转袋颈，并用金属丝或胶带捆扎好，这样做虽然不能密封水分，但适合含水率不敏感的粗粒土。切勿将聚乙烯袋在颈部打结，否则很难解开。

所有土样在送回储藏前必须有清晰的识别标签，清除所有旧标签。

试验后的土体材料不应被原材料替换，而应被单独重新包装在适当的容器中。容器上应附有详细标明土样信息的标签，并且明确地注明已开展的试验类型。

1.4.5 土样储存

土样应储存在阴凉的房间，避免高温和低温。理想情况下，储存地应保持高湿度条件，但这可能不切实际，除非有一个小房间可存放特殊土样。

玻璃罐中（蜂蜜型）的扰动土样可以方便地储存在奶瓶箱中。聚乙烯袋内的大型扰动样本（"散装袋"土样）不应一层一层地堆放，而应单独放在架子上。利用叉车将其放在货架上，是最方便的储存方式，并能最大限度地利用库房空间。货架的布局必须保证有足够的操作空间。

未受扰动的试管土样可以放在专门设计的架子上。但是，装有湿砂或粉质土的试管应竖立存放（适当保护以防被撞倒），以防止可能产生水的沉淀和分离。对于需要保存的任意时长的试管土样，除土样本身旁边的蜡封外，还应使用胶带或蜡将要存放的试管土样的端盖密封。蜡和端盖之间的空隙都应填满诸如锯末之类的包装材料。请勿使用砂或其他类型的土以及草或稻草。这些土样应存放在远离任何可能有热源的地方，并避免放置在建筑物的高处，那里容易聚集热空气。

货架以及所有存储区域应标明编号。维护足够的记录并保持一个有效的归档系统是至关重要的，以便可以轻松地查找任何指定的试样。

1.5 制备扰动土样

1.5.1 土的分类

本节介绍了在第 1 卷中描述的用于分类和击实试验的扰动土样的制备中涉及的一般原理。它基于 BS 1377:1990:1 的第 7 条，试验所需的实际材料量由每个试验程序给出，并取决于土的类型。

在 BS 1377:1990 中，土分为黏性土和无黏性土（非黏性的），每一类又分为细颗粒、中颗粒和粗颗粒三种，如表 1.9 所示。所有百分比均以质量计（这些分组与土样的制备和测试有关，不一定与第 7 章中给出的工程描述相对应）。分类取决于大量存在的单颗粒的最大尺寸，即按质量计大于 10%。如果土类不易辨别，则需通过筛分确定。通过检验和参照表 1.10 可得到评定筛分所需的最小质量。

土分类和类别　　　　　　　　　　　　　　　　　　　　　　　表 1.9

土类别	定义
黏性土	细粒土在适当的水分含量下可形成凝聚体（如黏土）
无黏性土	颗粒状土，由肉眼或放大镜可单独识别的颗粒组成（如碎石砾）
细粒土	不超过 10% 的颗粒留在 2mm 筛上
中粒土	超过 10% 的颗粒留在 2mm 筛上，但不超过 10% 的颗粒留在 20mm 筛上
粗粒土	在 20mm 的筛网中保留了 10% 以上的颗粒，但在 37.5mm 的筛网中保留了不超过 10% 的颗粒

在 37.5mm 筛上保留 10% 以上的材料通常不被认为是土。有些将其归类为集料。针对这些材料，可做的试验包括颗粒分析试验（筛分法）、含水率试验，以及针对细颗粒的塑限试验（如果存在）。

由于表 1.9 中所述的百分比仅用作指导，因此精度不是非常重要，不需要在筛分前将土烘干。土体应是符合上述定义的细粒土。

未扰动土样的制备需要另一种方法，如第 3.5 节所述，第 2 卷将对此进行更详细的介绍。

筛分所需的土体质量　　　　　　　　　　　　　　　　　　　表 1.10

大量存在的最大颗粒尺寸（大于 10%）	最低质量要求
20～75mm	15kg
2～20mm	2kg
小于 2mm	100g

1.5.2　试样选取

对于任何试验土样，最重要的是要具有代表性。现场取样不在本书的范围内，因此下面将在实验室中接收的土样视作可代表原位土体。但是，每次试验的土样质量应不小于表 1.11 中的限值。这些最小质量参考了 BS 1377：1990：1 的表 5。允许进行多次试验或对每个土样进行多次试验，所需的土体总质量需通过对这些值相乘或相加来确定。

进行试验时通常需要比收到的土样更小的试样（表 1.11）。土样的实际数量取决于试验类型和土体性质。粗粒土需要比细粒土更大的样本才能具有适当的代表性。第 1.5.5 节中给出了从大量粒状土中获得少量有代表性土样的标准程序。应始终遵循这一原则。从一袋或一堆土中随机抽取一勺土体的做法并不具有很好的代表性。

即使遵循了正确的程序，也应通过目视来检查选定的试验土样是否确实具有代表性。例如，如果存在中砾和粗砾，则可以通过观察原始土体和试验土样，对比两者是否一致。

对于黏性土（黏土和粉土），无法进行搅动处理。为了获得具有代表性的此类扰动样本，应该从几个地点选择若干小样，并将其混合在一起，而不是从一个地方抽取整个土样。如果土是分层的或有任何不均匀的地方，就需要通过仔细的肉眼观察，确保试验土样具有适当的代表性，并可能需要考虑土样是由一种以上类型的材料组成的。

1.5.3　烘干

在对较大的无黏性扰动土样进行适当的细分之前，必须先进行部分烘干，这一过程通常通过风干完成，即将土样散布在实验室的托盘上并暴露在空气中，持续约3天。可以将托盘放在温暖的地方进行风干，例如烘箱上方，但温度不得超过50℃。

风干并不能去除土中的所有水分。如果需要知道土的干重（定义见第2.3.1节），可以采用风干质量和风干含水率进行计算，风干含水率是通过选取第2.5.2节所述的代表性土样来确定的。

除非提前确定烘干过程对试验结果无显著影响，否则黏性土在试验前不应进行烘干（即使是在实验室温度下进行风干）。即使在室温下暴露在空气中，也可能导致某些土的物理特性发生改变，并且这些变化在土样与水重新混合时可能是不可逆的。在有机土和许多热带残土中，这些效应尤其明显（Fookes，1997）。由于细颗粒的聚集形成了牢固结合的较大颗粒，这些变化可能导致参数指标和测得的粒径分布发生变化。因此，应该在土体的天然状态或实验室接收时的状态下进行试验。如有必要，可以通过测定一部分具有代表性的土样的含水率，来计算出土样的干重。

不可烘干的土（无论是黏性的还是无黏性的）包括含有机质的土、用于pH值测试和某些化学试验的土，以及所有热带残积土。

每类试验所需的土体质量　　　　　　　　　　　　　表1.11

试验类型	章节	BS 1377:1990 的条款	最少所需的质量		
			细粒土	中粒土	粗粒土
含水率(烘箱干燥)	2.5.2	第2部分:3.2	50g	350g	4kg
含水率(砂浴)	2.5.3	—	50g	350g	3kg
白垩土饱和含水率	2.5.4	3.3	300~500mL块		
液限(贯入仪)	2.6.4	4.3	500g	1kg	2kg
液限(单点贯入仪)	2.6.5	4.4	100g	200g	400g
液限(卡萨格兰德法)	2.6.6	4.5	500g	1kg	2kg
液限(单点卡萨格兰德法)	2.6.7	4.6	150g	250g	500g
塑限	2.6.8	5.3	50g	100g	200g
缩限(英国交通与道路研究实验室)	2.7.2	6.3	500g	1kg	2kg
缩限(美国试验材料协会)	2.7.3	6.4	100g	200g	400g
线性收缩率	2.7.4	6.5	500g	800g	1.5kg
颗粒密度(小比重瓶)	3.6.2	8.3	100g	100g	100g
颗粒密度(集气瓶)	3.6.4	8.2	300g	600g	600g
颗粒密度(大比重瓶)	3.6.5	8.4	1.5kg	2kg	4kg
颗粒粒径分布(筛分法)	4.6.1-7	9.2,9.3	150g	2.5kg	17kg
颗粒粒径分布(移液管沉降法)	4.8.2	9.4	100g	—	—
颗粒粒径分布(比重计沉降法)	4.8.3	9.5	250g	—	—
pH值	5.5.2-4	第3部分:9.5	150g	600g	3.5kg

续表

试验类型	章节	BS 1377:1990 的条款	最少所需的质量		
			细粒土	中粒土	粗粒土
硫酸盐含量	5.6.2-6	5.5,5.6	150g	600g	3.5kg
有机质含量	5.7.2-3	3.4	150g	600g	3.5kg
CO_2 含量	5.8.1-5	6.3,6.4	150g	600g	3.5kg
氯化物含量	5.9.2-5	7.2,7.3	150g	600g	3.5kg
总固体溶解量	5.10.2	8.3	（≈500mL）		
烧失重	5.10.3	4.3	150g	600g	3.5kg
击实试验(轻型,1L模具)	6.5.3	第4部分:3.3		25kg(10kg)	
击实试验(轻型,加州承载比模具)	6.5.5	3.4		80kg(50kg)	
击实试验(重型,1L模具)	6.5.4	3.5		25kg(10kg)	
击实试验(轻型,加州承载比模具)	6.5.5	3.6		80kg(50kg)	
击实试验(振动法)	6.5.9	3.7		80kg(50kg)	
最大干密度(砂)	3.7.2-3	4.2	6kg	—	—
最大干密度(碎石土)	3.7.4	4.3	16kg	16kg	30kg
最小干密度(砂)	3.7.5	4.4	2kg	—	—
最小干密度(碎石土)	3.7.6	4.5	16kg	16kg	30kg
湿度条件值(MCV)	6.6.3	5.4	3kg	3kg	6kg
MCV/含水率	6.6.4	5.5	6kg	6kg	12kg
MCV/快速评估	6.6.5	5.6	3kg	3kg	6kg
白垩峰值强度	6.7.2	6.4	—	2kg	4kg

注：括号中给出的质量仅适用于土样在压实过程中不易破碎的情况。

1.5.4 颗粒的分解

在制备无黏性土样前，必须先破坏颗粒的团聚体，但大多数时候需要避免粉碎单个颗粒。最好采用橡胶杵和研钵完成此过程（图1.30）。如果需要制备大量土样，则应分批进行，以免超出容器体积。

如果需要用一定尺寸的筛子获得特定数量的土样，则应每隔一段时间将土体倒入筛中，并将保留在筛子上的土料送回土体中做进一步处理。这样可以避免由于细颗粒的存在而干扰筛分过程。

当仅有个别颗粒留在2mm筛上时，土颗粒的分解可以被认为是完全的。

对于某些试验，如化学试验，允许粉碎单个颗粒，可以使用传统的石杵和研钵一起研磨，以达到所需的细度。

这种方法一般不适用于含有黏粒的土，

图1.30 土样制备设备

此类土通常适合浸水分解。

1.5.5 分土和四分法

为了获得有代表性的试样，可以用两种方法来分离较多的粒状土：

（1）分土器法；

（2）圆锥四分法。

这两个过程都可以称为"分样"。

1. 分土器法

第 1.2.5 节给出了可以满足大多数要求的三种分土器的尺寸，见图 1.20。首先，必须将要分样的土样充分混合，然后用铲子或铁锹将其均匀地倒入分土器中。倒入土体时应该沿着所有或大多数齿槽分布，而不是局限于中间的两个或三个齿槽。每个接收容器应接收相同的土样，其中一个土样将被拒收，另一个土样将被重新混合，并在插入空的接收容器后，倒回到分土器中。该过程会根据需要重复多次，直到达到预期的分样数，然后将连续倒入的、来自两侧的土样保留下来。

2. 圆锥四分法

与分土器法相比，该过程较慢并且需要更多的工作，但是如果彻底混合至不会发生粒组分离，则该过程同样可靠。

初始土料在托盘上混合，并形成一个圆锥形的土堆。圆锥体底部周围的粗粒均应均匀分布。圆锥体的顶部被固定，并使用十字形土样分离器或直尺将土堆分成四个相等的部分，如图 1.31 所示。分离出两个对角相对的部分（A 和 C），将它们彻底混合在一起，并

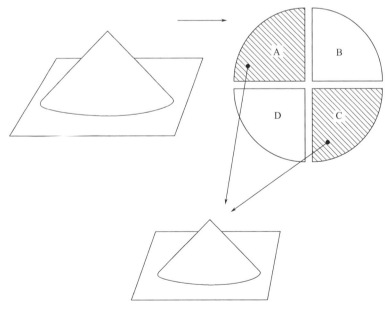

图 1.31 圆锥四分法

形成一个更小的土堆，再进行四等分。B 和 D 部分将被剔除并返回到原始土样容器中。重复上述过程多次，直到获得足够数量的代表性土样为止。

1.6 实验室安全

1.6.1 基本规则

实验室的安全意味着需要避免发生事故。事故预防在很大程度上是常识性问题，但确需始终遵循简单的预防措施，并时刻保持整洁、警觉、工作细致和行动谨慎。切勿走捷径和采用有潜在危险的权宜之计。除了直接相关人之外，事故还可能对其他人造成伤害甚至灾难。

最重要的要求可以总结如下：

（1）学习并遵守实验室的规章制度。

（2）在操作电气或机械设备之前，请参阅制造商的说明并严格遵守（这对于新设备或陌生设备尤为重要）。

（3）只有在学习使用说明和潜在危害之后，才能处理化学药品。

（4）如果有疑问，或者设备或程序的安全性值得怀疑，请立即与负责人联系。

以下总结了各种情况的预防措施，作为安全技术和行为的一般指南。这些要点可以根据实验室自己的规则和实践扩充。

1.6.2 行为总则及处理

（1）保持实验室工作台和工作区域整洁，包括橱柜、抽屉和储物架等。

（2）废弃物和土体应放在适当的容器中处理，并定期清空容器。

（3）土工实验室的清洁度很难保持，但是应定期整理和清洁，以尽量减少灰尘、土体碎屑和旧土样的不断积累（请参阅第 1.3.10 节）。

（4）不要在实验室大楼里跑步（除非在紧急情况下）。

（5）实验室不是开玩笑的地方，很容易造成灾难性后果。

（6）始终穿着适当的防护服（请参阅第 1.6.10 节）。

（7）请勿将广口式窄柱形瓶等物品举到脖子以上的位置。

（8）切勿试图独自搬运太重或太大的物品——可以寻求别人的帮助。

（9）在移动沉重或笨重的物品之前，确保有一个明确的、安全的地方可以放置。

（10）大型物品或重物应采用合适的手推车运输。尤其对于玻璃器皿，例如装有玻璃称量瓶的托盘。

（11）经过门口时，应在前面拉手推车，而不要在后面推手推车。

（12）热的物体应放在合适的隔热垫上，而不要直接放在工作台上。

（13）处理高温物品时使用烘箱手套和钳子。

1.6.3 火

（1）必须学习和理解当地的火灾法规，并参加演习。

（2）吸烟是最大的火灾隐患，禁止在实验室里吸烟。

（3）纸制品和废纸容器应远离明火和电炉。

（4）一些化学反应产生的蒸汽是高度易燃的。包括使用某些释放易燃蒸汽的胶粘剂。在使用这些物品的区域吸烟可能具有极大危害。

（5）由于透镜效应，请勿将玻璃试剂瓶和其他容器放在阳光下直射，否则会引起局部高温。

（6）电机、加热器和电火花过热都是潜在的火灾隐患。

1.6.4　电

将用电设备接到插座时，需要采取常规的预防措施，以确保电线正确连接到插头。旧的英国标准和当前国际标准中的颜色代码如下：

终端	国际标准	旧英国标准
火线	棕色	红色
零线	蓝色	黑色
地线	绿色/黄色	绿色

（1）确保所安装的保险丝的容量足够，但不宜超过设备的最大电流额定值过多。

（2）多数用电设备需要由合格的电工连接到三相电源。

（3）应使用合适的导线和电缆，并将其整齐地固定在工作台上。保持电缆远离电炉等热源。

（4）切勿用湿手触摸用电设备或开关。

（5）在拔下插头或将插头插入插座之前，请确保插头处于关闭状态。

（6）避免在单个插座上使用多个插座转换器。

（7）如果有疑问或需要任何修改，请寻求合格的电工服务。

（8）定期检查导线和电缆的状况。如果外壳磨损或损坏，则应更换电缆。

1.6.5　燃气

（1）定期检查燃气软管。一旦管道磨损或破裂，应及时更换——请勿尝试自行维修。

（2）如有泄漏嫌疑，请立即熄灭所有明火、打开窗户，并立即通知天然气局，不要尝试进行任何紧急维修。

（3）切勿用明火搜寻泄漏点。

（4）学习使用本生灯或其他燃气器具的正确方法。

1.6.6　排水管道

（1）在水槽和水渠中进行湿筛（第 4.6.4 节）或冲洗设备上的附着土时，应安装可装卸泥砂的收集器。定期清洁收集器，通常每周一次。但如果要进行大量的湿筛，则需每天清洁一次。如果不采用这种方式，泥砂和黏土会迅速堆积在水渠中，并导致排水管道阻塞。

（2）切勿通过冲洗排水管道来处理废土和残留土样。应准备合适的容器。

1.6.7 化学物质

（1）大多数化学药品具有潜在的危害和毒性，必须谨慎处理。处理后需立即洗手。良好的操作规范、整洁有序的环境至关重要。

（2）只有在通风良好的通风橱中才可以使用散发烟雾的化学药品。

（3）请勿嗅闻化学物质释放出的气体或反应产生的气体。

（4）在加热或混合化学药品时，请勿直视试管或烧瓶。

（5）应在水中添加酸性溶液——切勿在酸性溶液中加水。

（6）请勿使用嘴将腐蚀性、有毒或挥发性液体吸入移液管。

（7）任何泄漏物应立即清除。酸或碱必须先中和。

（8）皮肤上的酸或碱（包括氨）应立即用大量干净的清水洗净。

（9）未贴标签的化学药品容器不能用且有潜在危险，须采取妥善的方法将其处理。

（10）食物和饮料应远离化学试验区域。

可能在土工实验室中使用的特别危险的化学品有：

1. 酸和碱

（1）用碳酸钠中和溢出的酸。

（2）用氯化铵中和溢出的碱。

应随时备有这些物质的浓溶液以备不时之需。

2. 氨

氨会引起皮肤灼伤，皮肤上的滴液应立即用大量清水冲洗掉。在用清水冲洗至少15min后才能睁开眼睛，否则它对眼睛的影响是立即且灾难性的。

务必在玻璃后面的通风橱中打开瓶装氨水。或者，戴上眼罩以防止不可避免的轻微喷溅。0.880g/mL 的氨水需要特别注意；25％氨水（密度 0.91g/mL）危险性较小。

3. 汞

如果不采取适当的预防措施，汞的处理可能很危险。汞蒸气有毒，如果在正常温度（18～22℃）下将足够的液态汞暴露在密闭房间中，则汞蒸气的浓度可能会比可接受的最大允许浓度 $100\mu g/m^3$ 高百倍以上。正常的通风能防止浓度上升到最高水平，但是控制暴露在空气中的汞表面积非常重要。有关汞危害的更多信息请参见 HM Factories Inspector-ate（1976）的技术数据注释 21。

预防措施：为了避免操作过程中汞的散布和蒸气的积累，应始终采取以下常规预防措施。

（1）应提供良好的全方位通风条件（最好采用机械设备）。

（2）汞应储存在小型密封或水封防碎容器中，不应使用大容器——汞密度很大。

（3）汞容器应放在托盘上（最好是塑料质），可防止玻璃容器破裂或其他原因而造成的溢出。

（4）汞应在倾斜的托盘上操作，下方有通向水封疏水器的沟槽，或盛有足够水的水槽上方的多孔托盘上处理。

（5）如果可能，汞应该在一个封闭的系统中处理，或者在一个通风柜中处理，或者在一个与保持大约 0.5m/s 风速的排气系统相连的封闭系统中处理。

（6）真空泵的废气应在安全高度排放到实验室外。

（7）应注意确保汞不会附着在任何加热面上，如照明设备、散热器等。

（8）应避免与皮肤接触，并在适当的地方使用防护服（实验室外套，橡胶手套）。

HMSO 公布的《空气中有毒物质检测方法》系列第 13 册提供了一种测定空气中汞蒸汽的方法。

泄漏：如果不立即清理泄漏，在所涉及的运输区域，汞将被分解成小液滴，与空气接触的表面积很大。汞滴会停留在粗糙或不规则的表面和裂缝中，非常难清除。这种风险常常在区域被污染后才被重视，此时清洁将是至关重要的。

在可行的情况下，应首先用物理方法清理泄漏，例如采用真空管（一根连接到真空管路的软管）。受影响的区域应该用等量的石灰和硫磺混合足够的水形成一层薄薄的糊状物来处理。这种黄色的清洗剂应在地板、墙壁下部、工作台和任何其他受污染的表面上晾干。24 小时后用清水清洗，并让表面再次干燥。这种清洗方法可以确保任何无法用物理方法去除的汞滴都能转化为硫化汞，从而消除其蒸发的危险。通过肉眼观察黄色清洗液的去除情况，也能确保清洗工作的有效性。

4. 硝酸

强硝酸可点燃有机质；除非首先中和，否则不得用抹布或锯末清除溢出物。

5. 氢氧化钠

氢氧化钠是强碱，应小心处理。其紧急预防措施与氨相似。

6. 硫酸

在强硫酸中加水会迅速产生热量并引起溅射。一定要将酸液加到水中，切勿将水加到酸液中。

1.6.8　噪声

应使异常嘈杂的工作（如使用振动锤）远离主要工作区域，并在隔声室内进行。当操作非常嘈杂的设备（如振动锤）时，应戴上耳罩。

在实验室里，高强度的间歇性噪声并不是实验室刺激和不适的唯一可能来源。在实验室工作区域，持续的低水平噪声（如连续运行的真空泵发出的噪声）也是非常麻烦的。诸如此类的设备应放在其他地方，或封闭在隔声的环境中（设置进、排气口）。

1.6.9　杂项

1. 玻璃器皿

（1）玻璃器皿如有任何损坏或划伤应立即处理。

（2）如果发生破损，应立即收集所有玻璃碎片，并放置在一个结实的盒子里（必须有人处理垃圾），确保水槽中没有玻璃碎片。采用橡皮泥可以有效地收集小碎片进行处理。

（3）在玻璃瓶中放入塞子或将玻璃管穿过塞孔时，务必小心。酒精可以用作润滑介质。

（4）切割玻璃管等设备时，必须佩戴防护手套。切割后应使用火焰熔化切口末端，以防止尖锐边缘。玻璃切割和成型只能由经验丰富的人员来完成。

（5）使用玻璃容器时应有适当的支撑物。

（6）请勿将玻璃容器存放在阳光直射、较高的货架或靠近加热器或热水源的地方。

2. 工具

（1）不要使用未配有手柄的金属锉刀。

（2）螺母和螺栓应使用合适尺寸的扳手，最好不要使用活动扳手。

（3）使用砂轮时，请始终佩戴护目镜。

（4）带有外露齿轮，皮带传动装置和其他运动部件的机械应配备防护装置。

3. 真空泵

（1）检查玻璃器皿（过滤瓶、干燥器等）。如果发现任何的缺陷，不要使用，而应处理掉。

（2）玻璃器皿在真空环境下使用必须要用防护屏。

（3）用于真空环境的过滤瓶必须由厚壁玻璃制成，不建议使用普通的烧瓶和双孔塞进行真空过滤。

（4）操作真空阀时要缓慢开启。

（5）使用硅树脂真空润滑脂润滑玻璃真空旋塞，如果旋塞卡住，避免用力过猛拉扯。

（6）橡胶塞的大小要适中，要足够大以防止在抽真空过程中被吸入。

（7）在所有与大气的连接都打开之前，不要关闭真空泵。

1.6.10 防护服

正常的实验室操作要求在任何时候都要穿白色的实验服。如上所述，某些操作需要额外的保护装备。实验室应备有的防护衣物包括：

（1）工作裤

（2）连衫裤工作服

（3）防护眼镜

（4）防尘口罩

（5）耳罩

（6）安全帽

（7）橡胶靴

（8）护脚鞋或靴子

（9）橡胶手套

（10）隔热手套

（11）工业手套

1.7　校准

1.7.1　一般规定

校准是一种通过比对已知精度的相似设备，对测量设备的刻度进行检查和调整的过程。如果要保持试验结果的准确性，则必须定期对所有测量仪器进行适当的校准和重复校准。仪器的精度不可高于校准设备的精度。

为确保不同实验室、试验仪器的一致性，应该对用于测量的试验设备进行校准，使其校准可以通过一个完整的校准链路追溯到国家计量标准。这是英国 UKAS 对实验室认证的一项基本要求（请参阅第 1.1.6 节）。为了实现可追溯的校准，可以根据实验室持有的认证参考标准对实验室工作仪器进行校准（内部校准），也可以委托给 UKAS 认可的组织进行校准（外部校准）。UKAS 出版物 LAB 21 提供了有关校准的详细指南，这是土工实验室的关键文件。

每当仪器被损坏、维修、调整、大修、过载或拆卸时，或怀疑其准确性发生变化时，都应在使用前重新校准。

1.7.2　参考标准

为校准仪器而保存于实验室内的测量参考标准不得作其他用途。在不使用时，应将其与仪器分开储存，并存放在适当的环境中，最好上锁。

下面列出了适用于本卷中介绍的室内土工试验的参考标准，以及在适当情况下 BS 1377：1990：1 中规定的精度类别。这些参考标准和仪器应具有由主管机构签发的校准证书，如英国国家物理实验室（NPL）、国家计量实验室或 UKAS 认证的校准实验室。为确保对国家标准的可追溯性，校准证书是必须的。

1. 长度

300mm 钢尺，分度值为 0.5mm

2.5～100mm 的量块，以及 150mm 的长滑规（BS EN ISO 3650，1 级）

带孔的参考量规板，用于液限仪

表盘式比较仪

2. 质量

标准砝码：

1mg～100g（F1 级）

200g～10kg（F2 级）

3. 温度

符合 BS 593 的玻璃汞温度计，并经过校准：

量程为 0～150℃，分度值为 0.5℃

量程为 0～50℃，分度值为 0.2℃

4. 时间

参考英国电信（BT）电话报时。

5. 筛子

一组主筛（BS 410），孔径范围为 $63\mu m\sim5mm$

所有物品都应在一开始就进行校准，并附有可追溯至国家标准的校准证书。其后，参考标准品应由获 UKAS 认可的校准机构定期校准。最大校准时间间隔参考 UKAS 发布的 LAB 21 相关规定，如表 1.12 所示。

校正实验室参考标准的时间间隔（来源：LAB 21）　　　　表 1.12

参考标准	最大校准时间间隔
钢尺	5 年
量块	5 年
标准砝码(F1 和 F2)	1 年
玻璃汞温度计	5 年
主筛	使用 200 次或 8 年后(先满足的那个)更换

1.7.3　工作仪器的校准

1. 一般要求

如果用于实验的测量仪器（工作仪器）尚未附带按照国家标准制定的校准证书，则应在投入使用之前对其进行校准。此后应定期进行重新校准，两次校准之间的间隔取决于仪器的类型、使用强度和使用条件。表 1.13 概述了 BS 1377：1990：1 中针对本卷中所涉及仪器类型的校准时间间隔。每次校准的详细信息均应记录并妥善保存在文件中。在可能的情况下，每次校准后应立即在仪器上粘贴标签以清楚显示如下内容：

（1）校准日期

（2）校准人员

（3）下一次校准的截止日期

如果发现仪器不符合所规定的准确度标准，或存在任何形式的故障，则应将其明确标明，并移出工作区域进行检修。

2. 内部校准

根据实验室自己的参考标准对工作仪器进行内部校准工作，只能委托给具有相应资格和经验的人员进行。校准应遵循书面程序，校准记录应包括以下内容：

（1）已校准仪器的描述和识别号

（2）校准方法

（3）使用的设备

（4）校验仪器的校准证书编号

（5）校准温度

（6）校准数据及结果

（7）校准日期

（8）下一次校准的截止日期

（9）负责校准人员签名

实验室工作仪器的校准周期（来源：LAB 21）　　　　表 1.13

项目	程序校验	最大校准周期	参考章节
钢尺	新的	5 年	*
游标卡尺	每次使用前检查一遍并调零	1 年	1.3.3
千分表	每次使用前检查自由移动	1 年	（第 2 卷）
天平	每次使用前检查零点	1 年	1.3.4
天平砝码	每天用已知的重量验证	1 年	1.3.4
温度计(玻璃汞)	新的	5 年	*
计时器	1 个月	每年核对时间表	*
真空计	新的	1 年	1.2.5

＊下面给出程序。

3. 第三方校准

由第三方机构根据合约进行工作仪器的校准工作，其间隔时间不应超过表 1.13 所列的内部校准工作时间。校准机构出具的证书应明确规定可溯源至国家标准的方式，并应包括其名称、被校准的物品和校准位置。否则，证书应提供上述第 1~7 项和第 9 项所列的信息。

1.7.4　试验设备的校准和校验

1. 试验设备的校准

除了上面提到的测量仪器外，许多试验设备也需要进行校准或校验。本卷中提到的设备以及 BS 1377：1990：1 中规定的最大校准或校验时间间隔见表 1.14。

BS 1377 中给出的试验设备的规格包括关键尺寸（可能是长度或质量）的允许制造公差。工作公差允许这些尺寸因长期使用导致的磨损，而引起一定的变化。通常，当工作公差超过指定制造公差的 2 倍时，设备将不再符合标准（参见 BS 1377：1990：1，第 4.1.3 条）。

2. 校准程序

表 1.13 和表 1.14 及相关章节概述了一些试验仪器和主要设备的校准程序。其他的校准程序（如表 1.13 和表 1.14 中以 * 所示的内容）概述如下。

3. 温度计

玻璃汞温度计应首先进行校准，然后以不超过 5 年的时间间隔重新校准或更换。可以通过将温度计浸入一定温度范围内的水中，并利用参考温度计对其进行校准。如果温度刚好超过100℃，可以使用优质的食用油代替水。

其他类型的温度计，例如热电偶式温度计，也可以用类似的方式在此范围内进行校准，并且应至少每两年重新校准一次。对于用于更高温度监测的热电偶式温度计，例如用于测定马弗炉内温度的热电偶，应由经过认证的第三方机构进行校准。

4. 计时器

实验室计时器可以通过英国电信电话报时服务在24h内完成校准。一个高质量的、定期校准的秒表，可以作为其他计时器的参考标准。

如果在试验中使用挂钟作为计时器，则也应对其进行校准。

室内试验仪器校准和校验频率　　　　　　　　　　　表1.14

项目	例行检查频率	校准时间间隔	参考章节
烘箱	1周	每年根据温度控制设置进行校准	1.2.4
筛	每次使用前都要目视检查	多孔板筛：每年至少2次检查孔径。编织网筛：根据使用情况，每3个月至少校对调整1次	4.5.6
干燥剂	每天换干燥剂		1.2.5(1)
锥式液限仪	每12个月检查1次质量。每周检查尖锐度。每次使用前检查自由移动	每12个月校准1次渗透仪和自动计时器	2.6.4
卡萨格兰德液限仪	每次使用前检查滴剂	每3个月检查1次杯子和轴承是否磨损	2.6.6
恒温水槽	每天检查	每年根据控制设置进行校准	1.2.5(2)
土比重计	首次使用前	2年	4.8.4
采样移液管	首次使用前	2年	4.8.4
试模和环刀	首次使用前	1个月	*
压实夯	首次使用前	3个月	*
振动锤	每次使用前检查	6个月	6.5.9
玻璃器皿	如果达到相关BS的B级，则无需进行初始校准*。根据使用情况定期验证		*
蒸馏水	每天检查	每年进行化学和电导率分析	1.2.5(4)
去离子水	每次萃取时检查电导率	每年校准电导指示器，每年进行水分析	
筛分机	每次使用前都要检查	3个月	1.2.5(9)
摇瓶机	每次使用前都要检查	1年	1.2.5(10)
离心机	每次使用前都要检查	1年	1.2.5(11)
马弗炉	每月检查	1年	1.2.5(12)
pH计	每次使用前后检查	1个月	5.5.2
自动压实机	当新的时候，夯锤的质量。每次使用时检查自动计数器；每月检查下降高度	1年	6.5.8

　*下面给出过程。

5. 钢尺及卷尺

在初次使用前，应对这些物品进行校准，并与校准钢尺的读数进行对比验证。钢尺应每 5 年重新校准 1 次。是否需要加密校准频率则根据具体使用情况确定，包括对活动端止动器的误差校验。

6. 千分表和深度计

千分表的校准将在第 2 卷中介绍。深度计可以在平面（如干净的平板玻璃）上使用校准过的量块进行校准。

7. 土样模具和压实模具

应定期核实用于制备试样的模具的尺寸。模具内径应使用内部游标卡尺在两端至少测量两次。对于模具长度，应使用游标卡尺或刻度为 0.5mm 的钢尺进行多次测量。

用于压实和温度条件值（MCV）试验的模具应以相同的方式进行测量。如果需要在模具中称量土样以确定密度，则应在每次试验前对模具进行称重。

8. 压实夯锤

压实夯锤的落锤质量和落锤高度应定期检查。

9. 玻璃器皿

对于英国标准为 A 级或 B 级的玻璃器皿，如果能合理使用，那么校准就可能不是必需的。在必要时可根据使用情况定期检查校准。在校准体积容器时，可通过称量满刻度（弯液面底部）的纯净水量，测量水温，并使用表 4.14 中给出的水密度值来计算实际体积。

10. 常规检查

试验设备在两次校准之间应定期检查和核对，以确保其保持可靠性和准确性。作为定期检查的补充，在开始每次试验之前，都应进行常规检查，作为试验程序的一部分。表 1.13 和表 1.14 列出了常规检查建议时间间隔。

如果在检查和核对过程中对试验设备的准确性和可靠性产生疑问，或者发现设备的性能低于规定的准确性和可靠性标准，则应遵循常规的程序开展校准，并在必要时采取适当的补救措施。

参考文献

BS 410（2000）*Test sieves-Technical requirements and testing*. British Standards Institution，London.

BS 593（1989）*Specificiation for laboratory thermometers*. British Standards Institution，London.

BS EN ISO 3650（1999）Geometrical product specifications（GPS）Length Standards. Gauge blocks. British Standards Institution，London.

BS 1377：Parts 1，2，3，4（1990）*Methods of testing soils for civil engineering purposes*. British Standards Institution，London.

The Concise Oxford English Dictionary of Current English，5th edition. Clarendon Press，Oxford.

The Shorter Oxford English Dictionary，3rd edition. Clarendon Press，Oxford.

HM Factories Inspectorate，Health and Safety Executive（1976）Technical Data，Note 21（rev.）Mercury. HMSO，London.

Methods for the Detection of Toxic Substances in Air. No. 13，'Mercury and Compounds of Mercury'. HMSO，London.

Technical Terms，Symbols and Definitions in Eight Languages（1981）. International Society of Soil Mechanics & Foundation Engineering.

Fookes，P. G.（editor）（1997）*Tropical Residual Soils*. Geological Society Engineering Group Working Party Revised Report. The Geological Society，London.

延伸阅读

BS5930（1999）*Code of Practice for Site investigations*. British Standards Institution，London.

第 2 章
含水率和指数试验

本章主译：朱鸿鹄（南京大学）、程刚（华北科技学院）

2.1 简介

2.1.1 简介

本章讨论土的含水率（或水分含量），以及土的水分对其性态的影响。在自然状态和特定试验条件下测定含水率，是对黏性土进行分类并评估其工程特性的一种方法。这些特定试验条件已得到全球认可，其结果被称为特性指标或一致性界限。确定它们的试验被称为指数试验或界限含水率试验。

2.1.2 试验类型

对所有类型的土来说，含水率是工程中最常见的特性指标。本章考虑的其他特性指数仅涉及黏性土，通常也包括淤泥，并称为可塑性特征。

下面将介绍的试验主要用于确定以下指标：

含水率

白垩的饱和含水率

液限（缩写为 LL）

塑限（缩写为 PL）

缩限（缩写为 SL）

黏限

线缩率

捣实特性

膨胀度

土的吸力

液限、塑限和缩限统称为阿太堡界限（界限含水率），瑞士科学家阿太堡（Atterberg）博士于 1911 年首次将其用于农业土壤的分类。最初，它们可通过在蒸发皿中进行的简单手工试验来确定。1932 年，卡萨格兰德（A. Casagrande）教授出于工程目的，提出了更精确的操作程序。如今，为确定液限而设计的卡萨格兰德仪被沿用至今，但在许多国家已被各类具有更多优点的圆锥贯入仪所取代。BS 1377：1990：2 和 ASTM D 4318：00 中提出了确定液限和塑限的试验方法，是迄今为止使用最广泛的界限含水率试验方法。

归类于"经验指数试验"（第 2.8 节）下的试验包括用于评估黏土填料适用性的一些

简单、传统的试验。此外，还包括测试黏土回弹特性的简单试验和黏度界限试验。

2.2 定义

含水率（w） 将土加热到 105℃，可以从土中除去水分，含水率以土固体颗粒质量的百分比来表示（也称为含水量）。

天然含水率 原位天然原状土的含水率。

烘干法 如标准含水率试验中所述，利用烘箱控制一定温度范围，将土样烘干至恒重。标准烘箱的烘干温度为 105～110℃。

风干法 把土暴露于温暖、干燥的环境中，使之失去大部分水分。

失水 干燥的过程。

液限（w_L） 由液限试验确定的土从塑性状态转变为液态时的含水率。

塑限（w_P） 由塑限试验确定的土从塑性状态变为固态，并变得过于干燥以至于不能维持塑性状态时的含水率。

塑性指数（I_P） 液限和塑限之间的数值差。

非塑性（NP） 塑性指数为零，或者其塑限无法通过标准试验确定的土样。

相对稠度（C_r） 液限和含水率之差与塑性指数的比值。

液性指数（I_L） 含水率和塑限之差与塑性指数的比值。

缩限（w_s） 土体失水过程中体积不再发生收缩时的含水率。

收缩率（R_S） 体积变化率与相应的含水率变化率（在缩限以上）的比值。

收缩范围 原位含水率或室内含水率与缩限之间的差值。

线缩率（L_S） 棒状土样在干燥时从其液限附近开始的长度变化与初始长度的百分比。

黏限 含水率低于此值时黏性土不会黏附在金属工具上。

土吸力（p_k） 土孔隙水的负孔隙水压力（即吸力）。

2.3 理论

2.3.1 土中的水分

1. 总则

天然土中几乎都含有水分。土含水率是指土颗粒之间孔隙中的水含量，该水分可在 105～110℃ 的烘箱中烘干除去，并以其占干燥土质量的百分比来表示。烘干法是指在该温度下利用烘箱烘干至恒定质量，这个过程通常持续 12～24h。对于无黏性粒状土，此过程可除去土中所有水分。

部分情况会使黏性土中仍留存一定的水分，例如以小于 $2\mu m$ 的片状颗粒形式存在的黏土矿物（请参见第 7.5 节）。这些颗粒的形状、极小的尺寸，以及它们的化学组成，使它们可以通过几种复杂的方式与水结合或固定在水膜上。黏土颗粒周围水分的示意图如图 2.1 所示，其中包括五类水分。

（1）结合水通过强大的静电引力紧紧束缚在土粒表面，几乎处于固态，该层厚度根小，约为 $0.005\mu m$。此类水分无法通过 110℃ 高温的烘干法除去，因此可被视为固体土颗

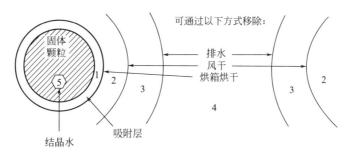

图 2.1　黏土颗粒周围水分示意图

粒的一部分。

（2）可以通过烘干法除去，但不能通过风干法除去的水分（吸湿性水分）。

（3）毛细水，通过表面张力保持在土中，通常可采用风干法除去。

（4）重力水，可以在土粒之间的孔隙中移动，并且可以通过排水措施除去。

（5）化学结晶水，以晶体结构内的水合形式存在。除石膏和某些热带黏土外，这种水通常不能通过烘干法除去。

对于常规土力学试验，含水率一般是指可以通过 105～110℃下干燥去除的水分。在测定含水率时，不考虑上述第 1 类水分。由于可能存在第 5 类水分，因此应避免对热带土进行烘干（第 2.5.2 节）。

含水率通常以百分比表示，始终基于干土质量来计算。将在 105℃ 条件下干燥去除的水分质量用 m_w 表示，干土质量用 m_D 表示，则含水率 w 可由下式计算：

$$w（\%）=\frac{m_w}{m_D}\times 100$$

2. 盐水

如果土中含水为盐水，例如海积土，烘干后溶解的盐将保留在土中，可能会导致含水率测定结果不准确。这种情况下，液体含量是更适合表现其特征的参量，即单位干土质量的液体质量（水加盐分）。根据测得的含水率 w（%），可采用两种方法来计算液体含量 w_f（%），这具体取决于溶解盐含量是以单位质量的质量比还是单位体积的质量比进行测定。

（1）如果以每克液体中的盐质量 p（mg/g，即 p 的千分之几）来表示盐含量，则可根据下式计算液体含量 w_f

$$w_f=\frac{100w}{1000-p\left(1+\dfrac{w}{100}\right)}$$

（2）如果盐含量以每升液体的盐质量 q（g/L）表示，则还需知道液体的密度 ρ_f（Mg/m³）。然后可根据下式计算液体含量 w_f

$$w_f=\frac{1000w}{1000-\dfrac{q}{\rho_f}\left(1+\dfrac{w}{100}\right)}$$

例如，假设每升海水含 35g 溶解盐，密度为 1.024Mg/m³。对应于测得的含水率 w 的

液体含量 w_f 的典型值如下（至3位有效数字）：

$$w = 10 \quad 20 \quad 40 \quad 60 \quad 80 \quad 100 \quad 120\%$$
$$w_f = 10.4 \quad 20.9 \quad 42.0 \quad 63.5 \quad 85.2 \quad 107 \quad 130\%$$

中间值可以通过插值获得。

2.3.2　阿太堡界限

含水率变化会改变黏土的性状。众所周知添加水会使黏土软化，每种黏土的含水率都限定在一定范围，黏土具有一定的塑性稠度，阿太堡界限提供了一种定量测量和描述塑性范围的方法。

将适量的水与黏土混合，可制成类似于黏性液体的浆液。这种状态被称为液态。如果通过缓慢干燥逐渐降低其含水率，则黏土会出现黏结现象，并产生一定的抗变形能力，此时进入可塑状态。随着水分的进一步流失，黏土收缩，刚性增大，直到几乎没有塑性、变脆为止，这是半固态。随着进一步干燥，黏土会与失水量成比例地不断收缩，直到体积达到最小。超过这一界限，进一步干燥不会导致体积进一步减小，这被称为"固态"。

这四个状态或阶段如图2.2所示。从一个阶段到下一个阶段的变化是一个渐进的过程，难以精确观察到，然而，可根据经验已经建立了三个特定的界限值，如图2.2所示，这些界限值已得到普遍认可。这些界限含水率统称为阿太堡界限或稠度界限。

液限（LL）（符号 w_L）

塑限（PL）（符号 w_P）

缩限（SL）（符号 w_S）

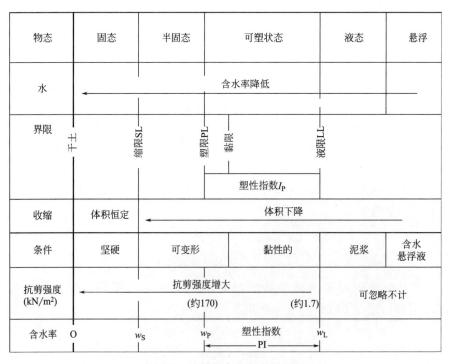

图2.2　土的相态和阿太堡界限

PL 和 LL 之间的含水率范围称为塑性指数（PI）（符号 I_P），它是表征黏土塑性的指标。对于无黏性土，由于不存在可塑状态，因此其塑性指数为零。

确定阿太堡界限的试验仅在通过 $425\mu m$ 筛的那部分土上进行。对于含有较粗颗粒的土体，必须在土样制备时将保留在 $425\mu m$ 筛上的颗粒移除。

2.3.3　黏土的稠度

仅凭水分本身不足以定义黏土的稠度状态。实际上，这需要通过其含水率与液、塑限相比较来实现。例如，两种不同的黏土可能具有相同的含水率，如图 2.3 中的 w 所示，但表现出完全不同的特性。对于黏土 X，含水率 w 大于液限，因此其处于流动状态（即泥浆）。对于黏土 Y，相同的含水率则位于塑限和液限之间。这种黏土处于"可塑"状态，且具有较大的硬度。

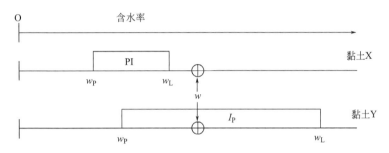

图 2.3　两种黏土的稠度

含水率与液限和塑限的关系可以用两种方式表示，即用 C_r 表示的相对稠度（Terzaghi 和 Peck，1948）或用 I_L 表示的液性指数（Lambe 和 Whitman，1967）：

$$I_L = \frac{w - w_P}{w_L - w_P} = \frac{w - w_P}{I_P}$$

注意：$I_L = 1 - C_r$

相对稠度和液性指数　　　　　　　　　　　　　　　表 2.1

含水率范围 w		相对稠度 C_r	液性指数 I_L
小于 PL	$w < w_P$	>1	负值
等于 PL	$w = w_P$	1	0
PL～LI	$w_P < w < w_L$	1～0	0～1
等于 LL	$w = w_L$	0	1
大于 LL	$w > w_L$	负值	>1

用于推导这些关系的含水率应与阿太堡界限试验中所用的土相同，即通过 $425\mu m$ 筛的土体。如果天然土中含有保留在 $425\mu m$ 筛上的物质，需采用通过 $425\mu m$ 筛的干重量百分数 p_a（%）来校正整个土样的含水率 w（%）。校正后的含水率 w_a（%）由下式给出：

$$w_a = \frac{100w}{p_a}$$

表 2.1 中总结了图 2.2 中所示的整个含水率范围内的相对稠度和液性指数。请勿混淆

这两个参数。

液性指数的使用比相对稠度更普遍。在 PL 和 LL 之间，可以直观地看到该土位于塑性范围内的位置。若低于塑限，则 I_L 值为负。

当含水率达到液限（$I_L=1$）时，缓慢干燥的黏土浆首先开始出现很小但确有一定数值的抗剪强度，其抗剪强度约为 1.7kN/m^2（Wood 和 Wroth，1976）。随着含水率的降低（I_L 接近零），抗剪强度显著增加，当含水率达到塑限（$I_L=0$）时，抗剪强度可能比在液限下高 100 倍或者更多（Skempton 和 Northey，1953；Wood 和 Wroth，1978）。

2.3.4 黏土的活动度

阿太堡界限与黏土的两种固有特性有关，即粒度和矿物成分。对于混合了较粗颗粒的黏土，斯凯普顿（Skempton，1953）表明塑性指数取决于黏土相对含量（小于 $2\mu m$ 的颗粒占比），并且塑性指数/黏土粒级之比是恒定的，即不同的黏土有不同的比值，但对于同种黏土，该比值大致是恒定的。PI 和黏土含量之间的关系称为胶体活动度，或简称为活动度，其中

$$活动度＝I_P/黏土粒级$$

为了与阿太堡界限保持一致，此处使用的黏土粒级是通过 $425\mu m$ 筛的土样部分的占比。

在此基础上，黏土可分为四类，如表 2.2 所示。

表 2.3 中列出了一些黏土矿物的活动度近似值及其液限。

黏土按活动度分类 表 2.2

类别	活动度
不活动黏性土	<0.75
正常黏性土	0.75～1.25
活动黏性土	1.25～2
高活动黏性土	＞2
（如膨胀土）	（6 或更多）

某些常见黏土矿物的指数特性的典型范围 表 2.3

黏土矿物	液限范围	塑性指数范围	活动度(大约)
高岭石	40～60	10～25	0.4
伊利石	80～120	50～70	0.9
蒙脱石钠	700	650	7
其他蒙脱石	300～650	200～550	1.5
粒状土	20 或更小	0	0

2.3.5 流动曲线

黏性土的流动曲线出自卡萨格兰德液限试验（第 2.6.6 节）。将含水率 w 与 lg N 作图，其中 N 是沟槽合拢所需的标准击数，所得的曲线即为流动曲线，实际上是在典型试

验所覆盖范围内的一条直线（图 2.21）。lg w 与 lg N 关系呈一条直线，与水平轴形成角度 B。根据英国标准，对于大多数英国土，该线的斜率 $\tan B$ 等于 0.092。这是第 2.6.7 节中所述的单点液限试验的因素表（表 2.6）的基本假定。在美国标准 ASTM D 4318 中，相应值为 0.121。

流动曲线的方程为

$$LL = w \left(\frac{N}{25} \right)^{\tan B}$$

在这个方程中，$\tan B$ 是指数，而不是乘数。

2.3.6　收缩特性流量曲线

1. 缩限

当细粒土中的水分降低至塑限以下时，土体会继续收缩直至达到缩限。此时，土固体颗粒紧密接触，土中所含的水分刚好足以填补它们之间的孔隙。如果含水率进一步降低，不能使颗粒更加靠近，因此土团块的体积不会进一步减少。空气进入孔隙，会使得土呈浅色。在缩限以下，土被视为是一种固体，土中颗粒保持互相接触的状态，并以一种致密的堆积状态排列。

黏土比粉砂和砂土更容易收缩。在大多数黏性土中，缩限会明显低于塑限。在粉土中，这两个界限值非常接近，可能难以测定。

黏性土的收缩情况如图 2.4 所示，其中展示了土的体积变化与含水率的关系，以及土的干燥程度。图中曲线的 AB 部分呈线性，表明体积的减少与失水量成正比。在 C 点的左侧，随着土体逐渐变干，体积没有进一步减小。BC 部分是这两个状态之间的过渡区域。从两条直线 AB 和 DC 的交点可以找到 E 点，用于确定缩限。

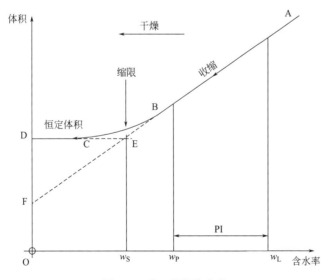

图 2.4　黏土的收缩曲线

将直线 AB 向外延伸，与 y 轴相交于点 F，y 轴代表土的状态，或收缩可以持续发生而不形成孔隙，即所有固体颗粒汇聚成一个整体，则 OF 体积代表土中干燥固体的体积

（如果设单位为 mL），则理论上等于干土的质量（以 g 为单位）除以土的颗粒密度。

2. 收缩率

收缩率是体积变化率（以最终干燥体积的百分比表示）与含水率变化率（超过收缩率极限）之比。在图 2.5 中，收缩率等于直线 AE 的斜率（点 A、E、D、F 对应于图 2.4 中的相应点）。垂直柱的高度表示图中各点对应的土的总体积，土中所含的固体、水（V_w）和（缩限以下）空气的体积如图 2.5 所示。

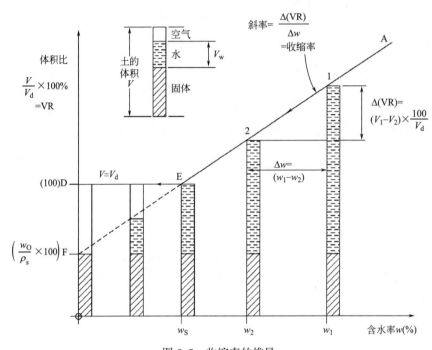

图 2.5　收缩率的推导

V_d—干土的体积（mL）；m_d—干土的质量（g）；$\rho_w V_w$—土中水的质量；w—含水率，$w = \rho_w V_w / m_d \times 100\%$

当含水率高于缩限（w_S）时，水分占据了颗粒体之间的全部孔隙。因此，从点 1 到点 2 的干燥体积变化（均高于 w_S）等于点 1 和 2 之间损失的水量。

体积变化 $= V_1 - V_2$

体积变化以最终干土体积的百分比表示，用 Δ（VR）表示：

$$\Delta(\text{VR}) = \frac{V_1 - V_2}{V_d} \times 100\%$$

含水率的变化为（Δw）：

$$\Delta w = \frac{\rho_w V_1}{m_d} - \frac{\rho_w V_2}{m_d} \times 100\%$$

$$= \frac{\rho_w}{m_d}(V_1 - V_2) \times 100\%$$

根据定义，收缩率 $R_S = \Delta(\text{VR}) / \Delta w$（大于 w_S），因此：

$$R_S = \left(\frac{V_1 - V_2}{V_d} \times 100 \right) \div \left[\frac{\rho_w}{m_d} \ (V_1 - V_2) \ \times 100 \right] = \frac{m_d}{\rho_w V_d}$$

在国际单位制中，$\rho_w = 1\text{g/cm}^3$。因此：

$$R_S = \frac{m_d}{V_d}$$

因此，收缩率等于试验结束时烘干的土块质量（g）与体积（mL）的比值，如第 2.7.3 节所述。

3. 收缩范围

收缩范围是黏土的含水率（m_{pl}）与缩限之差：

$$收缩范围 = m_{pl} - w_S \ (\%)$$

4. 线性收缩

细粒土线性（一维）收缩的测定方法与上述体积收缩的测定方法不同。线性收缩率是通过半圆柱形土条在从液限附近开始干燥时长度的变化来确定的。

如果大约在液限 LL 时的原始长度用 L_0 表示，干燥后的长度用 L_D 表示，则长度变化等于 $L_0 - L_D$，而线性收缩率 L_S 表示为：

$$L_S = \frac{L_0 - L_D}{L_0} \times 100\%$$

除了用来描述收缩量外，该试验还可以对难以确定液塑限的土的塑性指数进行近似估计。例如黏土含量低的土或难以获得可重复结果的土，例如云母含量高的土体等。在这些情况下，线性收缩试验可以给出更一致的结果。在英国标准 BS 1377：1967 中给出了塑性指数与线性收缩率之间的经验关系：

$$I_P = 2.13 L_S$$

这种关系来源于对某些英国土的经验，不一定在其他地方适用。如果其他土需要类似的关系，则应从相关的试验数据中获得。

2.3.7　土的吸力（失水）

在一些涉及黏土的岩土工程应用中，尤其是由于膨胀引起的问题，人们希望获取地下土体的失水状态。该特性可用土的吸力来表示，它对应于土孔隙中水的负孔隙压力[①]。土的吸力用 p_k 表示，单位为千帕（kPa），其中 $1\text{kPa} = 1\text{kN/m}^2$。该值可用于确定地基土应力状态，前提是要使用高质量的未扰动土样。

第 2.9 节中所述的经验试验方法利用了标准滤纸的吸力特性。一张与黏土接触的滤纸用于吸收水分，直到黏土中的吸力和滤纸中的吸力达到平衡。黏土中的吸力越高，滤纸为达到平衡而吸收的水就越少。通过试验发现，土吸力 p_k（kPa）与沃特曼 42 号滤纸 w_P（%）的平衡含水率之间存在一定的关系。钱德勒和古铁雷斯（Chandler 和 Gutierrez，

[①]　孔隙水压力超出了本卷的范围，但在第 3 卷中进行了定义和讨论。

1986）的校准试验表明，存在以下关系：

若 $15\% < w_P < 47\%$　　　　$\lg p_k = 4.84 - 0.0622 w_P$

若 $w_P > 47\%$　　　　　　　$\lg p_k = 6.05 - 2.48\lg w_P$

若 w_P 小于 15%，则平衡吸力将大于 8MPa，公开数据并未提供这方面的经验关系。

土吸力有时用 pF 标度表示，其中 pF 等于负水压的对数（以 10 为底），表示为以 cm 为单位的水柱高度。从而

$$pF = \lg h \text{（cm）}$$

或者

$$pF = \lg (10p)$$

其中 p 的单位是 kPa。

2.4　应用

2.4.1　含水率

对土进行含水率试验的目的可分为三类：

（1）使用未受扰动或受扰动的土样来确定原位土的含水率。

（2）确定细粒土的塑限和缩限，以含水率为指标。

（3）通常在试验前后，测量用于试验土样的含水率。这作为常规程序在所有试样上进行。

2.4.2　分类

液限和塑限是识别和分类细粒黏性土最有效的方法。粒度试验提供了粒度分布范围和黏土含量的定量数据，但未涉及黏土的分类。黏土颗粒较小，无法通过肉眼检查（除非在电子显微镜下）。但基于阿太堡界限，可以对黏土进行物理分类，并评估黏土矿物类型。

通常可通过塑性图（也称为 A 线图）进行分类。该图中塑性指数（I_P）为纵坐标，液限（w_L）为横坐标，如图 2.6 所示。

当在此图上绘制无机黏土的 w_L 和 I_P 值时，大多数点位于"A 线"上方，并位于与之平行的窄带内。A 线位置具体由以下关系来定义：

$$I_P = 0.73 (w_L - 20)$$

该线是从试验证据中得出的，并不能精确反映土类型之间的界限，但确实可以作为一种有用的参考。

标有"B 线"的虚线是所有土的暂定上限，该上限可根据试验数据来确定。由以下关系定义：

$$I_P = 0.9 (w_L - 8)$$

在英国的工程实践中，将此图划分为五个区域，分别代表五类黏土类别：

（1）低塑性（CL），液限小于 35。

（2）中塑性（CI），液限为 35～50。

（3）高塑性（CH），液限为 50～70。

（4）非常高的塑性（CV），液限为 70～90。

（5）极高的塑性（CE），液限大于 90。

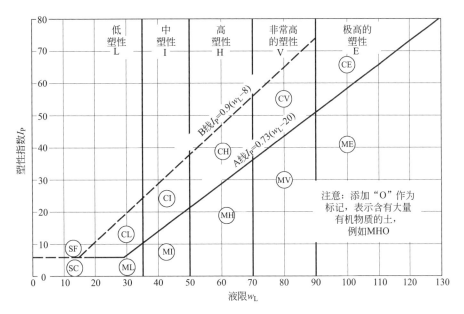

图 2.6 塑性图

括号中的字母代表黏土类别。

若在此图上绘制粉土，其位置常会低于 A 线。与黏土类似，粉土也可分为五类，其符号分别是 ML，MI，MH，MV，ME。

含有大量有机质的黏土也位于 A 线下方。有机黏土和粉土在土类符号（例如 CHO，MIO）之后添加字母"O"。在美国，塑性图分为三组：

（1）低塑性（CL），液限小于 30。

（2）中塑性（CI），液限为 30～50。

（3）高塑性（CH），液限大于 50。

图 2.7 给出了 A 线图的扩展版本，其中液限最高达到 500。

一些普通黏土矿物的液限通常在表 2.3 给出的范围内。还包括活动度的近似值（I_P/黏土粒级）。

2.4.3 工程属性

1. 塑性

阿太堡界限可用于不同区域土层的分析，或某一区域内土体性质变化的详细研究。界限试验的结果也可用于选择土类，以筛选各种土方工程中的压实填土。

通常，高塑性黏土比低塑性黏土具有更低的渗透性，在负载下可压缩性更高，并在较长的时间段内固结。当其被用作填充材料时，高塑性黏土更难压实。

虽然液塑限可表明黏性土中黏土的类型，但黏土的状态取决于相对于这些极限值的含水率，如液性指数所示。用于确定液性指数的含水率应与通过 $425\mu m$ 筛的土体比例有关（请参阅第 2.3.3 节）。那些控制抗剪强度和可压缩性的工程特性在很大程度上取决于这种关系。

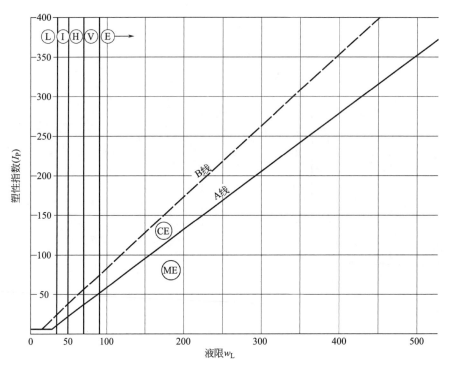

图 2.7 扩展塑性图

对于许多简单的直接应用，如果地质条件允许，则可以从阿太堡界限和含水率试验中获得对黏土性质的充分了解。如果需要通过进一步的试验获得更多信息，则从第一步进行的极限试验中获得的结果将有助于以后更复杂试验的土样选取。

2. 收缩和黏性

大多数英国土的缩限在 $10\%\sim15\%$ 的含水率范围内。某些热带土和红土的范围可能要大得多，对于这些土，缩限可能更适合作为分类标准。

考虑到场地含水率，黏土的缩限和收缩率可以表明它是否可能在干燥时收缩（例如暴露于大气，地下水运动或植被吸收产的水分流失），如果可以表示多少。这些值对于在水库路堤或渠道衬砌中放置的填充黏土特别有效。为了防止黏土可能发生一些由干燥而引起的过度开裂，可以通过相对于缩限控制填土含水率，例如将收缩范围限制为 20%。

黏性限制可以在土方工程合同签订之前为承包商提供有用的信息。如果黏性极限值低于待开挖黏土的天然含水率，或者低于其填土时的含水率，则需注意黏土易粘附在施工工具和设备上，处理黏土可能会较为困难。

3. 白垩的含水率

白垩是一种极其易变的材料，其工程性质介于岩石和土之间。当开挖天然土时，一些材料会分解成细小颗粒（"白垩粉土"），而另一些则转化为相对完整的块状体。

在该类土作为填土使用时，有必要确定：

（1）细粉土含量的比例，通过筛分的方式（第 4 章）。

（2）细粉土的水分含量，使用第 2.5.2 节中给出的程序。

（3）完整块的"饱和含水率"，即当所有空隙都充满水时白垩的含水率。这个值很重要，因为它通常反映自然未受扰动的粉土的状况（Ingoldby 和 Parsons，1977）。

饱和含水率与白垩破碎值（CCV）（第 6.7 节）一起用于评估新近填土的稳定性和其他性能。对于天然粉土，此属性可与 CIRIA 文件 C574 的第 3 章（Lord 等，2002）进行比较。

4. 土吸力

除了上面提到的收缩特性外，还需要了解黏土在失水状态中是否有收缩或膨胀行为，以便评估在地基土中可能发生收缩或膨胀的程度。比较土体含水率试验值本身并不是确定失水状态的最佳方法。若在高质量的未扰动土样中进行试验，负孔隙水压力（吸力）是表征失水的更基本的一个指标，因为它直接与原位应力相关，而不受土体性质局部变化的影响。

BRE 汇编 412（1996）提供了关于黏土失水问题和试验数据应用的指导意见。

2.5　含水率试验

2.5.1　试验方法

确定土含水率的标准方法是烘干法，这是土工实验室中最常用的方法。在没有或无法使用烘箱的现场，可以采用加热砂浴的辅助方法。另一种广泛用于填土水分控制的现场方法是使用"快速"水分试验仪的碳化法。此处未包括此信息，但生产商提供了此类设备的详细说明。

水分容器　　　　　　　　　　　　　　　　　　　　表 2.4

土的类型	容器尺寸	容量	典型质量
黏土和淤泥	65mm 直径×20mm 高	75g	12g
中粒	90mm 直径×20mm 高	150g	18g
粗粒	100mm 直径×10mm 高	500g	60g
砾质	250mm 边长×65mm 高	4kg	300g

2.5.2　烘干法（BS 1377-2：1990：3.2 和 ASTM D 2216）

标准程序规定干燥温度 105～110℃，作为一般使用规则。然而，对于某些土类，该温度可能过高。例如，对于含有有机质的泥炭和土体，过高的温度会使有机质氧化，因此优选的烘干温度为 60℃。对于含有石膏的土体，在温度高于 100℃ 的条件下可能会失去结晶水，因此温度不得超过 80℃。可以通过在金属板（例如电炉）上加热少量土来确认石膏的存在。石膏颗粒会在几分钟之内变成白色，但是大多数其他矿物颗粒将保持不变（Shearman，1979）。来自热带地区的某些土体可能要求烘干温度不超过 80℃。较低的温度可能需要更长的烘干时间，应每隔 2～4h 称重检查一次。

在整本书中，本节中详细介绍的设备和步骤为"标准含水率设备和步骤"。

1. 仪器

（1）恒温控制的干燥箱，能够保持 105～110℃ 的温度，并在必要时可调节至较低的温度（低至 60℃）（请参阅第 1 章第 1.2.4 节中有关烘箱的一般说明）。

（2）干燥容器或柜子，内装有无水硅胶。

（3）天平，其称量和分度值与待测土样的大小相适应（参见下面的"土样选择"部分），自动上盘天平分度值为 0.01g，适用于除粗粒土外的大多数土。

（4）带编号的玻璃称量瓶或不易腐蚀的容器。对于精度要求高的试验，带磨砂玻璃塞的玻璃称量瓶（均已编号）是优选。对于常规试验，使用铝制容器（通常称为防潮罐）或托盘。带密合盖的容器应用于黏性土。容器和盖子应分别标有参考编号。表 2.4 给出了合适的近似尺寸。

典型的称量瓶和容器如图 1.11 所示。

使用前，必须将所有容器清洗干净，彻底干燥，并仔细称重。玻璃称量瓶的质量可以永久记录，但应定期对其进行称重。铝容器应在每次使用前都应称重。

（5）修边刀、刮刀、铲；其他适当的小工具。

（6）含水率打印表格，或提供含水率试验数据的其他打印表格。

2. 程序阶段

（1）称量容器

（2）选择土样

（3）称湿重

（4）在烘箱中干燥

（5）在干燥器中冷却

（6）称干重

（7）计算

（8）报告结果

（9）对粗料进行校正

应确保天平、烘箱和干燥器的排布顺序便于重复上述操作步骤。

3. 试验步骤

（1）称量容器

如有必要，应清洗并干燥容器和盖子，并确保两者都标有相同的数字或参考字母。量取土样时，应保证测值的精度，通常在要使用的土样质量的 0.02% 以内，如下所示：

土样质量　50g　500g　4kg

称重精度　0.01g　0.1g　1g

天平的正确使用方法已在第 1.3.4 节中说明。

在试验表格上的空白处输入质量。

（2）土样选择

为了确保试验结果的准确性，必须选择具有代表性的土样进行试验，同时还必须考虑土的特性。

通常的做法是进行三次或至少两次含水率测定，并对结果取平均值。但是如果只有少量土样可用，最好将所有材料用于单次测定，以确保准确性。

下表列出了为测定每种主要土类的天然含水率，大致需要的土样质量及称量精度。

土的类型	土样质量	称量精度
均质黏土和粉砂	30g	0.01g
中粒土	300g	0.1g
粗粒(砾质土)	3000g	1g

在需要测定分层黏土中每一层土的含水率时，有时需要使用少于 30g 的土样，需要更高的称量精度。对于含石量较大的土，有时最好只测定细颗粒部分（例如过 6.3mm 筛的土）的含水率，并按实际情况报告。

为了确保试验结果的准确性，试样应该取自大块土体的中间部分，而不是表面，因为土块可能会因暴露于大气中而部分变干。应将土样弄碎并松散地放在容器中，以确保其完全干燥。

对于大型土样，应将其放在托盘中，然后在放入烘箱烘干之前将其破碎并分解形成较大的表面积。在进行称重之前，应立即更换盖子以防止水分流失。

在此阶段观察并记录土样类型、种类及其实际状况。包括对土样在其容器中的密封性明显不足，可能变干或土水分离的描述。始终记录与被测土样状况相关的任何异常特征。

（3）称湿重

取样后，应在可行的情况下尽快对每个装有湿土的容器进行称重。如果无法立刻进行称重，则必须盖紧盖子并将容器放在阴凉的地方。将容器和土称重至步骤（1）中提到的适当精度，然后将质量记录到试验纸上的测试表中。

（4）烘箱烘干

从容器上取下盖子，然后将其放在烘箱的架子上。除非出于上述特殊原因需要降低温度，否则应将恒温器控制设置为维持所需的温度（通常为 $105\sim110℃$）。为避免土体过热，必须确保空气能够在容器周围循环，容器不应放置在烘箱地板上或靠近加热元件的地方。第 1.2.4 节概述了烘箱的正确使用方法。

烘箱中的干燥工作应持续进行，直到土样达到恒定质量（请参阅第 1.2.4 节和下面的第 6 阶段）。实际上，对于小型土样，通常干燥过夜即可。

大型土样（尤其是湿土）不应与小尺寸的黏性土同时干燥，因为黏性土会吸收一部分水分。如果可行，应使用单独的烘箱来烘干大体积或潮湿的土样。

（5）干燥器中冷却

从烘箱中取出土样容器和盖子，将它们分别放在干燥器柜中直至冷却。切忌在高温时称量，因为热气流会导致天平不准确。此外黏性土不得在露天中冷却，因为干土会吸收大气中的水分。

（6）称干重

冷却后，重新盖上容器的盖子并称重。在含水率表上记录容器与干土的质量之和。如果不确定土体是否已完全干燥，则以 2～4h 为间隔重复步骤（4）～（6），直到观察到质量恒定为止。当连续称量之间的差异小于所用土原始（湿）质量的 0.1% 时，质量即达到恒定。如果烘箱温度低于 105℃，则应重复进行称重。

（7）计算

土的含水率以其干重的百分比表示：

$$含水率\ w = \frac{流失水量}{干重} \times 100\%$$

令 m_1＝容器的质量；m_2＝容器和湿土的质量；m_3＝容器和干土的质量。则

$$w = \frac{m_2 - m_3}{m_3 - m_1} \times 100\%$$

每个土样的 w 值均精确到 0.01%。如果对一个土样进行了 2～3 次单独的测定，则应计算平均值。

在得出含水率并验证其为合理值之前，应保留土样。如果有任何疑问，请重新检查干重，或在必要时重做整个试验。

（8）结果

最终的含水率 w 应包含两位有效数字。具体来说，如果含水率小于 10%，应写到最接近的 0.1%；但如果含水率大于或等于 10%，则应写到最接近的 1%。若结果刚好为 0.5%，则应写到最接近的偶数。

结果报告中的注释部分应明确说明这个试验是否是用来确定天然含水率的，或者是与其他试验有关联，同时如果烘箱温度与标准值存在差异，也应该明确指出。具体的计算过程参见算例 2.1。

地点			布拉克内尔		
地点编号			2456		
土样参考号			17/7		
相关文本			天然含水率		
操作员			CBA		
开始日期			2003-01-05		
容器编号	单位	符号	A/6	B/17	C/32
湿土和容器	g	m_2	52.68	61.39	58.42
干土和容器	g	m_3	47.17	54.31	52.01
容器	g	m_1	15.53	16.22	15.75
干土	g	m_3-m_1	31.64	38.09	36.26
水分损失	g	m_2-m_3	5.51	7.08	6.41
含水率	%	w	17.41	18.59	17.68

平均值 $= \dfrac{17.42+18.59+17.68}{3} = 17.89$

报告的含水率＝18%

算例 2.1　含水率试验结果和计算方法

（9）粗料校正

在将黏性土的含水率与液限、塑限值进行比较时（例如在计算液性指数时），如果土中包含了保留在 $425\mu m$ 筛上的粗颗粒，那么就需要对计算出的含水率进行修正，以便得到通过 $425\mu m$ 筛的那部分土的含水率。一种简单的做法是将干燥后的土样放在一个称重的容器中进行称重。然后将土样转移到 $425\mu m$ 筛上，并在筛上进行洗涤（如第 4.6.4 节中所述），直到洗出的水流清澈为止。

干燥并称重保留在 $425\mu m$ 筛上的颗粒。使得

$$m_4 = 干土总质量（g）$$
$$m_5 = 保留在 425\mu m 的筛子上的干土质量（g）$$

通过 $425\mu m$ 筛的土样的干质量百分比由下式给出

$$p_a = \frac{m_4 - m_5}{m_4} 100\%$$

然后根据下式计算出校正后的含水率 w_a

$$w_a = \frac{100w}{p_a}\%$$

其中 w（％）是测得的含水率。

2.5.3　砂浴法

该方法旨在没有烘箱的情况下作为含水率的现场试验方法来使用。它可以在主要实验室中用作粒状土的快速方法。BS 1377：1990 中未包括该方法。该方法不适用于含有石膏、钙质或有机质的土体。

1. 仪器

（1）装有至少 25mm 厚度的干净砂子的砂浴。

（2）存放细土的水分容器，用于烘干。

（3）对于颗粒较粗的土样，应使用尺寸为 200～250mm、深度为 50～70mm 的耐热方形托盘，具体尺寸应根据实验所需的土量来确定。

（4）加热设备，例如瓶装燃气燃烧器、石蜡压力灶，或者电热板（如果有可用的电源）。

（5）刮刀、铲子和其他合适的小工具。

2. 程序阶段

（1）称量容器或托盘

（2）选择土样

（3）称湿重

（4）砂浴干燥

（5）冷却

（6）称干重

（7）计算

（8）报告结果

3．试验步骤

（1）～（3）步骤类似于烘干方法。如果使用托盘作为土样容器，则应首先清洁并称重，将湿土均匀地分布在托盘上，然后立即对托盘和土称重。

（4）砂浴干燥

将土样容器或托盘放在砂浴上，并在炉子上加热（不要过热）。与土混合的小白纸将作为指示剂，如果过热指示剂则变成棕色。在加热过程中，应经常用刮铲翻转土体，以帮助水分蒸发。

干燥时间将随土的类型、土样大小和主要条件而变化。应进行称量以确定最短干燥时间。如果在加热 15min 后质量损失不超过以下范围，则可以认为土是干燥的：

$$\text{细粒土} \quad 0.1g$$
$$\text{中粒土} \quad 0.5g$$
$$\text{粗粒土} \quad 5g$$

（5）冷却

这并非一种像烘干法那样需要精确度的试验方法，所以并不需要在干燥设备中冷却，但在冷却过程中，容器应该保持盖子封闭。一旦托盘冷却到手可以接触的程度，立刻进行称重。

（6）、（7）烘箱干燥。

（8）结果

含水率记录至最接近的整数，所用方法记录为砂浴法。

2.5.4　白垩的饱和含水率（BS 1377-2：1990：3.3）

本试验用于测定完全饱和时完整白垩块的潜在含水率。它基于对白垩块的干密度的测定，并通过假设白垩固体的密度为 2.70Mg/m³ 来计算饱和含水率。

1．仪器和程序

通过浸入水中确定白垩的密度和确定其含水率的设备和程序，如第 3.5.5 节所述。至少应使用 3 块白垩，每块粉土的体积为 300～500mL，并将结果取平均值。

2．计算方式

根据公式计算每块白垩的体积 V_s（mL）

$$V_s = m_w - m_g - \left(\frac{m_w - m_s}{\rho_p} \right)$$

式中，m_w 为白垩块和蜡涂层的质量（g）；m_g 为打蜡的团块悬浮在水中的表观质量（g）；m_s 为白垩块的质量（g）；ρ_p 为石蜡的密度（g/cm³）。

根据公式计算每个块的体积密度 ρ（Mg/m³）

$$\rho = \frac{m_s}{V_s}$$

根据公式计算每个块的干密度 ρ_{DI}（Mg/m³）

$$\rho_{DI} = \frac{100\rho}{100 + w}$$

式中，w 为白垩块的含水率（%）。

计算被测块的平均干密度 ρ_D（Mg/m³），并使用下式计算饱和含水率 w_s

$$w_s = 100\left(\frac{1}{\rho_D} - \frac{1}{2.7}\right)$$

假设白垩的颗粒密度为 2.7Mg/m³（标准数字），将饱和含水率保留两位有效数字。

2.6　液限和塑限试验

2.6.1　试验类型

BS 1377-2：1990 中提供了以下本节中描述的用于确定阿太堡界限的试验：

第 4.3 条液限（锥式贯入仪法）

第 4.4 条液限（单点贯入仪法）

第 4.5 条液限（卡萨格兰德法）

第 4.6 条液限（单点卡萨格兰德法）

第 5.3 条塑限

以卡萨格兰德（1932）的名字命名的设备设计的方法，是 40 年来公认用于测定黏土液限的标准方法。在英国，尽管这项技术已被圆锥贯入仪试验所取代，但英国标准中仍保留了卡萨格兰德法作为辅助方法。

塑限试验（通过将土在手中滚搓成细条，直到其断裂）在原则上保持不变，尽管某些具体操作步骤随着时间发展有所改变。近期，ASTM 标准（ASTM D 4138-00）中引入了一种替代方法，即在两块板之间滚动黏土（原理上类似于一个世纪前药剂师使用的药丸滚动设备），然而这种方法尚未得到广泛接受。

2.6.2　方法的比较

与使用卡萨格兰德法（Sherwood 和 Ryley，1968）所获得的结果相比，通过圆锥法获得的结果被证明具有更高的一致性，并且不易遭受试验和个人错误的影响。对于高达 100% 的液限值，每种方法获得的结果之间几乎没有差异。超过 100% 时，圆锥法倾向于给出略低的值（Littleton 和 Farmilo，1977）。从卡萨格兰德法得到的结果与基于 1978 年已有证据的圆锥法获得的结果之间的关系如图 2.8 所示。

两项试验均在通过 $425\mu m$ 筛的重塑土上进行。圆锥法的执行速度可能并不快，但是从根本上来说令人满意，因为试验的机理直接取决于土的静态抗剪强度。另一方面，对于所有土，卡萨格兰德法都引入了与抗剪强度无关的动态分量。液限的定义取决于土开始获得可识别的抗剪强度（约 1.7kN/m²）的临界点，因此基于该特性的试验应优于其他任何经验方法。

当只有极少量土可用，或可以接受较低精度的结果时，可以采用单点法，以快速开展试验。

2.6.3　土样准备

1. 干燥效果

在进行试验之前，尽可能避免将用于阿太堡界限试验的土进行烘干。烘干——甚至在

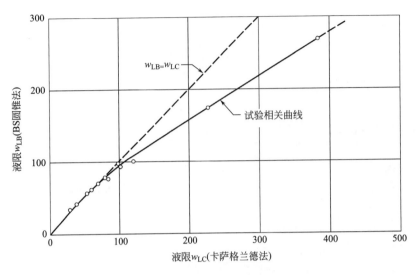

图 2.8　两种试验方法的液限结果的相关性

实验室温度下的风干——都可能导致某些土，特别是热带残积土的物理行为发生不可逆转的变化，这可能会导致其塑性特性发生巨大变化（Fookes，1997）（参见第 1.5.3 节）。

对于大多数英国沉积土而言，烘干的影响可能不是很大。尽管如此，应避免按照常规程序进行干燥、研杵和干筛，而 BS 1377：1990 要求，对于确定的试验方法，不允许土变干。而是指定使用自然状态下的土，或指定湿法去除残留在 425μm 筛上颗粒的方法。

土的制备方法应始终与试验结果一起记录。

2. 天然土的使用（BS 1377-2：1990：4.2.3）

当土样由黏土和淤泥组成，并在 425μm 筛上几乎或根本没有残留物，则可以以自然状态进行试验。只要可行，就应使用此方法。

取约 500g 的代表性土样，切成小块，或用刨丝器切碎。在玻璃板上用两把刮刀将其与蒸馏水或去离子水混合（图 2.9）。

图 2.9　将水混入土以进行液限试验

在此过程中，用手或用镊子清除粗颗粒。将水充分混合到土中，直到形成浓稠均匀的土膏为止，此时确保土膏吸收了所有水分，没有可见的多余水分。搅拌时间应至少为 10min。对于某些不容易吸收水的土，可能需要更长的混合时间（有时长达 45min）。

将混合后的土放在密封容器中（如密封的聚乙烯袋），放置 24h 使其熟化。对于低塑性黏土，可以接受较短的熟化时间，非常粉质的土混合后可以立即开始试验。如有疑问，应进行对比试验。在具有连续工作量的实验室中，一个推荐做法是保持所有土熟化 24h。

之后，将混合并熟化的土体准备好，进行第 2.6.4～2.6.8 节中所述的试验。

3. 湿法制备（BS 1377-2：1990：4.2.4）

如果土中含有保留在 $425\mu m$ 筛网上的颗粒，而手动清除这些颗粒是不可行的，则应采用以下步骤。这是 BS 1377：1990 中指定的程序，无需烘干土样，采用研杵和干筛即可除去粗颗粒。

取具有天然含水率的代表性土样，使至少 350g 物料通过 $425\mu m$ 筛。该量允许进行液限和塑限试验。将其切成小块，或用刨丝器切碎，然后放入称重过的烧杯中。称重并通过差值确定土质量 $m(g)$。

取一个类似的代表性土样，并按照第 2.5.2 节所述确定其含水率 $w(\%)$。然后可以根据下式计算试样中土的干燥质量 $m_D(g)$。

$$m_D = \frac{100m}{100+w}$$

向烧杯中添加足够多的蒸馏水或去离子水，使其刚好浸没土体。分解泥土并搅拌直至混合物形成泥浆。

如果条件允许，将 $425\mu m$ 的筛子套在接收器的防护筛下（例如 2mm）。将浆料倒入一个或多个筛子中，并用蒸馏水或去离子水洗涤，将所有洗涤液收集到接收器中。最初可以对水进行再循环，以将使用的总量保持在最低水平，用清水洗涤直至水清澈为止。在不损失任何土颗粒的情况下，将所有通过筛子的洗涤物转移到合适的烧杯中。

收集残留在筛子上的洗涤物，在烘箱中干燥并确定干燥质量 $m_R(g)$。

让烧杯中的土颗粒沉降数小时或过夜。如果悬浮液上方有一层清水，则可以小心地将其倾倒或虹吸掉，避免任何土颗粒的损失。但是，如果土中含有可能影响其特性的水溶性盐，则除蒸发以外，不得去除任何水分。

将容器放在温暖的地方（例如烘箱顶部），或热空气中，以使其部分干燥。注意防尘。经常搅拌土/水混合物以防止局部过度干燥。或者可以通过过滤（使用真空或压力）去除多余的水。当混合物形成坚硬的土膏时（锥式贯入仪的入土深度不超过 15mm），土样就可以如上所述在玻璃板上混合了。不需要额外的固化时间，该材料已准备好进行第 2.6.4～2.6.8 节中所述的试验。

根据下式计算通过 $425\mu m$ 筛土样原始试样的干重百分数（p_a）。

$$p_a = \frac{m_D - m_R}{m_D} \times 100\%$$

4. 干法制备（ASTM D 421）

下面这种制备方法在 BS 1377：1990 中未被认可用于最终的塑性试验，但在 ASTM

标准中，它被指定用于相应的试验。步骤如下：

（1）让土样在室温下或在不超过50℃的烘箱中风干（请参阅第1.5.3节）。土样应达到可以粉碎的状态。

（2）使用橡胶杵粉碎研钵中的颗粒聚集体，但要避免压碎单个颗粒。用2mm筛对土样筛分，并使用橡胶杵分解土颗粒的聚集体，以确保只有单独的土粒被保留（请参阅第1.5.4节）。

（3）如有必要，按照第2.5.2节中给出的步骤，获取合适的代表性土样来测定空气干燥的含水率。

（4）如果要进行液限和塑限试验，则应将过筛的土样充分混合，并通过分区或分割（见第1.5.5节）进行细分，以获得一个具有代表性的土样，该土样应包含约250g粒径小于425μm的土颗粒。

（5）使用425μm筛筛分土样。通过425μm筛的部分将用于塑性试验。

（6）将土放在玻璃搅拌盘或蒸发皿中，并逐步添加蒸馏水或去离子水。通过用两个刮刀的揉捏，将每次增加的水充分混合到土中（图2.9）。继续加水并混合，直到形成浓稠均匀的土膏。最短混合时间为10min，但是对于某些土，可能需要45min才能获得均匀的稠度，且没有未吸收的水。

（7）将混合后的土放在密封容器中（密封的聚乙烯袋），放置24h使其熟化后再进行试验。然后将准备好的土进行第2.6.4～2.6.8节中所述的试验。

（8）如果要确定保留在2mm和425μm筛上的土样的百分比，则应在分离前后对土进行称重，并称量筛上残留的颗粒。利用测得的含水率可以计算相应的干土质量（百分比计算遵循与第4.6节中所述的筛分相同的原理）。

（9）报告制备方法和试验结果。

5. 混合的重要性

无论采用哪种方法确定液限并准备土样，关键因素是土水的充分混合，并在之后进行适当地熟化。这些过程没有捷径，需要操作员付出努力、耐心和技巧。

6. 水

在进行这些试验时，不得使用自来水混合泥浆。应始终使用蒸馏水或去离子水。否则，土和水中的杂质之间有可能发生离子交换，从而影响土的塑性。

2.6.4 液限-锥式贯入仪法（BS 1377-2：1990：4.3）

这是确定土液限的英国标准定义方法。它基于对特定质量的标准圆锥体贯入到土中的测量。以入土深度为20mm时的含水率为液限。该方法是英国交通研究实验室（TRL）在其他国家/地区使用的各种锥式试验基础上所开发的，并由英国标准协会（BSI）进行了一些修改。它需要与用于沥青材料试验的设备相同的设备（BS 2000-49），但装有特殊的锥体。

1. 仪器

（1）符合BS 2000-49要求的贯入设备，如图2.10（a）所示。

（2）圆锥贯入仪［图2.10（b）和图2.11］，主要特征是：

① 不锈钢或硬铝

② 表面光滑，抛光

③ 长度约35mm

④ 锥角30°

⑤ 尖点

⑥ 锥体和滑动轴的质量80g±0.1g

（3）锥度测量仪，由1.75mm±0.1mm厚的小钢板和准确钻出并扩孔1.5mm±0.02mm直径的孔。

（4）平板玻璃板，约500mm²，10mm厚，带有斜边和圆角。

（5）金属杯，黄铜或铝合金制，直径55mm，深40mm。杯边必须平行于底座，底座必须是平的。

（6）装有蒸馏水或去离子水的洗涤瓶。

（7）金属直尺，长约100mm。

（8）调土刀或刮刀：

① 两个200mm（长）×30mm

② 一个150mm（长）×25mm

③ 一个100mm（长）×20mm

④ 一个方头，150mm（长）×25mm（最好是橡胶或塑料）

（9）含水率测定仪（第2.5.2节）

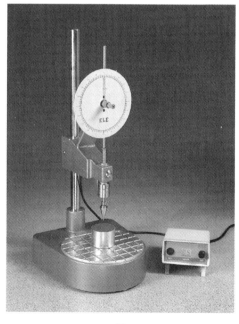

(a)

(b)

图2.10 锥式贯入仪液限试验设备

（a）带有自动定时装置的锥式贯入仪；（b）锥头和量规定位板（照片由ELE International提供）

2. 程序阶段

(1) 选择、准备并熟化土样

(2) 检查装置

(3) 混合与制作

(4) 放入杯子

(5) 调整锥体

(6) 调整千分表

(7) 测量圆锥入土深度

(8) 重复贯入

(9) 测量含水率

(10) 与多余的水混合

(11) 计算并绘制图形

(12) 报告结果

3. 试验步骤

(1) 选择和制备土样

按照第 2.6.3 节中的说明准备和熟化土样。如果可能，请使用天然材料，否则请使用湿法制备。将约 300g 准备好的土膏粘贴在玻璃板上。

如果还要进行塑限试验，则在土仍然坚硬的情况下，将其中的一小部分放入密封袋或容器中，然后再添加较多的水（请参阅第 2.6.8 节）。

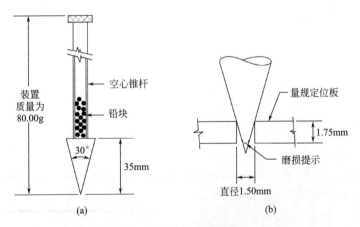

图 2.11　圆锥体的详细信息

(2) 检查装置

圆锥贯入仪必须符合 BS 1377-2：1990 第 4.3.2.3 条和第 4.3.2.4 条。检查的要点包括：

① 必须安装专门用于土工试验而设计的锥体。

② 最重要的是确保圆锥和锥杆的质量为 80g±0.1g。锥杆是中空的，因此可以放入铅块以使圆锥和锥杆组件达到指定的质量。

③ 可以通过将尖端推入量规定位板的孔来检查圆锥体尖端的锐度。如果用指尖轻轻刷一下无法感觉到该点，则应更换锥体（图 2.11b）。

④ 按下释放按钮时，锥体必须能自由落下，并且滑动轴必须清洁干燥。

⑤ 入土深度的百分表指示器应通过在指示器的锥杆和固定圆锥的滑动轴顶部之间插入量规来进行校准，或者可以使用校准过的游标卡尺。

⑥ 仪器必须放置在稳固水平工作台上。

⑦ 如果仪器装有自动定时装置，则应在按下将其释放按钮 5s 后自动锁定锥轴组件。该时间间隔应对照参考计时器进行验证。

（3）混合与制作

将玻璃板上的土膏用调土刀充分调拌至少 10min。一些土，尤其是重黏土，可能需要更长的混合时间来破坏土体结构。如有必要，添加更多的蒸馏水或去离子水并充分混合，以使锥孔穿透约 15mm。使整个土样中水的分布均匀至关重要。

将土保持在玻璃板中间附近，以最大程度减少由于暴露于空气而引起的干燥问题。不混合时，用湿布或聚乙烯覆盖。

彻底的混合和捏合是一项繁重的工作，但这是阿太堡试验的最重要环节（请参阅第 2.6.3 节），决不能忽视。

（4）放入杯子

① 将土膏压在杯子的侧面，以免滞留空气。

② 将更多的土膏充分按压到杯子的底部，且不形成气穴。

③ 填满中间并向下压。使用小刮刀可方便地进行这些操作。

④ 最后，使用直尺使顶部表面与轮缘平整。

（5）锥度调整

将锥体和轴杆锁定在其行程的上端附近，并小心地降低支撑组件，以使锥体的尖端与杯中的土体表面距离在几毫米以内。握住锥体，按下释放按钮并调整锥体的高度，以使尖端刚好接触土体表面。杯子的一个小的侧向移动应该刚好标记表面避免接触滑动杆，尤其是当黏土粘附在手指上时。杆轴的污染可能导致其滑动阻力增加，卡在套筒中。

（6）千分表的调整

降低千分表的测杆，使其与锥杆的顶部接触。记录千分表的读数 R_1，精确到 0.1mm。或者，如果将指针安装在摩擦套筒上，则将指针调整为零（即 $R_1 = 0$）。

（7）测量圆锥贯入度

按下按钮，使锥体落下，按钮必须保持按 5s，并用秒表或手表计时（图 2.12）。如果使用自动定时器，则仅需按下按钮并立即释放即可。听到咔嗒一声表明杆已自动重新锁定。仪器必须保持稳定并且不能被猛拉。5s 后，松开按钮，以将锥体锁定到位。降低千分表的测杆，使其与锥杆的顶部接触，而不会使指针套筒相对于阀杆调节旋钮旋转。将刻

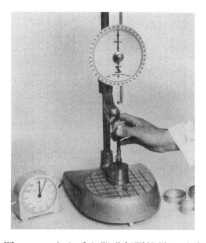

图 2.12　入土后立即进行圆锥贯入试验

度盘读数记录到最接近的 0.1mm（R_2）。记录 R_1 和 R_2 之间的差值作为圆锥入土深度。如果指针初始读数设置为零，则读数 R_2 直接给出圆锥的入土深度。

（8）重复贯入

提起锥体并仔细清洁。避免触摸滑动杆。向杯子中再加一点湿土，不要夹带空气，将其弄平，并重复步骤（5）～（7）。如果第二个圆锥体的入土深度与第一个圆锥体的差值不超过 0.5mm，则记录平均值，并测量含水率［步骤（9）］。

如果第二次与第一次入土深度的差值在 0.5～1mm，则进行第三次试验，如果总范围不超过 1mm，则记录三个入土深度的平均值并测量含水率［步骤（9）］。

如果总范围超过 1mm，则将土体从杯子中取出并重新混合，然后从步骤（4）开始重复试验。

（9）测定含水率

使用小刮刀的尖端从圆锥体穿透的区域中取出约 10g 的湿土试样。将其放在已编号的含水率容器中，按照标准含水率试验步骤（第 2.5.2 节），烘干并称重。湿土试样不应"涂抹"到容器中，而应用刮刀轻敲容器附近的另一把刮刀，使其干净地滴入容器，如图 2.13 所示。

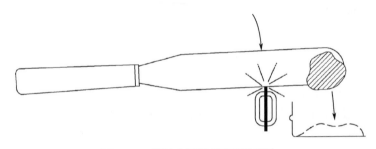

图 2.13　将湿土试样转移到容器中

（10）混合

将杯中剩余土样与玻璃板上剩余土样并与少量蒸馏水重新混合，直到获得均匀的较软稠度为止。用方形刮刀刮擦杯子，将其擦拭干净并干燥，然后将步骤（4）～（9）再重复至少 3 次（总共进行 4 次），再加蒸馏水。

贯入度应覆盖 15～25mm 的范围，且分布均匀。

（11）计算与绘图

像含水率试验一样，根据湿土质量和干土质量计算出每个土样的含水率。

在如图 2.14 所示的图表上，每个圆锥体的入土深度（mm）均以纵坐标绘制，相对应的含水率（％）以横坐标绘制，均以线性标度表示。该图显示了典型数据，并绘制了拟合这些点的最佳直线。

（12）结果

从图 2.14 中读出对应于锥体入土深度 20mm 的含水率（精确至 0.1％）。将结果记录为最接近的整数作为液限（圆锥试验）。

425μm 筛上保留的材料百分比（精确至 1％）与土样制备方法一起报告。塑限和塑性指数通常与液限一起报告。

第2章　含水率和指数试验

地点	布拉克内尔	地点编号	2456
土样描述	蓝灰色黏土	土样编号	6/5
样本类型	未扰动　　操作员　A.B.S.	开始日期	1978-01-04

	试验编号		1	2	3	4	5	平均值
塑限	容器编号		C1	C5	B7			
	湿土和容器	(g)	14.99	15.06	17.62			
	干土和容器	(g)	13.48	13.60	15.58			
	容器	(g)	7.94	7.99	7.97			
	干土	(g)	5.54	5.61	7.61			
	水分损失	(g)	1.51	1.46	2.04			
	含水率	(g)	27.26	26.02	26.81			26.70

	试验编号		1		2		3		4	
液限	锥体贯入度	(mm)	15.5	15.1	19.0	19.0	22.0	21.8	25.4	25.2
	平均贯入度	(mm)	15.3		19.0		21.9		25.3	
	容器编号		20		56		59		62	
	湿土和容器	(g)	46.78		57.20		63.60		71.72	
	干土和容器	(g)	32.51		38.31		41.64		45.78	
	容器	(g)	8.31		8.35		8.26		8.29	
	干土	(g)	24.20		29.96		33.38		37.49	
	水分损失	(g)	14.27		18.89		21.96		25.94	
	含水率	(%)	58.97		63.05		65.79		65.19	

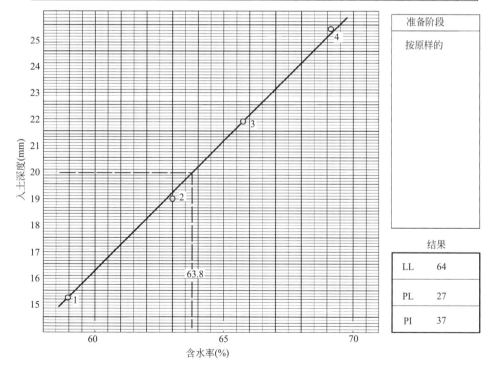

准备阶段
按原样的

结果	
LL	64
PL	27
PI	37

图 2.14　液限（圆锥试验）和塑限结果及图表

圆锥贯入单点液限试验的建议系数（根据 Clayton 和 Jukes，1978）　　表 2.5

入土深度(mm)	高塑性土	中等塑性土	低塑性土
15	1.098	1.094	1.057
16	1.075	1.076	1.052
17	1.055	1.058	1.042
18	1.036	1.039	1.030
19	1.018	1.020	1.015
20	1.001	1.001	1.000
21	0.984	0.984	0.984
22	0.967	0.968	0.971
23	0.949	0.954	0.961
24	0.929	0.943	0.955
25	0.909	0.934	0.954
含水率测量范围	高于50%	35%～50%	低于35%

2.6.5　液限-单点锥式贯入仪法（BS 1377-2：1990：4.4）

克莱顿和朱克斯（1978）提出了这种方法，它是评估土液限的一种可能的方法，较第 2.6.4 节中所述的四点锥式贯入仪法更为简单。该方法基于对试验数据的统计分析。如果液限可能超过 120%，则该试验可能无效，因此应使用适当量的土进行四点试验。

设备与第 2.6.4 节中描述的设备相同。步骤与第 2.6.4 节步骤（1）～（9）相同，只是需要的土量较小（约 100g）。适当的熟化和与水彻底混合与标准测试一样重要。应调整土的含水率，以确保圆锥的贯入深度在 15～25mm。

在按第 2.6.4 节的步骤（7）和（8）测量两个或多个连续的圆锥入土深度值后，使用杯子中的大部分土（包括圆锥贯入的区域）确定含水率。除此之外，步骤与第 2.6.4 节的步骤（9）相同。将含水率精确至 0.1%，然后与表 2.5 中的系数相乘得出土的液限。系数值取决于土样是低塑性、中等塑性还是高塑性。这些类别在第 2.4.2 节中进行了解释，但为此目的，高塑性是指液限超过 50% 的所有土。

测得的含水率可表明土样属于哪一类，如表 2.5 底部所示。使用的系数从入土深度所对应的列中读取。低塑性土的系数最不可靠，因为许多用于得出这些系数的土样都含有白垩。

将以此方式计算的液限（w_L）报告为最接近的整数，并将该方法标记为单点锥式贯入仪试验。此外还需记录保留在 425μm 筛上土体的百分比和土样制备方法。

塑限试验也可以在同一土样上进行。

2.6.6　液限-卡萨格兰德法（BS 1377-2：1990：4.5 和 ASTM D 4318 11，12）

该试验方法已作为辅助方法保留在英国标准中，但锥式贯入仪法是目前标准的首选方法。这两种类型的试验获得的结果已在第 2.6.2 节中论述。

ASTM 试验名称 D 4318 取代了 1984 年的先前名称 D 423 和 D 424。

BS 1377 和 ASTM D 4318 中指定的液限仪在原理上相似，但在细节上有所不同。ASTM 设备的橡胶底座与 BS 设备在规格上存在差异。其中橡胶较硬，因此两种设备的试验结果可能不兼容。尽管如此，这两个标准所定义的试验程序在大体上非常相似，仅在一些特定细节上有所区别。

1. 仪器

（1）测试装置（卡萨格兰德仪）（图 2.15），其原理如图 2.16 所示。碟必须自由下落，没有太多的侧向间隙。碟提升的高度必须正好高于底座 10mm。这可以用量规（一个 10mm 厚的钢块，或开槽工具手柄上的块体，如图 2.17 所示）进行检查。当碟处于最大高度时，量规应能在碟和底座之间通过。调节螺钉提供了一种便捷的调节方法。调整后必须拧紧锁紧螺母，并用量规重新检查最大高度。对于 BS 设备，底座的材料和结构必须符合 BS 1377-2：1990 第 4.5.2.3 条，该条款可参考 BS 903-A8：1990，BS 903-A26：1995 和 BS 1154：2003。

图 2.15　卡萨格兰德仪和工具（照片由克兰菲尔德大学提供）

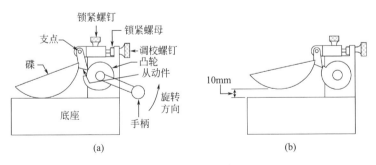

图 2.16　卡萨格兰德仪原理

有关 ASTM 仪器底座要求的详细信息，请参见 ASTM D 4318 第 6.1.1 节。在确定 ASTM 杯碟的下落高度时，需测到碟与底座的接触点。

该设备可配备一个专门设计的驱动电机，用合适的速度转动凸轮。电机的振动不得传递到设备本身。

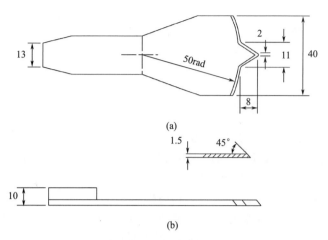

图 2.17 卡萨格兰德仪的切槽工具（尺寸单位：mm）

（2）开槽工具，如图 2.17 所示，必须保持清洁和干燥，并且要定期检查切割轮廓的尺寸。V 形槽型材随使用会产生磨损，基本尺寸与规定尺寸相差不得超过 0.25mm。必要时，应对其进行打磨，以恢复正确的轮廓。

塑料开槽工具可作为金属开槽工具的替代品。当塑料工具的磨损超出规定的公差时，应立即废弃并替换为新的塑料工具。

（3）平板玻璃板，带有斜边和圆角，厚 10mm，面积约 500mm^2。

（4）洗瓶中装有蒸馏水或去离子水。

（5）两把调土刀，刀片长 200mm、宽 30mm。

（6）长约 150mm、宽约 25mm 的刮刀。

（7）含水率测定仪（第 2.5.2 节）。

2. 程序阶段

（1）选择，准备和熟化土样

（2）调整装置

（3）再混合

（4）放入碟中

（5）切槽

（6）碟起落

（7）重复上一步

（8）测定含水率

（9）重复试验

（10）计算

（11）报告结果

3. 试验步骤

（1）类似锥式贯入仪试验（第 2.6.4 节）。

（2）仪器的调整

卡萨格兰德仪必须清洁，并且碟必须干燥且无油。检查碟是否可以自由移动，保证其没有过多的侧隙，并且下落高度为 10mm；必要时进行调整。如果安装了击数计数器，则将其调零。检查切槽工具是否清洁、干燥，并符合正确的轮廓［请参见前文"仪器"下的（1）和（2）条］。

设备应放置在稳固工作台面上，以免晃动。该位置还应该便于以正确的速度（每秒旋转两圈）稳定地转动手柄。倒空碟，并对着秒表进行练习，以习惯正确的节奏。

（3）再混合

类似于锥式贯入仪试验（第 2.6.4 节）。

关于彻底混合的重要说明也适用于该试验。

（4）放入碗中

请注意，设备的碟放在基座上，并且不受凸轮支撑。将一部分混合土放入碟中，从中间向外按压以防止积聚空气。较小的刮刀最适合此操作。土膏的表面应平整且平行于基座，最大深度应为 10mm［图 2.18（a）］。

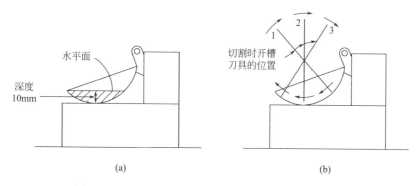

图 2.18 放在卡萨格兰德碟中的土和开槽工具的使用

（5）切槽

从后到前在土样上切出一条凹槽，将其分成两等份。从铰链附近开始，以连续圆周运动的方式从铰链向前方拉动切槽工具，使其垂直于碟的表面（图 2.18b）。刀具的倒角边缘面向运动方向。尖端应轻轻刮擦碟的内部，但不要用力按压。完整的凹槽如图 2.19 所示。

有时很难在低塑性的土上切出一条光滑的沟槽，而又不破坏土体。ASTM 方法建议使用开槽工具进行多次切割，或者使用铲刀形成凹槽，最后使用该工具修整到所需的尺寸。必须避免土样滑动到碟表面上，否则土样会在试验过程中再次滑回，而不是正常流动。

在 ASTM 标准中不再列入旧称"ASTM 开槽工具"的弧形开槽工具。

如果无法使用标准工具切割出光滑的凹槽则进行记录。如果通过其他方式形成凹槽，则报告该方法。

（6）碟起落

以每秒两转的稳定速度转动机器的曲柄，以使碟上升和下落。如有必要，请使用秒表以获得正确的速度。如果未安装转数计数器，请计算击数，必要时大声计数。继续转动直到凹槽沿 13mm 的距离闭合。标准开槽工具的后端用作直尺。当土的两部分在凹槽底部接触时，凹槽合拢（图 2.20）。记录达到此条件所需的击数。如果两个接触点之间有间隙，

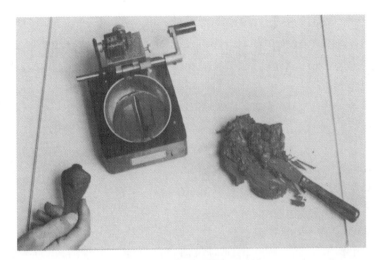

图 2.19 施加颠簸前的凹槽

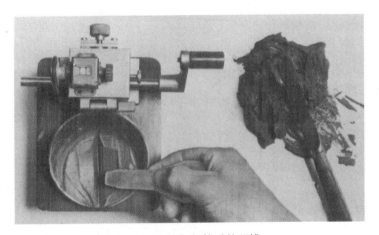

图 2.20 施加颠簸后的凹槽

请继续进行起落直到连续接触的长度为 13mm，并记录击数。如果超过 50 次，请清除土，再混入少量水，然后重复步骤（4）～（6）。

ASTM 方法要求检验沟槽的两侧是否已变形为大致相同的形状，并且未由气泡引起过早或不规则的闭合。如果怀疑有这种情况，则应按照以下步骤（7）所述重复运行。凹槽的闭合应是由土的塑性流动引起的，而不是由土样在碟的表面上滑动而造成的。如果土样发生滑动，则应记录下来并丢弃结果。重复试验直到发生流动。如果在添加和混合更多水后仍存在滑动，则该试验不适用，此时应该记录不能获得液限。

（7）重复运行

往玻璃板上的混合物中添加更多的土，与形成凹槽时去除的土差不多即可。与碟中的土混合。重复步骤（4）～（6），直到连续两次闭合施加相同的击打次数。立即记录击数。

确保重复试验时土不会变干，因为击打的次数会随着含水率的减小而增加。

［仅当在步骤（6）中凹槽以不规则方式闭合时，ASTM 程序才要求执行此步骤］

（8）水分测定

使用小刮铲从凹槽区域两部分流动相接处获取土体（约 10g）。将其放在含水率容器中，盖上盖子，并按照含水率试验中的方法确定含水率（第 2.5.2 节）[请参阅第 2.6.4 节的步骤（9）]。

（9）重复试验

从碗中取出土并将其与玻璃板上剩余的土混合。向盘子加少许清水，并充分混合。清洁设备所需的碗并将其擦干。如果已安装，则将转数计数器重置为零。清洁并干燥切槽工具和刮铲。

重复步骤（4）～（8）至少三遍（共进行四次测定），每次添加少许清水。含水率测量时应使击打数大致均匀地分布在 10～50 个。每侧至少有两个锤击计数，每侧 25 次。如有必要，请进行另外的重复试验。试验必须在较干燥的条件下（大约 50 次击打）开始，然后向潮湿的状态（10 次击打）进行。

每当玻璃板上留有土时，均应用湿布覆盖，以防止干燥。

ASTM 程序至少要求进行 3 次测定，覆盖 15～35 次颠簸。

（10）计算

如含水率试验中一样，计算每次击打的含水率。使用半对数图，将含水率作为纵坐标（线性标度），将相应的击打次数作为横坐标（对数标度）绘制。画出拟合绘制点的最佳直线，称为流动曲线（图 2.21）。找到代表 25 次击打的纵坐标，并在与流动曲线相交的位置绘制一条水平线到含水率轴，读出该含水率值并将其记录在水平线上，精确到 0.1%，如图 2.21 所示。

（11）结果

从流动曲线中读取的含水率，并取为整数，作为土的液限（w_L）。

报告试验方法（使用卡萨格兰德仪），保留在 $425\mu m$ 筛上的土体占比（如果土样已过筛）以及土样制备方法。

塑限（w_P）通常一并报告。

2.6.7 液限-卡萨格兰德单点法（BS 1377-2：1990：4.6 和 ASTM D 4318：13，14）

该方法提供了一种快速测定土液限的方法，因为只需要测量一次含水率即可。但是，该结果可能不如四点卡萨格兰德法或锥式贯入仪法可靠。如果液限可能超过 120%，这个试验可能就不适用，而应使用适量的土进行四点试验。

当只有很少量的土可用时，这是一种有用的方法。

1. 仪器

类似于第 2.6.6 节中列出的内容。

2. 程序阶段

（1）选择，准备和熟化土样

（2）调整装置

（3）与水混合

地点	北布朗维奇			地点编号		3210	
土样描述	有褐色斑点的黏土			土样编号		4/9	
样本类型	受扰动	操作员	F.B.J	开始日期		1978-06-15	

	试验编号		1	2	3	4	5	平均
塑限	容器编号							
	湿土和容器	(g)						
	干土和容器	(g)						
	容器	(g)						
	干土	(g)						
	水分损失	(g)						
	含水率	(%)						

	试验编号		1	2	3	4	5	6
液限	击数		49	40	29	22	16	
	容器编号		64	95	57	74	82	
	湿土和容器	(m_2)(g)	19.47	19.77	21.01	22.72	19.26	
	干土和容器	(m_2)(g)	14.78	14.82	15.39	16.31	14.38	
	容器	(m_1)(g)	8.51	8.43	8.38	8.49	8.64	
	干土	(m_3-m_1)(g)	6.27	6.39	7.01	7.82	5.74	
	水分损失	(m_2-m_3)(g)	4.69	4.95	5.62	6.41	4.88	
	含水率	w(%)	74.8	77.5	80.2	81.9	85.1	

准备
按原样的
风干的
烘箱干燥的
研碎的
过425μm筛的

结果	
LL	81
PL	29
PI	52

图 2.21　液限（卡萨格兰德试验）结果和图表

（4）放入碟中

（5）切槽

（6）碟起落

（7）重复试验

（8）含水率

（9）计算

（10）报告结果

3. 试验步骤

（1）土样的选择，准备和熟化

该试验需要约 50g 的土；否则，步骤如第 2.6.6 节中所述。

即使使用少量土样，混合过程与四点试验同样重要。对于黏土，不应忽略其熟化期。

（2）～（5）如第 2.6.6 节所述。

（6）碟起落

按照第 2.6.6 节的规定进行，但含水率应使闭合凹槽的击打次数在 15～35。

（7）重复试验

在碟中加入更多的土，混合并立即重复试验。给予相同的击打次数。如果次数不同，请重复，直到两次连续试验的击打次数相同为止。

（8）含水率测定

由于只需要确定一次含水率，因此第二次运行后，碟中的大部分土都可以用于此目的。将其置于潮湿的容器中，并按照含水率试验（第 2.5.2 节）进行处理。清洁并擦干碟。

卡萨格兰德单点液限试验的系数（BS 1377：1990）　　　　表 2.6

击数	系数	击数	系数	击数	系数
15	0.95	22	0.99	29	1.01
16	0.96	23	0.99	30	1.02
17	0.96	24	0.99	31	1.02
18	0.97	25	1.00	32	1.02
19	0.97	26	1.00	33	1.02
20	0.98	27	1.01	34	1.02
21	0.98	28	1.01	35	1.03

（9）计算

用通常的方法计算出碟中土的含水率，并精确到 0.1%。含水率乘以表 2.6 中给出的系数，该系数对应于提供液限的击数。这些系数的理论基础在第 2.3.5 节中已进行过讨论。ASTM 标准给出了 20～30 次击数范围内的系数，这些系数与表 2.6 中给出的系数略有不同。

土的含水率应尽可能接近液限，以使所需的击数接近 25 次。这将最大限度地减小由于用于推导换算系数的流动曲线斜率与其平均值之间的差异所引起的误差。

（10）报告结果

如上计算得出的液限（w_L）取最接近的整数。该方法被称为使用卡萨格兰德仪的单点法。还应报告保留在 $425\mu m$ 筛上的百分比和土样制备方法。

塑限试验也可以在同一土样上进行。

2.6.8　塑限（BS 1377-2：1990：5.3 和 ASTM D 4318，15）

该试验旨在确定土在塑性状态下的最低含水率。它只能在具有一定黏聚力的土中进行，适用于可以通过 $425\mu m$ 筛网的土体要通过 $425\mu m$ 的筛子。该试验可以在天然状态的土上进行，也可以在通过湿法制备的土上进行，这均在第2.6.3节中进行了描述。该试验通常与液限试验结合进行。

1. 仪器

（1）本试验中最重要的设备是操作员的手，其应保证清洁且无油脂。

（2）玻璃板和小工具用于液限试验。

（3）预留一个专门用于搓条的玻璃板。玻璃板应保持光滑且没有划痕，体积大约为 $300mm^2$ 且厚度为 10mm。玻璃板的表面状态会影响搓条行为，使用无刮痕的玻璃可以减少出现差异的可能性。另一种选择是将混合板的一侧预留用于搓条，并避免在这个区域混合土体。土中的硅粒在混合过程中会无可避免地划伤玻璃。

（4）两把调土刀或刮刀。

（5）直径为 3mm 的短（例如 100mm）金属棒。

（6）标准含水率测定仪（第2.5.2节）。

2. 程序阶段

（1）准备土样

（2）滚球

（3）卷成细条，直到碎裂

（4）测量含水率

（5）重复试验

（6）计算

（7）报告结果

3. 试验步骤

（1）土样制备

通过第2.6.3节中描述的方法之一准备和熟化试验土样。取约 20g 准备好的土并将其铺在玻璃混合板上，以便可以部分干燥。偶尔搅拌以免局部变干。在进行液限试验之前，将土样放在一边。

（2）滚成球

当土足够可塑时，将其充分揉捏，成型为球形。在手指之间制成球，并在手掌之间滚动，手的温度使其慢慢干燥。当土球表面开始出现细微裂缝时，将球分成两部分，每部分约 10g。进一步将它们分为四等份，但将每组四个部分放在一起。

（3）搓成条形

其中一部分土样应由手指揉捏以均衡湿度分布，然后使用每只手的食指和拇指捏成直径约 6mm 的土条。土条必须完整且均匀。使用稳定的压力在玻璃板上搓动土条（图 2.22）。来回搓动 5～10 次后，应将土条直径从 6mm 减小至约 3mm。一些重质黏土可能需要更多的搓动次数，因为这类土在接近塑限时往往会变硬。在试验中始终保持均匀的滚动压力非常重要；在土条直径接近 3mm 时，勿降低压力。

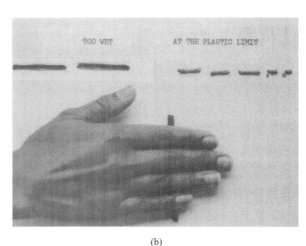

(a)　　　　　　　　　　　　(b)

图 2.22　塑限试验

（a）仪器；（b）轧制前后的土条（照片由 Geolabs 提供）

通过再次在手指间揉捏的方式对土体进一步干燥，而不是通过连续滚动形成干燥的外壳。将其制成土条，然后像之前那样再次搓动。重复这个过程，直到土条在搓动到 3mm 直径时开始碎裂。可用金属棒作为测量这个直径的参照标准。土条的碎裂方式会因不同的土类而表现各异。包括：呈小块分解破碎；断裂成多段末端逐渐变细的土条；从土条两端向中心纵向裂开后破裂。试验的基本要求是达到崩解状态，而不是变成类似意大利面条的条状。土条崩解必须是由于水分减少而引起的，而非因为压力过大、斜向搓动或超过手掌宽度的部分土体脱落而导致的力学破坏。

第一个破碎点是塑限。虽然理论上可以在破碎后将碎片拼凑成一根土条，并在压力下继续滚动，但不应该这样做。

（4）含水率测定

达到破碎阶段后，应立即收集破碎的土条并将其放入已称重的含水率容器中。立即盖上盖子。

（5）重复试验

对其他三块土重复步骤（3），并放入同一容器中。尽快称量容器和土体，按照标准含水率试验步骤（第 2.5.2 节）在烘箱中干燥过夜，冷却并称重。

使用含水率容器，在另一组土的四个部分上重复步骤（3）～（5）。

ASTM 方法要求对足够多的部分土体进行试验，每部分 1.5～2.0g，在每个容器中至少产生 6g 的土。

（6）计算

计算两个容器中每个土体的含水率。如果它们的含水率相差超过 0.5%，则应重复试验。

计算两个结果的平均值，四舍五入到最接近的整数将得出土的塑限（w_P）。

计算液限和塑限之间的差，以得出土的塑性指数（I_P）：

$$I_P = w_L - w_P$$

（BS 1377-2：1990 第 5.4 条）

标准的试验数据包括在图 2.14 中（显示了 3 个确定结果）。

（7）报告结果

塑限 w_P 的值报告为最接近的整数。如果无法进行塑限试验，则将土定名为非塑性（NP）。如果塑限等于或大于液限，这也适用；后者可能发生在一些云母含量高的土中（Tubey 和 Webster，1978）。

塑性指数 I_P 的值通常也被四舍五入到最接近的整数。

同时，会记录并报告土样的制备方法以及留在 $425\mu m$ 筛上的物料的百分比（如果对土进行了筛分）。结果通常与液限试验报告列在同一张表上（图 2.14）。

2.7 收缩试验

2.7.1 试验类型

此处描述了在第 2.3.6 节中讨论的测量土收缩特性两个方面的试验。这些是缩限和线性收缩。BS 1377-2：1990 中提供了两种用于确定缩限的试验和一种用于确定线性收缩的试验，下面将进行介绍。两种测量缩限的方法都依赖于土样在浸入汞中干燥后的体积的精确测量。

第一个（BS 认定方法）是由 TRL 开发的，用于直径 38～51mm 的标准未扰动土样。如果避免在小电触点处产生腐蚀影响，则该方法更为方便，而且可能会更准确。

第二种方法与 ASTM 标准中给出的方法相同。它需要简单的设备，但要使用暴露的汞。充分的通风是必不可少的，此外还应采取预防措施以防止溢出，如果确实发生溢出，则要有处理设施（请参阅第 1 章，第 1.6.7 节）。

英国地质调查局（Hobbs and Jones，2006）开发了一种替代方法，该方法不需要使用汞并不产生相关危害，这是一种被称为收缩仪的完全自动化的设备，它结合了 1 级激光和 3D 移动平台，与灵敏的数字天平一起使用。这样就可以在受控条件下连续测量土样的尺寸和质量，而不必在干燥过程中与土样接触。该设备很昂贵，它只会在专业研究实验室使用。

线性收缩试验易于操作，并且仅指示收缩量。

2.7.2 缩限-TRL 方法（BS 1377-2：1990：6.3）

此试验是 BS 1377：1990 中用于测量体积收缩率的方法。

1. 仪器

（1）缩限仪，包括用于容纳汞的浸没槽；土样盒；分度值 0.01mm 的千分尺；带有干电池、铂触点、指示灯和试验开关的电路；调平螺钉和水平指示气泡（图 2.23）。

（2）汞，足以将设备的罐填充到所需水平。大约需要 2.5kg。

（3）已知体积的模具，用于准备重塑的土样。

（4）修整和测量工具，用于制备和测量未受扰动的土样。

（5）天平，称量 200g，分度值 0.01g。

（6）钳子，小刷子，表面皿和其他小工具。

（7）含水率测定仪（第 2.5.2 节）。

（8）大托盘装有少量水，以保留溢出的汞。

（9）橡胶手套。

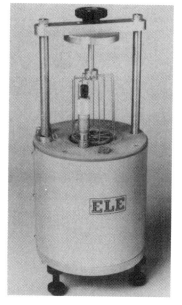

图 2.23　缩限试验-TRL 设备

2. 程序阶段

（1）准备土样

（2）测量并称重

（3）调整装置

（4）测量体积和质量

（5）允许部分干燥

（6）重复体积测量

（7）烘干并称重

（8）测量干体积

（9）计算与绘图

（10）报告结果

3. 试验步骤

（1）准备土样

高度大约等于直径两倍的圆柱形试样对于该试验方便。尺寸取决于汞容器的尺寸，但是标准的土样尺寸是直径 38mm，长度 75mm。

如果将薄壁取土器放入相对较大的容器中，则可以通过将薄壁取土器小心地推入原始土样中来获得未受扰动的土样。应将直径为 100mm 的取样管中的土样顶出，并在推出时将直径为 38mm 的取土器插入。然后将土样从取土器中推出并修整至一定长度。或者，可以通过手工修整或使用土修样器制备未受扰动的土样（请参见第 2 卷）。对于经过重塑的土样，如果需要，可将土与水混合以达到硬塑性稠度（优于塑限），并进行压实，这样操作不会在取土器或分叉的模具中夹杂空气。然后将其挤出或移除，并修剪成一定长度。土不宜先烘干。

（2）初始测量

土样的体积 V_1（cm^3）最初可以通过线性测量确定，如第 3 章第 3.5.2 节所述。这对于检查体积测量设备很有用，但不是必需的。

土样的重量应精确到 0.01g，并将该质量记录为初始质量。

（3）设备的调整

使用游标卡尺测量内部量规卡尺确定设备的内径 D，精确至 0.1mm。

将设备放在通风柜中坚固长凳的托盘上或靠近排气扇的位置。使用底座调节螺钉将其调平，并检查是否带有内置气泡。小心地将汞添加到所需的深度，然后重新检查水平（汞可能几乎与装汞的设备一样重）。仪器应保持原样在同一位置，直到手头的试验完成为止，这可能需要几天的时间。

电路闭合时，请检查电池电量以及指示灯是否点亮。为此提供了一个试验开关。将笼子降低到汞罐中，直到完全浸没。旋转笼子两次或三次以清除残留的气泡。调整千分尺，直到铂金触点刚好接触到汞的表面。灯泡点亮表明了这一点。将千分尺的读数记录为零读数 M_0。将笼子从水箱中提出，并提高千分尺的调节值。

（4）体积和质量的测量

将土样放在笼子中，放入汞中，直到全部浸入。必须通过旋转或搅动笼子来清除气泡。重置千分尺，使与汞表面的电接触刚好发生，灯泡就点亮了。记录千分尺读数（M）。

抬起笼子，取出土样，然后小心地将汞滴重新刷回到水箱中。立即称量土样（W），精确至 0.01g。处理汞时，请戴上橡胶手套，然后洗手。

（5）部分干燥

将土样放在观察镜上，使其在室温下暴露于空气中约 2h，以便使其部分干燥。

（6）重复测量

重复步骤（4）和（5），以获得一系列体积和相应质量的读数。直到三个连续的读数显示质量减小时体积没有变化。在此阶段，土的颜色将变浅。这可能需要几天的时间，但是一定不要匆忙进行。如果土样干燥太快，可能会产生裂缝。如有必要，在一块聚乙烯薄膜下用一块湿布覆盖土样过夜，以免各读数之间损失太多水分。如果出现细小的收缩裂缝，则汞可能无法完全渗透，从而导致体积读数错误。其他裂缝可能充满了汞，并可能残留在其中，从而形成假质量。

（7）烘干和称重

如果没有明显的收缩迹象，则将土样在 105~110℃ 的烘箱中干燥过夜或至恒定质量。烘箱及其周围环境必须充分通风以清除任何汞蒸气（第 1.6.7 节）。冷却后称量 m_D（精确至 0.01g）。

（8）干体积的测量

将干燥的土样放在笼子中，放入汞柱中，并按照步骤（4）记录千分尺读数。该读数表示为 M_d。

（9）计算与绘图

土样在任何阶段的体积都是根据罐中汞的位移高度计算得出的。设 D 为储罐直径，M_0 为不带土样的千分尺零读数（mm），M 为任何中间阶段的千分尺读数（mm），V 为该阶段的体积（cm³），m 为该阶段的质量（g），m_d 为干土质量。则

$$V = (M - M_0) \times \frac{\pi D^2}{4} \times \frac{1}{1000} \quad \text{cm}^3$$

对于干燥的土样

$$V_d = (M_d - M_0) \times \frac{\pi D^2}{4} \times \frac{1}{1000} \quad \text{cm}^3$$

如果罐的横截面面积为 50cm^2（即直径约为 80mm），其体积为

$$V=（M-M_0）\times 5 \ （\text{cm}^3）$$

一些较旧的设备装有以英寸为单位校准的千分尺，并以立方英寸为单位直接显示体积，乘以 16.39 可转换为立方厘米。

根据公式计算每阶段每 100g 干土的单位体积（U）

$$U=\frac{100\times V}{m_d} \ （\text{cm}^3）$$

从表达式计算每个阶段的土样含水率（w）

$$w=\frac{m-m_D}{m_d}\times 100\%$$

相对于 w 绘制 U（作为纵坐标）的图。图 2.24 显示了一条标准曲线，以及试验数据和计算结果。完全干燥状态下的单位体积 U_d 以零含水率绘制，其中

$$U_d=\frac{100\times V_d}{m_d} \ （\text{cm}^3）$$

根据公式计算收缩率 R_s

$$R_S=\frac{m_d}{V_d}$$

并保留两位有效数字。

为了使含水率从任何值 w（%）降低到缩限 w_S（%），可以通过下式计算土的相应体积收缩率 V_S（cm^3）。

（10）结果

$$V_S=\frac{w-w_s}{R_S}$$

可以通过绘制的点绘制平滑曲线，但是该图基本上由两个直线部分组成。通过 U_d 绘制水平横坐标，并生成最佳拟合的斜线，以使这两条线在 E 处相交，如图 2.24 所示。

读出与该交点相对应的含水率（精确至最接近 1%），并报告为缩限（w_S）。

同时报告收缩率（R_s），试样的初始含水率和密度，试样的制备方法以及通过 $425\mu\text{m}$ 筛的物料的百分比。

最好同时执行两个试验，并报告两个结果的平均值。

2.7.3　缩限-辅助方法（BS 1377-2：1990：6.4 和 ASTM D 427）

BS 1377 将此试验称为辅助方法。它在重塑土上进行，其含水率比液限更高。仅需对土样的体积进行一次测量并对置换的汞进行称重。缩限直接由初始含水率、干燥质量和体积计算得出。在此过程中，不会产生收缩曲线，但是如果需要曲线，可以进行中间体积测量。如果将试验用作测量未扰动土样缩限的替代方法，则上述测量必不可少。

1. 仪器

（1）收缩皿：陶瓷制成，直径约 42mm，深 12mm。

（2）玻璃杯：直径约 57mm，深 38mm，边缘磨平。

（3）多孔板：玻璃或透明丙烯酸树脂，装有三个不易腐蚀的插脚。尺寸没有严格的限

地点		赫默尔亨普斯特德			地点编号		4420
土样描述		浅棕色粉质黏土			土样编号		5/2
样本类型		受扰动	操作员	G.H.W.	开始日期		1978-11-08

时间	零读数 R_0 （单位）	体积读数 R （单位）	$M-M_0$ $=V'$	$5 \times V'$ $=V(\text{cm}^3)$	土样湿重 (g)	含水率 (%)	100g干土 的体积 $=100\frac{V}{m_d}(\text{cm}^3)$
	3.42	20.66	17.24	86.20	149.65	35.8	78.2
	2.18	18.95	16.77	83.85	147.12	33.5	76.1
	6.21	21.95	15.74	78.70	142.27	29.1	71.4
	6.27	21.17	14.90	74.50	137.64	24.9	67.6
	6.30	19.23	12.93	69.65	131.14	19.0	63.2
	6.36	19.91	13.55	67.75	122.43	11.1	61.5
	5.42	18.93	13.51	67.55	122.43	6.7	61.3
	6.03	19.43	13.40	67.00		0	60.8

	最终干土质量m_d	110.20

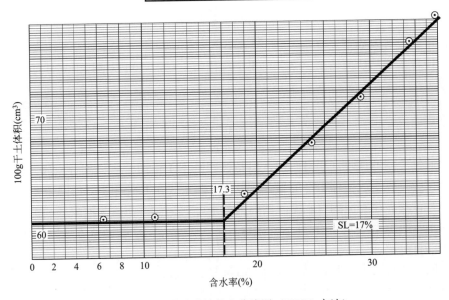

图 2.24 缩限试验结果和曲线图（TRRL 方法）

制，但平板应足够大以完全覆盖玻璃杯。

（4）玻璃板：足够大以覆盖收缩皿。

（5）两个直径 150mm 的陶瓷蒸发皿。

（6）25mL 量筒。

（7）汞，无须装满玻璃杯。

（8）直尺、调土刀等小工具。

（9）天平，称量 200g，分度值为 0.01g。

（10）含水率测定仪（第 2.5.2 节）。

（11）盛有少量水的大托盘，可保留所有溢出的汞。

（12）石油膏（凡士林）。

2. 程序阶段

（1）土样准备

（2）测量和准备仪器

（3）铺土

（4）称重

（5）干燥

（6）称量干土

（7）测量体积

（8）计算

（9）报告结果

3. 试验步骤

（1）土样准备

需要约 30g 的土通过 $425\mu m$ 筛，该筛是由天然土或使用第 2.6.3 节中所述的湿筛工艺制备的。将土放在蒸发皿中，并与蒸馏水充分混合，制成不含气泡、易于加工的糊状物。含水率应略高于液限。稠度应要求卡萨格兰德限液装置击打约 10 次以封闭凹槽或使锥形贯入计贯入 $25\sim28mm$。

（2）测量和准备仪器

清洁并烘干收缩皿，然后称重 m_2（精确至 0.01g）。其内部体积通过测量所持汞的体积来确定。将收缩皿放入蒸发皿中，然后将其装满汞。蒸发皿会接住溢出物。将小玻璃板稳固地压在收缩皿的顶部，以使多余的汞被排出，但要避免滞留空气。小心地取下玻璃板，然后将汞转移到 25mL 量筒中。记录以 mL 为单位的汞体积，这是收缩皿（V_1）的体积。

在收缩皿内部薄涂凡士林，以防止土体粘在盘子上。

（3）铺土

将混合的泥浆添加到收缩皿中，大概填充至收缩盘容量的三分之一处。避免滞留空气。在工作台表面上轻拍收缩皿，使土流到收缩皿边缘。此时泥浆中存在的气体将被释放。在工作台上应垫上几层吸水纸或类似材料。

再次添加土体，添加量与第一次保持基本一致，然后重复进行出渣操作，直到所有残留的空气都被释放。添加更多的土，并继续敲击，使收缩皿完全被填满。用直尺刮掉多余的部分，并从外面清除粘附的土。

（4）称重

完成上述操作后，立即将土体和收缩皿称重 m_3（精确至 0.01g）。计算湿土的质量（m_1）

$$m_1 = m_3 - m_2$$

（5）干燥

将收缩皿中的土在空气中晾干几个小时或过夜，直到其颜色从暗变亮。将其放入

105～110℃的烘箱中，并干燥至恒定质量。

如果需要干燥期间的收缩曲线，请在烘箱烘干之前，以适当的时间间隔进行一系列体积测量。将土留在收缩皿中，使其暴露于热空气中，并且在收缩皿中可以安全处理后，按照下面的步骤（7）确定其体积和质量。轻拍并将其放置在平坦的表面上以进一步干燥，然后重复测量，直到颜色从暗变为亮。然后在烘箱中干燥。

（6）称量干土

在干燥器中冷却，然后称重干土和容器重 m_4（精确至0.01g）。计算干土的质量 m_d

$$m_d = m_4 - m_2$$

（7）测量体积

小心地从收缩皿中取出干燥的土块。转移到烘箱之前，留有足够的时间使其干燥以确保土块的完整性。

将玻璃杯放在置于大托盘上干净的蒸发皿中。向杯子中注满汞，然后将玻璃板完全按在杯顶，以除去多余汞。避免将空气夹在玻璃板下面。小心取下玻璃板，并擦去附着在玻璃杯上的所有汞滴。将杯子放入另一个干净的蒸发皿中，避免使汞溢出。

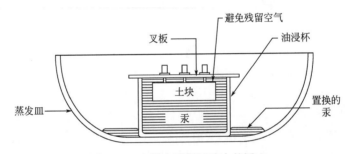

图2.25 土样在缩限试验中的浸入

轻拍使其位于汞的表面上（它将漂浮）。小心地将叉板的三个插脚按在土样上，以将其压到汞下（图2.25）。避免残留空气。将收缩皿稳固地压在收缩皿上。置换的汞将保留在蒸发皿中。将附着在杯壁上的所有汞滴刷到盘中。将所有置换的汞转移到量筒中并记录其体积（V_d），这等于干土块的体积。

（8）计算

根据下式计算初始湿土块的含水率 w_1

$$w_1 = \frac{m_1 - m_d}{m_d} \times 100\%$$

然后根据下式计算缩限 w_S

$$w_S = w_1 - \frac{V_1 - V_d}{m_d} \times 100\%$$

式中，V_1 为湿土块体积（mL）；V_d 为干土块体积（mL）；m_d 为干土质量（g）。

则收缩率 R_S

$$R_S = \frac{m_d}{V_d}$$

表2.7给出了标准结果和计算结果。

缩限试验结果（ASTM 方法） 表 2.7

计算方式	符号	单位	值
盘子质量+湿土	m_3	g	35.84
盘子质量+干土	m_4	g	26.31
盘子质量	m_2	g	12.73
水质量	m_3-m_4	g	9.53
干土质量	$m_4-m_2=m_d$	g	13.58
湿土质量 $\frac{m_3-m_4}{m_d}-100$	$m_3-m_2=m_1$	g	23.11
含水率	w_1	%	70.2
盘子质量	V_1	cm³	14.81
干土质量	V_d	cm³	7.23
体积变化(V_1-V_d)	ΔV	mL	7.58
单位体积变化$\frac{\Delta V}{m_d}\times 100$	ΔU	%	55.8
缩限$(w_1-\Delta U)$	w_s	%	14.4
收缩率$\frac{m_d}{V_d}$	R_S		1.88

如果进行了体积和质量的中间测量，则可以导出 U 和 w 的相应值，并绘制收缩曲线，如第 2.7.2 节所述，也可以计算出适当的 V_s 值。

（9）报告结果

将缩限四舍五入为最接近的整数。同时应记录试验方法、制备方法以及通过 $425\mu m$ 筛的物料的百分比。

收缩率在小数点后保留两位数字。

2.7.4 线性收缩率（BS 1377-2：1990：6.5）

该试验给出了土线性收缩的百分比。它可以用于低塑性土，包括粉土，也可以用于黏土。

1. 仪器

（1）模具：由黄铜或其他非腐蚀性金属制成，长 140mm，直径 25mm。

（2）平板玻璃板（用于液限试验）。

（3）调土刀。

（4）硅脂或凡士林。

（5）游标卡尺，量程 150mm，分度值 0.1mm；或钢尺，分度值 0.5mm。

（6）含水率测定仪（第 2.5.2 节）。

（7）烘箱：干燥温度要求为 60～65℃或 105～110℃。

2. 程序阶段

（1）准备模具

（2）准备土样

（3）放入模具

（4）干燥

（5）测量长度

（6）计算

（7）报告结果

3. 试验步骤

（1）准备模具

清洁并干燥模具。在模具内表面上涂一层薄薄的油脂，以防止土粘附。

（2）准备土样

需要约 150g 的土体通过 425μm 筛，该筛是由天然土或使用第 2.6.3 节中所述的湿筛工艺制备的。记录通过 425μm 筛的原始土样的比例。

将土放在玻璃板上，并与蒸馏水彻底混合，以进行液限试验。继续混合，直到在液限附近变成光滑均匀的土膏。使用锥式贯入仪检查是否为液限临界，贯入仪应能贯入约 20mm。

（3）放入模具

将土膏放入模具中，尽可能避免滞留空气，使模具填满土膏。在长椅上轻轻拍打，以消除任何气孔。用调土刀或直尺沿模具的顶部调整至边缘平整。擦去粘附在模具边缘的所有土。

（4）干燥

将模具暴露于无风的空气中，以使土可以缓慢干燥。当土从模具壁上收缩后，可以将其转移到烘箱中，设置烘箱温度为 60~65℃。当土体停止收缩时，将干燥温度提高到 105~110℃ 以完成干燥。

（5）测量长度

使模具和土在干燥器中冷却。用游标卡尺测量土条的长度，读取两个或三个读数，并取平均值（L_D）。

如果土样在干燥过程中弯曲，请小心地将其从模具中取出，并测量顶部和底部表面的长度。将这两个长度的平均值作为干长度 L_D。

如果土样在一个地方破裂，则可以在测量长度之前将这两个部分固定在一起。如果裂缝很多，并且难以测量长度，请使用较低的干燥速率或延长模具放在空气中的时间，然后再将其转移到烘箱中，并重复试验。

（6）计算

根据公式计算线性收缩率（L_S），以其与土样原始长度的百分比表示为

$$L_S = \left(1 - \frac{L_D}{L_0}\right) \times 100\%$$

L_0＝原始长度（如果使用标准模具，则为 140mm）；L_D 为土样的长度。

对于某些土，塑性指数 I_P 可能与 L_S 成正比。对于难以确定塑限的粉质土，上述关系可能很有用。

（7）报告结果

土体的线性收缩率四舍五入为最接近的整数，并记录通过 $425\mu m$ 筛的土样百分比，以及土样制备方法。

2.8　经验指标试验

2.8.1　试验类型

本节介绍了对黏土的 6 个简单的经验试验：揉捏、韧性、伸长率、浸泡（统称为"压实-黏土指数试验"）以及自由膨胀和黏性极限试验。

前四项试验传统上被用于评估黏土在土坝、水库、运河衬砌等工程中作为防渗屏障的适用性。这些试验借鉴了毕肖普（Bishop，1946）和格洛索普（Glossop，1946）的研究成果，并在 1956 年由 I. K. 尼克松（Nixon）将其引入实验室进行应用。尽管这些试验不能提供精确的数值结果，但它们能够对黏土特性进行定量描述，为选择更精细的试验提供指导。此外，在没有实验室试验设备的情况下，这些试验方法也可能表现出其实用性。

本手册中的自由膨胀试验参考了吉布斯和霍尔茨（Gibbs and Holtz，1956）所述内容，其目的是定量描述黏土的可能膨胀特性，无论是原位天然状态还是压实后的填充状态。

黏性极限试验参考了太沙基和佩克（Terzaghi 和 Peck，1948）所述内容。

除了用于含水率测定的标准烘干设备外，进行这些试验所需的设备非常少。

2.8.2　压实黏土试验（Nixon，1956）

1. 土样制备

在适合搅拌的含水率下进行试验。如果该值未知，则首先确定天然（未干燥）土体的液限和塑限，计算出液性指数（I_L），即约为 0.4 时对应的含水率（请参阅第 2.3.3 节）。使用含水率已知的风干土或未干燥土，并取相当于约 1kg 干重的土量。如果使用未干燥的土，应计算使含水率达到所需值所需的额外水量。在土中加入水并充分混合，然后在密闭容器中熟化数小时或者最好过一夜。

无论黏土是按原样进行试验还是经重塑后进行试验，都应在试验前取小部分代表性土样测量实际的含水率。

2. 揉捏试验

（1）用手揉捏土体，形成直径约 75mm 的黏土球。在此阶段，不得让其出现裂缝。

（2）将黏土球平压在玻璃板上或双手之间，直到形成 25mm 厚的圆盘。

（3）记录所有裂缝（如果出现）。如果没有裂缝，则应记录未出现裂缝、黏土已通过试验。如果由于土样太脆而无法进行试验，也请记录。

3. 韧性试验

（1）从黏土样上搓出一个长 300mm、直径 25mm 的圆柱形土条。

（2）从一端垂直拿起土条，使其有 200mm 不受支撑，持续 15s。

（3）如果黏土能支撑自重，请记录"已通过试验"。如果发生缩颈或拉长，请记录细节，同时观察是否有可见的裂缝。

4. 延伸试验

（1）搓出一个长 300mm、直径 25mm 的圆柱形土条。

（2）用手牢牢握住土条两端，使其有 100mm 不受支撑。

（3）保持土条水平，用双手逐渐拉伸土条直到其断裂。

（4）记录土条破坏时的长度和断裂类型。细长部分越细长，黏土就越适用（图 2.26）。如果在很少或没有拉伸的情况下发生断裂，则应记录下来。

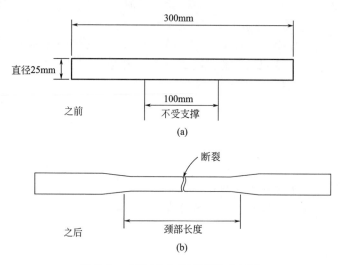

图 2.26　压实黏土-延伸试验的试样

5. 浸泡试验

（1）制作一个直径为 50mm 的黏土球，使其无裂缝。

（2）将其放入 600mL 的烧杯中，并用水浸没，记录浸入时间。

（3）土样浸入后，按以下时间间隔记录土样的状态：0.5h、1h、2h、4h、8h、24h，2d、4d。包括破裂、剥落、碎裂和最终崩解的详细情况。如果未有任何变化，请注明"无"。合格的黏土不应分解。

如果要同时测试几种黏土，则应记录浸入后出现以下现象的时间：开裂、剥落、分裂、严重分裂、崩塌或瓦解。为了将黏土的性状图形化展示，沿 X 轴以相等的间隔标记出现这些现象的时间（以"未变化"为零点），在 Y 轴上将时间以合适的比例绘制上去。通过此方法，可以很方便地比较几种不同的黏土。

6. 报告结果

通常对黏土样进行以上 4 个试验。将针对某一土样记录的详细信息和适当的草图作为一组结果报告记录在纸上。每次试验后，应根据结果说明合适或不合适。

还应报告进行试验时的含水率和界限含水率。

2.8.3　自由膨胀试验（Gibbs 和 Holtz，1956）

1. 特点

自由膨胀率是指将松散的干粉状土体倒入水中后，土体所增加的体积与初始体积的百分比。

自由膨胀率小于 50％的土几乎不具有体积膨胀特性。如果某种土的自由膨胀率为 100％或更高，那么它就是一种在变湿时会明显膨胀的黏土。尤其是土体承受较小压力时，高膨胀土的自由膨胀率可能高达 2000％。

2. 土样制备

将约 50g 的土烘干，然后通过 425μm 筛。将干土松散地放入 25mL 的干燥圆筒中，直至 10mL 刻度处。过程中切勿压实或摇动粉末。

3. 程序

（1）将 50mL 蒸馏水倒入 50mL 玻璃量筒中。

（2）将干燥的土体粉末如同"毛毛雨"状缓慢地倒入水中。

（3）等待几分钟至半小时时间，直至大部分固体颗粒静止。最细的颗粒可能会在悬浮液中停留更长时间，但可以忽略不计（图 2.27）。

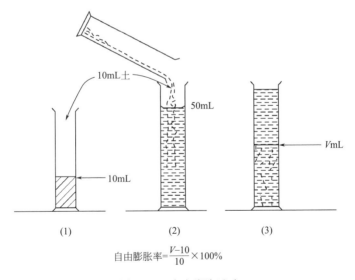

$$自由膨胀率=\frac{V-10}{10}×100\%$$

图 2.27　自由膨胀试验

（4）读取并记录沉降固体的体积 V（mL）。

4. 计算与报告

自由膨胀率为干土体积的变化率，以其对于原始体积的百分比表示。由下式计算

$$自由膨胀率 = \frac{V-10}{10} \times 100\%$$

上式假设土体的初始干燥松散体积为 10mL。

结果精确到最接近的整数。

2.8.4 黏性极限

对黏土进行简单试验，以确定黏土可附着在金属工具上时的最低含水率。该方法基于太沙基和佩克（1948）概述的过程。

使用在含水率塑性范围内下熟化具有黏性的黏土，该黏土可粘在干净且干燥的刮刀或镀槽的开槽工具上。将其暴露于大气中，使黏土逐渐干燥，每隔一段时间利用工具在黏土的表面上轻轻拉一下。当工具不再粘任何黏土时，测量其含水率。并在黏土中加少许水，使其再次变得黏稠，此后重复该过程 1～2 次。

如果测得的含水率在合理范围内（总范围为 2%），则计算平均含水率（精确至 1%），并将其记录为黏土的黏性极限。

2.9 土吸力试验

土吸力测量，源自 BRE 信息纸 IP 4/93（Crilly 和 Chandler，1993）。这是确定黏土失水状态的一种经验型试验。沃特曼 42 号滤纸在与黏土土样紧密接触一段时间后，其平衡含水率与黏土中的负孔隙水压力（吸力）之间存在一定的关系（Chandler 和 Gutierrez，1986），滤纸法就利用了这一关系对土吸力进行测量。ASTM D 5298-03 中介绍了类似的试验。

高质量的原状土样对于获得准确结果必不可少的条件。无法从受扰动或重塑的土样中获得地基的失水状态。但是对经过适当压实的扰动土样进行试验，同样可以表征某填土的失水状态，如土堤中的土体。至关重要的是，这可以通过在一定含水率下达到指定的密度或通过施加已知压实度以实现控制实验室中的压实过程对现场条件的模拟。可通过在小型土样中使用诸如哈佛压实仪（在第 6.5.10 节中介绍）的设备，能够达到这一目的。

在称量和试验操作中必须小心谨慎，要测量的质量通常略大于 1g，临界质量的差值仅为 1g 的分数。因此准确并以指定的精度进行试验至关重要。

1. 仪器

（1）含水率测定仪（第 2.5.2 节）。

（2）分析天平，分度值 0.0001g，最小称量 10g。

（3）温度计，量程 0～40℃，分度值 0.1℃。

（4）滤纸，沃特曼 42 号。

（5）保鲜膜。

（6）微晶蜡。

（7）用于存放试验土样的水密容器。

（8）小号可密封聚乙烯袋。

（9）镊子。

这些大部分仪器如图 2.28 所示。

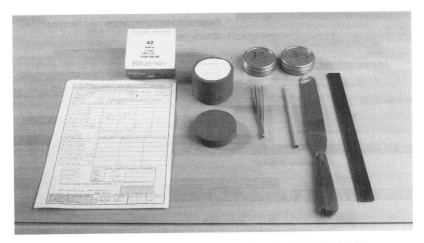

图 2.28　土吸力试验设备（照片由土特性试验有限公司提供）

2. 程序阶段

（1）标记并称重聚乙烯袋

（2）选择并准备试验土样

（3）安装滤纸盘

（4）密封土样

（5）将土样保存 5～10d

（6）从土样中取出滤纸，然后放入聚乙烯袋中

（7）称量袋中的滤纸

（8）取下并干燥滤纸

（9）在同一袋中称重干燥的滤纸

（10）测定黏土的含水率

（11）计算含水率和土吸力

（12）报告结果

3. 试验步骤

（1）准备聚乙烯袋

聚乙烯袋应可密封，尺寸不超过足以舒适装入滤纸的大小。使用不可擦除的记号笔对每个袋子进行标记，以备将来识别。使用分析天平称量每个袋子的质量 m_B（g），并精确至 0.0001g。

（2）准备试验土样

通常使用直径为 100mm 的原样，挤出约 100～150mm 的土，然后选择要进行试验的部分。将该部分切成至少 10mm 厚的 4 个大致相等的土盘。该操作应在温度保持恒定在 20℃±2℃ 的区域内，尽快进行。

（3）适合的滤纸纸碟

需要 3 张直径为 70mm 的沃特曼 42 号滤纸纸盘。每个滤纸上都应用铅笔进行标识，且应直接从包装中取出使用，并应直接从包装中使用。在每对土盘间放置 1 张滤纸，使其与黏土紧密接触，然后在此过程中重新组装土样。确保土盘紧密贴合在一起。

（4）密封土样

将土样置于两层保鲜膜中，并用油漆刷将其涂上熔融的微晶蜡，进行密封。涂几层蜡，以确保土样完全密封。蜡应在恒温水槽中融化，因而确保其温度不超过 100℃。

（5）存储土样

将土样侧放，以尽量减小滤纸的压缩，至少应持续 5d，但不能超过 10d。最好建立一个标准的储存时间。土样应存放在不漏水的容器或培养箱中（图 2.29）。存放区域可以在实验室中，也可以在与实验室保持相同温度的房间中。

图 2.29　内有熟化的土吸力样品的培养箱
（照片由 Huntingdon 土性检测有限公司提供）

（6）取出滤纸

在储存期结束后，解封土样并分离出黏土片。当它们暴露在外时，用镊子快速取出滤纸，刷掉所有粘附的土，将其放在称重的袋子中并密封袋子。应首先将滤纸被严重污染部分切掉，并记录实际情况。

（7）称重滤纸

使用分析天平立即称量袋中每张湿滤纸的重量 m_{BW}（g），精确至 0.0001g。

（8）取出并烘干

从包装袋中取出滤纸，并将其放在 105～110℃ 的烘箱中 1h。在此期间，撑开聚乙烯袋的开口，以使袋内的冷凝水蒸发到实验室空气中。

（9）称量干燥的滤纸

将每张干燥的滤纸放回自己的袋子中，并称量纸和袋子的重量 m_{BD}（g），精确至 0.0001g。

（10）确定土体的含水率

从每块黏土片上取一个试样，并按照第 2.5.2 节所述来测定含水率。

（11）计算

使用下式计算每张滤纸的含水率 w_P（%）；等同于第 2.5.2（7）节中的土含水率公式。

$$w_P = \frac{m_{DW} - m_{DD}}{m_{BD} - m_B}$$

如果该值超过 47%，则根据下式计算土的吸力 p_k

$$\lg p_k = 6.05 - 2.48 \lg w_p \quad kPa$$

如果 w_p 的值小于或等于 47%，则根据下式计算土吸力

$$\lg p_k = 4.84 - 0.0622 w_p \quad kPa$$

或者，可以分别用 10 的幂表示这些等式，因此：

$$p_k = 10^{(6.05-2.48\lg w_p)} \quad \text{kPa}$$

或者 $\qquad\qquad p_k = 10^{(4.84-0.0622w_p)} \quad \text{kPa}$

此外，还要计算 3 个滤纸含水率的平均值和相应的土吸力。

（12）报告结果

计算出与每张滤纸和平均滤纸含水率相对应的吸力（kPa），保留 3 位有效数字。还报告了以下数据：

① 土样名称

② 每张滤纸在土样中的位置

③ 每张滤纸的干质量，精确至 0.0001g

④ 每张滤纸的含水率，保留 4 位有效数字

⑤ 滤纸与土接触的时间

参考文献

American Society for Testing and Materials（2005）. Annual Book of ASTM Standards，Vol. 04. 08，Soil and Rock；Building Stones.

Atterberg，A.（1911）Über die physikalische Bodenuntersuchung und über die Plastizität der Tone. *Internationale Mitteilungen für Bodenkunde*，Vol. 1.

Bishop，A. W.（1946）The leakage of a clay core wall. *Trans. Inst. Water Engineers*，Vol. 51，pp. 97-116.

BRE Digest412（1996）*Desiccationinclay soils*. Building Research Establishment，Watford，Herts.

BS 903：A8（1990）*Methods of testing vulcanized rubber：Determination of rebound resilience*. British Standards Institution，London.

BS 903：A26（1995）*Determination of hardness*. British Standards Institution，London.

BS 1154（2003）*Specification for natural rubber compounds*. British Standards Institution，London.

BS 2000：49（2000）*Methods of test for petroleum and its products：Penetration of bituminous materials*. British Standards Institution，London.

Casagrande，A.（1932）Research on the Atterberg limits of soils. *Public Roads*，Vol. 13，No. 8.

Chandler，R J，and Gutierrez，C. I.（1986）The filter paper method of suction measurement. *Geotechnique*，Vol 36（2）.

Clayton，C. R. I. and Jukes，A. W.（1978）A one point cone penetrometer liquid limit test. *Géotechnique*，Vol. 28（4），p. 469.

Crilly，M S，and Chandler，R J（1993）. *A method of determining the state of desiccation in clay soils*. BRE Information Paper No. IP4/93. Building Research Establishment，Watford，Herts.

Fookes，P. G. （1997） *Tropical Residual Soils*. （ed） Geological Society Engineering Group Working Party Revised Report. The Geological Society，London.

Gibbs，H. J. and Holtz，W. G. （1956） Engineering properties of expansive clays. *Trans. Am. Soc. Civ. Eng.*，Vol. 121 （1），Paper 2814.

Glossop，R. （1946） Discussion on 'The leakage of a clay core wall'. *Trans. Inst. Water Engineers*，Vol. 51，p. 124.

Hobbs，P. and Jones，L. （2006） Shrink Rethink. *Ground Engineering*，Vol 39 （1），pp 24-25 Lambe，T. W. and Whitman，R. V. （1979） *Soil Mechanics*. Wiley，New York.

Littleton，I. and Farmilo，M. （1977） Some observations on liquid limit values，with reference to penetration and Casagrande tests. *Ground Engineering*，Vol. 10 （4）.

Lord，J. A.，Clayton，C. R. I. and Mortimer，R. N. （2002） Engineering in chalk. CIRIA document C574. CIRIA，6 Storey's Gate，Westminster，London SW1P 3AU.

Nixon，I. K. （1956） Internal communication. Soil Mechanics Limited.

Shearman，D. J. （1979） A field test for identification of gypsum in soils and sediments. Technical Note. *J. Engineering Geology*，Vol. 12，p. 51.

Sherwood，P. T. and Ryley，D. M. （1968） An examination of cone-penetrometer methods for determining the liquid limit of soils. TRRL Report L R 233，Transport and Road Research Laboratory，Crowthorne，Berks.

Skempton，A. W. （1953） The colloidal "activity" of clays. *Proc. 3rd Int. Conf. Soil Mech.*，Zurich，Vol. 1，Session 1/14.

Skempton，A. W. and Northey，R. D. （1953） The sensitivity of clays. *Géotechnique*，Vol. 3 （1）.

Terzaghi，K. and Peck，R. B. （1948） *Soil Mechanics in Engineering Practice*. Wiley，New York.

Transport and Road Research Laboratory （1952） *Soil Mechanics for Road Engineers*，Chapter 3，HMSO，London.

Tubey，L. W. and Webster，D. C. （1978） The effects of mica on the roadmaking properties of materials. TRRL Supplementary Report No. 408，Transport and Road Research Laboratory，Crowthorne，Berks.

Wood，D. M. and Wroth，C. P. （1976） The correlation of some basic engineering properties of soils. *Proc. Int. Conf. on Behaviour of Offshore Structures*，*Trondheim*，Vol. 2.

Wood，D. M. and Wroth，C. P. （1978） The use of the cone penetrometer to determine the plastic limit of soils. *Ground Engineering*，Vol. 11 （3）.

延伸阅读

Casagrande，A. （1947） Classification and identification of soils. *Proc. Am. Soc. Civ. Eng.*，Vol. 73，No. 6，Part 1.

Casagrande，A. （1958） Notes on the design of the liquid limit device. *Géotechnique*，

Vol. 8，No. 2.

Hansbo，S. (1957) A new approach to the determination of the shear strength of clay by the fall-cone test. *Proc. Royal Swedish Geotechnical Institute*，*Stockholm*，No. 14.

Karlsson，R. (1961) Suggested improvements in the liquid limit test，with reference to flow properties of remoulded clays. *Proc. 5th Int. Conf. S. M. & F. E.*，*Paris*，*July* 1961，Vol. I.

Leong，E. C.，He，L. and Rahardjo，H. (2002) Factors Affecting the Filter Method or Total and Matric Suction Measurements. *J. Geotech. Testing*，Vol 25 (3).

Norman，L. E. J. (1958) A comparison of values of liquid limit determined with apparatus having bases of different hardness. *Géotechnique*，Vol. 8 (2).

Norman，L. E. J. (1959) The one-point method of determining the liquid limit of a soil. *Géotechnique*，Vol. 9 (1).

Sherwood，P. T. (1970) The reproducibility of the results of soilclassification and compaction tests. TRRL Report LR 339，Transport and Road Research Laboratory，Crowthorne，Berks.

US Department of the Interior，Bureau of Reclamation (1974) *Earth Manual*，2nd edition.

Test designation E. 7，Part C. US Government Printing Office，Washington，DC.

第 3 章
密度和颗粒密度

本章主译：张诚成（南京大学）

3.1　简介

3.1.1　范围

本章介绍了三种测定土的密度和三种测定土颗粒密度的室内试验（BS 1377-2：1990）。此外，本章还包括测定粒状土"极限密度"的试验（在 BS 1377-4：1990 中有详细介绍）。

理论部分（第 3.3 节）介绍了孔隙比、孔隙率和饱和度的定义，以及它们与密度和含水率之间的关系。

原位密度测定超出了室内试验的范畴，因此本章不包括这部分内容。

3.1.2　术语

1. 密度

密度的概念众所周知，表示单位体积的质量。密度可以用不同的方式进行描述，每种术语都有其特定的应用。本章对这些术语进行讨论，并给出定义。

在英国，与密度有关的各种术语均和单位体积的质量（或堆积土的单位质量）相关。在国际单位制中（见附录），密度被称为质量密度（ρ），表示单位体积的质量（如 kg/m^3 或 Mg/m^3）。注意不要混淆密度和重度（γ），重度与作用在土上的重力（重量）有关，指单位体积上的重力（如 N/m^3 或 kN/m^3）。重量（力）等于质量乘以重力加速度，对于单位体积，有：

$$\gamma = \rho \times g$$

地面上的平均重力加速度 g 约为 $9.81m/s^2$，在大多数情况下可近似取 $10m/s^2$。

当质量密度（ρ）单位取 Mg/m^3，重度（γ）单位取 kN/m^3 时，γ 可表示为：

$$\gamma = 9.81 \times \rho \quad kN/m^3$$

或近似为

$$\gamma = 10 \times \rho \quad kN/m^3$$

除非另作说明，本书中密度一词一般指质量密度（ρ）。土的单位为 Mg/m^3，与 g/cm^3 单位下的数值大小相同。在大多数情况下，水的密度（用 ρ_w 表示）可取 $1Mg/m^3$。

2. 颗粒密度

在 BS 1377：1990 中，颗粒密度一词取代了比重，作为衡量构成土的固体颗粒的平均密度的测量标准。比重是土中干颗粒质量与同体积水的质量之比，无量纲。在一些欧洲国家，比重也被称为相对密度。但在英国，相对密度是从原位试验或观测中得出的描述性术语，其含义有所不同。

英国采用颗粒密度这一术语，与 ISO 标准一致。密度用符号 ρ_s 表示，单位为 Mg/m^3（与密度的单位相同），数值上与比重（G_s）相同。

在本书中，颗粒密度是指自然形成的土颗粒的密度（通常是在 105～110℃ 的烘箱中烘干后），有时也称为表观颗粒密度（第 3.3.4 节）。

3.2　定义

密度：单位体积的质量。

堆积密度（ρ）：单位体积土的质量，包括固体颗粒、水和空气。

干密度（ρ_D）：单位体积土中干土（在 105℃ 烘箱中烘干后）的质量。

水的密度（ρ_w）：见第 3.3.1 节。

极限密度：极限堆积状态（松散和致密）下的干密度。仅适用于粒状土。

最大密度（ρ_{Dmax}）：颗粒最紧密堆积下的干密度（该术语与最大干密度不同，后者与土的压实程度有关；见第 6 章）。

最小密度（ρ_{Dmin}）：颗粒最松散堆积下的干密度。

颗粒密度（ρ_s）：单位体积固体颗粒的平均质量，其中该体积包括固体颗粒中包含的所有密封孔隙（在某些国家也称为相对密度）。

孔隙：土中固体颗粒之间的空隙。孔隙中一般填充有气体（通常是空气）或水。

孔隙比（e）：土中孔隙（充满水和/或空气）体积与固体颗粒体积之比。

密度指数（I_D）：孔隙比 e 与极限孔隙比 e_{max} 和 e_{min}（分别对应最小和最大密度）之间的关系。

$$I_D = \frac{e_{max} - e}{e_{max} - e_{min}}$$

孔隙率（n）：土中孔隙（水和空气）体积占总体积的百分数。

饱和度（S_r）：土颗粒间孔隙中所含的水量，表示为总孔隙的百分比。

$$S_r = \frac{w\rho_s}{e}$$

饱和：当所有孔隙完全充满水后，土达到完全饱和。

临界密度：对应于粒状土临界孔隙率的干密度。

临界孔隙率：粒状土在剪切时处于既不会膨胀也不会收缩的状态所对应的孔隙率。

单位质量：与密度相同。

单位重度（γ）：单位体积的重量（力），等于单位体积的质量乘以重力加速度。

绝对颗粒密度：土中矿物质成分的颗粒密度。测定时将土粉碎到粉砂大小或更细，从而使较粗颗粒中所有不透水的孔隙都暴露出来（主要适用于岩石）。

表观颗粒密度：天然形成的土颗粒的密度，简称为颗粒密度（见"颗粒密度"下的定义）。

　　＊堆积颗粒密度（饱和，表面干燥）：颗粒的透水孔隙或表面孔隙完全被水填充时的颗粒密度。

　　＊堆积颗粒密度（湿润，表面干燥）：透水孔隙未完全被水填充时的颗粒密度。

　　＊堆积颗粒密度（烘箱烘干）：颗粒的最小颗粒密度（与颗粒相关的可透水和不可透水的孔隙均包含在内）。

　　注：＊这些术语主要用于混凝土骨料而非土，通常以 kg/m^3 为单位。

3.3　理论

3.3.1　质量、体积和密度

1. 密度测定

在室内试验中，以克（g）为质量单位，以毫米（mm）为尺寸单位，据此得到的体积单位为立方毫米（mm^3）。因为 $1cm^3=1000mm^3$，所以上述体积除以 1000 后就转换为以立方厘米（cm^3）为单位的量。对于矩形柱体，体积 V 可表示为：

$$V=\frac{LBH}{1000}\quad cm^3$$

而对于直圆柱体，有：

$$V=\frac{\pi D^2 H}{4000}\quad cm^2$$

其中，L、B、H 和 D 分别为长度、宽度、高度和直径（单位为 mm）。

以 g 为质量单位，则体积为 V（cm^3）的土样的密度为：

$$\rho=\frac{m}{V}g/cm^3=\frac{m}{V}\quad Mg/m^3$$

因为 $1Mg=10^6 g$ 且 $1m^3=10^6 cm^3$。

密度的实用单位为 Mg/m^3。如果将 mm^3 转换为 cm^3，则密度值可以直接通过试验测得。

如果体积 V 是通过排水法等直接测定的，则单位为毫升（mL）。在实际应用中，$1mL=1cm^3$，因此上述关系式仍然适用。

2. 水的密度

纯水的密度在温度为 4℃时最大，为 1.000g/mL（或 Mg/m^3）。其他温度下水的密度可以从图 3.1 或第 4.7.3 节中的表 4.14 中查得。在 20℃时，水的密度为 0.99820g/mL。

除液体比重计沉降试验（第 4.8.3 节）外，对于大多数土工试验，纯水的密度可取 1.00g/mL（或 Mg/m^3）。

3.3.2　孔隙比和孔隙率

土中的孔隙数量对其性质有重要影响。有两种方式可以衡量孔隙的大小，即"孔隙比"和"孔隙率"。以下是四种情况下（1. 干燥；2. 完全饱和；3. 部分饱和；4. 被水浸没），土的密度、含水率、颗粒密度、孔隙比和孔隙率之间的关系。

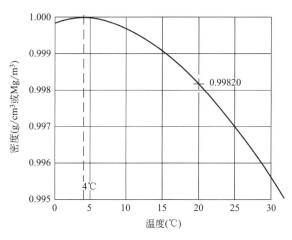

图 3.1　纯水的密度

为了便于参考，本节末尾总结了一些公式，但理解这些原理比死记硬背公式更有帮助。

1. 干土

干土由被空气空间（孔隙）隔开的固体颗粒组成，如图 3.2（a）所示。土的总体积为 V，质量为 m。固体颗粒的密度为 ρ_s。

假设所有的固体颗粒聚集成为一个固体块，则它们所占的体积为 V_s，小于总体积 V，其差值为孔隙所占的体积 V_v，如图 3.2（b）所示。

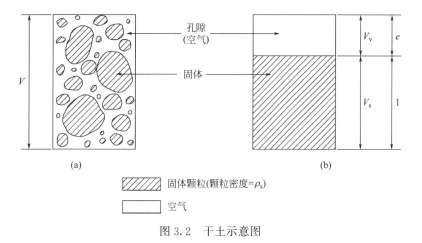

固体颗粒(颗粒密度=ρ_s)

空气

图 3.2　干土示意图

孔隙比 e 是孔隙体积与固体颗粒体积之比，即：

$$e = \frac{V_v}{V_s} \tag{3.1}$$

该参数是一个纯数字，通常以小数表示（如 0.35），值可大于 1。

孔隙率 n 是孔隙体积与总体积之比，即：

$$n = \frac{V_v}{V} = \frac{V_v}{V_v + V_s} \tag{3.2}$$

它通常以百分比表示，而且必须小于 100%。

孔隙比与孔隙率之间的关系满足：

$$n=\frac{e}{1+e}\ \text{且}\ e=\frac{n}{1-n} \tag{3.3}$$

土的质量等于固体体积乘以其密度（孔隙质量为零）。若固体颗粒的密度为 ρ_s，则土的质量等于 $V_s\rho_s$。该土的体积为 (V_s+V_v)。

密度（在这种情况下为干密度，ρ_D）等于质量除以体积，即：

$$\rho_D=\frac{V_s\rho_s}{V_s+V_v}$$

$$=\frac{\rho_s}{1+\dfrac{V_v}{V_s}}$$

即

$$\rho_D=\frac{\rho_s}{1+e} \tag{3.4}$$

或 $e=(\rho_s/\rho_D)-1$。

2. 饱和土

在饱和土中，孔隙完全被水填充，如图 3.3（a）所示。假设固体融合成一个整体，则剩下的孔隙将被水填满，如图 3.3（b）所示。

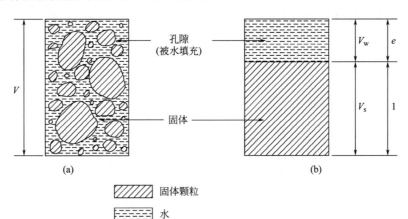

图 3.3　完全饱和土示意图

孔隙比和孔隙率的定义与前述相同，即：

$$e=\frac{V_w}{V_s} \tag{3.5}$$

$$n=\frac{V_w}{V}=\frac{V_w}{V_w+V_s} \tag{3.6}$$

此时总质量由两部分组成：

固体，$m_s=V_s\rho_s$

液体，$m_w=V_w\rho_w$

体积为：

$$V = V_s + V_w$$

此时密度为饱和密度 ρ_{sat}，可表示为：

$$\rho_{sat} = \frac{(V_s \rho_s) + (V_w \rho_w)}{V_s + V_w}$$

$$= \frac{\rho_s + \dfrac{V_w}{V_s} \rho_w}{1 + \dfrac{V_w}{V_s}}$$

因此

$$\rho_{sat} = \frac{\rho_s + e\rho_w}{1 + e} \tag{3.7}$$

3. 非饱和土

自然状态下，许多土的孔隙中同时含有水和空气，也即它们是非饱和的。这种情况可以用图 3.4 来表示：图左侧的字母含义与上文保持一致；右侧的固体体积 V_s 减小为 1，因此孔隙的体积表示为 e。该符号简化了涉及孔隙比变化或饱和度的计算。记住该图并从基本原理出发要比记住这些公式容易得多。

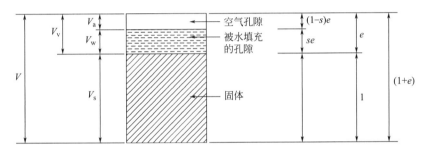

图 3.4　非饱和土示意图

水所占的孔隙百分比用 S_r 表示，于是有：

$$S_r = \frac{V_w}{V_a + V_w} \times 100\% \tag{3.8}$$

百分比值 S_r 称为饱和度。在饱和土中，$S_r = 100\%$，其中由空气填充的孔隙体积 V_a 为零。在干土中，$S_r = 0$，$V_a = V_v$。

以（He）表示的体积 V 的土的质量由以下三部分组成：

$$固体：1 \times \rho_s$$

$$水：e \times \frac{S_r \rho_w}{100}$$

$$空气：0$$

$$所以总质量 = \rho_s + \frac{S_r e \rho_w}{100}$$

堆积密度用 ρ 表示，且：

$$\rho = \frac{质量}{体积} = \frac{\rho_s + \dfrac{S_r e \rho_w}{100}}{1 + e} \tag{3.9}$$

含水率（w）是水与固体颗粒的质量比，以百分比表示（第 2.3.1 节），即：

$$w = \frac{S_r e \rho_w}{\rho_s}\% \tag{3.10}$$

因此

$$S_r = \frac{\rho_s w}{\rho_w e}\% \tag{3.11}$$

干密度用 ρ_D 表示，是指单位体积内干土的质量，即：

$$\rho_D = \frac{\rho_s}{1 + e}$$

与式（3.4）相同。将式（3.10）代入式（3.9）可得：

$$\rho = \frac{\rho_s + w \rho_s}{1 + e} = \frac{\rho_s}{1 + e}(1 + w)$$

结合式（3.4）：

$$\rho = \rho_D(1 + w)$$

因此有：

$$\rho_D = \frac{\rho}{1 + w}$$

如果 w 以百分数表示，则：

$$\rho_D = \frac{100}{100 + w\%}\rho \tag{3.12}$$

读者应记住公式（3.12），因为经常需要根据堆积密度和含水率来计算干密度。

4. 浸没土

如果非饱和土被完全浸没，而孔隙中的空气仍被截留，则表观（浸没）密度 ρ' 可推导如下：

$$总质量 = \rho_s + \frac{S_r e \rho_w}{100}$$

排出水的体积 =（$1 + e$）
因此排出水的质量 =（$1 + e$）ρ_w
根据阿基米德原理（第 3.3.3 节）：

$$表观质量 = \left(\rho_s + \frac{S_r e \rho_w}{100} \right) - (1 + e)\rho_w$$

$$浮密度 = \frac{表观质量}{体积}$$

即：

$$\rho' = \frac{\rho_s - \left[1 + e \left(\dfrac{100 - S_r}{100} \right) \right] \rho_w}{1 + e} \tag{3.13}$$

如果所有孔隙都被水填满，则 $S_r=100\%$，此时密度为浸没的饱和密度 ρ'_{sat}，于是：

$$\rho'_{sat}=\frac{\rho_s-\rho_w}{1+e} \tag{3.14}$$

5. 公式总结

采用国际单位制，一般而言水的密度 ρ_w 为 $1g/cm^3$，则上述关系式变为：

$$\rho_D=\frac{\rho_s}{1+e}$$

$$\rho_{sat}=\frac{\rho_s+e}{1+e}$$

$$\rho=\frac{\rho_s+\dfrac{S_r e}{100}}{1+e}$$

$$\rho'=\frac{\rho_s-1-e\left(\dfrac{100-S_r}{100}\right)}{1+e}$$

$$\rho'_{sat}=\frac{\rho_s-1}{1+e}$$

在有海水的情况下，水的密度 ρ_w 约为 $1.04Mg/m^3$，这点必须在式（3.4）～式（3.15）中予以考虑。

以下公式值得记住：

$$S_r=\frac{\rho_s w}{\rho_w e}\% \tag{3.11}$$

$$\rho_D=\frac{\rho}{1+w\%} \tag{3.12}$$

在式（3.11）中，设 ρ_w 为 1，则有：

$$S_r=\frac{\rho_s w}{e}\% \tag{3.15}$$

3.3.3　阿基米德原理

物理教科书（例如 Abbott，1969）对此原理进行了解释。当一个物体全部或部分浸没在液体中时，作用在该物体上的上推力（或浮力）等于被该物体所排开液体的重量，并通过被排开液体的重心垂直向上作用。因此，浸入水中的物体的表观质量等于该物体的质量减去被排开水的质量。这是水浸法测量密度的基础（见第 3.5.5 节）。

同样的原理也适用于浸泡在气体中的物体（包括大气），但在大多数实际应用中，这种效应可以忽略不计。

当一个物体浮在水面上时，无论它是完全浸没还是部分浸没，被排开水的质量都等于该物体的质量。如果它完全浸没且漂浮在水中，其平均密度一定与水的密度相同。

3.3.4　土粒密度

土可以由单一矿物类型的颗粒（如干净的石英砂）组成，但通常是多种类型矿物的混合物（每种颗粒的密度不同）。对于单一矿物类型，构成土的固体颗粒密度是矿物本身的密度（例如，石英为 $2.65Mg/m^3$）。但是对于由多种矿物组成的土，我们只关心整个土的平均颗粒密度，这就是这里使用颗粒密度这一术语的意义。表 3.1 中列出了几种常见矿物类型的颗粒密度。

常见矿物的绝对颗粒密度　　　　　　　　表 3.1

矿物	成分	绝对颗粒密度(Mg/m^3)
硬石膏	$CaSO_4$	2.9
重晶石	$BaSO_4$	4.5
方解石、白垩	$CaCO_3$	2.71
长石	$KAlSi_3O_8$	$2.6\sim2.7$
石膏	$CaSO_4 \cdot 2H_2O$	2.3
赤铁矿	Fe_2O_3	5.2
高岭石	$Al_4Si_4O_{10}(OH)_8$	2.6
磁铁矿	Fe_3O_4	5.2
石英（硅石）	SiO_2	2.65
泥炭	有机质	1.0 或更少
硅藻土	微小植物的"骨骼"残骸	2.00

大多数土的颗粒密度在 $2.60\sim2.80Mg/m^3$ 之间。对于全部或主要由石英组成的砂，通常可以假定土粒密度为 $2.65Mg/m^3$。由其他矿物组成的颗粒的存在将导致不同的土粒密度值。黏土由各种矿物组成，其中大多数比石英重，颗粒密度也比石英高；英国许多土的颗粒密度通常为 $2.68\sim2.72Mg/m^3$。以氧化物或其他化合物形式存在的重金属会导致颗粒密度值偏高。另一方面，含有大量泥炭或有机质的土的颗粒密度可能远小于 $2.65Mg/m^3$，有时甚至低于 $2.0Mg/m^3$。由含有小空腔（气泡）的颗粒组成的土（如浮石），也表现出较低的表观土粒密度，尽管绝对颗粒密度更高。热带土的颗粒密度可能会异常高或低。

土中含有大量重颗粒或轻颗粒会造成不稳定的颗粒密度值，可能需要经过多次重复试验才能获得此类土的可靠平均值。

在某些应用中，可能需要确定两个（或多个）颗粒密度值。以矿渣为例，为了估计压实材料中的空隙，需要整个样品的平均值。如果较轻的煤颗粒分解成大于沉降试验中使用的最小尺寸（第 4.8 节），则需要单独计算小于 $63\mu m$ 部分的颗粒密度值，用于细颗粒尺寸分析计算。

颗粒密度与 $4℃$ 水的密度有关，但大多数土工试验是在 $20℃$ 左右的环境温度下进行的。然而，$4℃$ 和 $20℃$ 时水的密度差小于 $0.003g/cm^3$（即在 0.3% 以内），因此在实际应用中可以忽略不计。

目前有几种不同的颗粒密度概念在使用，特别是在美国的工程实践中（第 3.2 节）。表观颗粒密度在英国通常用于表征土，在本书中称为土粒密度，用 ρ_s 表示。

绝对颗粒密度是土可获得的最高颗粒密度值。表观颗粒密度可能等于，但通常小于绝对颗粒密度。其他几种颗粒密度按值的大小顺序列出，其中堆积颗粒密度（烘箱烘干）值最小，因为它包括与颗粒相关的所有孔隙的体积。绝对颗粒密度可以作为鉴定岩石矿物的指南，也是表 3.1 中所使用的参数。三种堆积密度主要适用于混凝土骨料，将不再提及。

等球体的理论极限孔隙比和孔隙率　　　　　　　　　　　　　　　　　表 3.2

	最密实状态 ρ_{max}	最松散状态 ρ_{min}
孔隙比 e	0.35	0.91
孔隙率 n	26%	48%
符号	e_{min}, n_{min}	e_{max}, n_{max}

3.3.5　极限密度

1. 堆积状态

砂的极限密度是与砂颗粒在自然界中所处的两种极端堆积状态（最松散和最密实）相对应的干密度。最大密度表示在不压碎颗粒的情况下颗粒最紧密的堆积，对应于最小的孔隙度。最小密度表示最松散的堆积，对应于最大孔隙度。

考虑一组相等的球体，其极限堆积状态的二维示意图如图 3.5 所示。它们可以如图 3.5（a）所示那样密集地堆积，也可以如图 3.5（b）所示那样松散地堆积。两种情况下球体之间都是面-面接触，其密度取决于球体本身的密度（即颗粒密度），可以通过理论计算得出（请注意孔隙比和孔隙率不取决于球体的密度）。这些值在表 3.2 中给出。

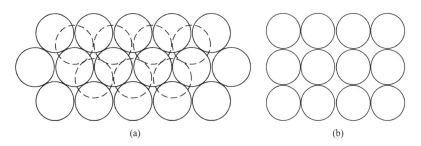

图 3.5　等球体的堆积状态

真实的土由许多尺寸的颗粒组成。当处于最密集堆积时，大颗粒之间的孔隙包含较小的颗粒，而较小颗粒之间的孔隙又包含更小的颗粒，依此类推［图 3.6（a）］。第 4.4.2 节中提到的富勒（Fuller）颗粒级配曲线是基于这一概念的理想化极限［图 3.6（c）］。可以预期，具有各种粒径的真实土将显示出比用等球体所能获得的更小的 e_{min} 和 n_{min} 值，但这被真实砂粒的更不规则的形状部分抵消了。

在最松散的状态下，真实土颗粒群有可能形成如图 3.6（b）所示的"拱形"结构；如果不受扰动，这种结构可以一直维持。受颗粒形状不规则性的影响，真实土的 e_{max} 和 n_{max} 与等球体相比差别不大。因此，许多天然砂的极限孔隙比和极限孔隙率与表 3.2 中所列的等球体的理论值十分接近。

在图 3.6 中，土样（a）是致密和稳定的；土样（b）不稳定，在地震、洪水等突然的冲击、振动或淹没影响下，颗粒结构可能会崩塌。

这里所说的最小密度不能与湿砂的膨胀现象相混淆。在沉积湿砂时，有可能得到大于通过标准程序测定的最大孔隙率。这种效应是由于土颗粒上的水膜阻止了颗粒之间的直接接触，从而增加了孔隙率。这种情况在自然界中是不存在的，因为天然砂层通常是在水下

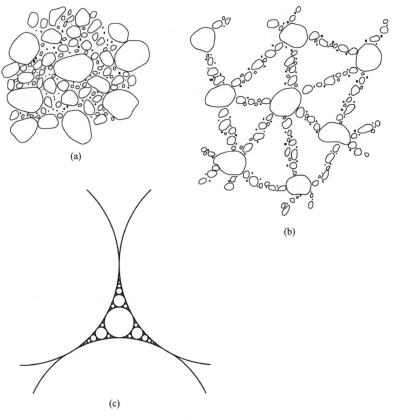

图 3.6　土颗粒的堆积状态

（a）密集堆积；（b）松散堆积；（c）理想"富勒（Fuller）"堆积

沉积的，或者是在干燥条件下被风吹动的。

2. 密度指数

粒状土的孔隙比可以参考极限孔隙比（e_{max}、e_{min}）作为指标，与黏土的含水率参照阿太堡界限含水率的情况非常相似（第 2 章第 2.3.3 节）。对应于黏土的流动性指数，这里使用的术语是密度指数（I_D），也称为相对密度。如果土的孔隙比用 e 表示，则：

$$I_D = \frac{e_{max} - e}{e_{max} - e_{min}}$$

密度指数如图 3.7 所示，其中孔隙比的数值从左到右绘制。零孔隙比是指密度等于单个颗粒的密度，等球体孔隙比的范围显示在顶线上。

考虑到图 3.7 中砂（a）天然状态下的孔隙比为 e，用点 S 表示。根据上述公式，其密度指数（I_D）接近该范围的中间值，即砂（a）具有中等密度指数。

另一种具有不同极限孔隙比值的砂（b）（图 3.7），在相同的自然孔隙比下，将具有较低的密度指数。也就是说，它将处于比砂（a）更低的密实状态。因此，在不参考极限孔隙比（或密度）的情况下，孔隙比（或密度）不足以确定砂的压实状态。

根据干密度来计算密度指数时，可以使用以下表达式：

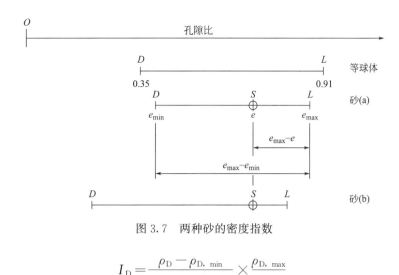

图 3.7 两种砂的密度指数

$$I_D = \frac{\rho_D - \rho_{D, \min}}{\rho_{D, \max} - \rho_{D, \min}} \times \frac{\rho_{D, \max}}{\rho_D}$$

3.4 应用

3.4.1 密度

原位密度是土的一个重要特性,在岩土工程中具有许多应用。在与土方工程和基础工程相关的实际问题中,土的自重产生的力必须在分析中加以考虑。因此,有必要了解土的堆积密度,并据此计算这些力。在分析路堤或路堑等边坡的稳定性时,土的重量是主要作用力,而且它在计算其他结构的地基承载力和沉降时也很重要。天然土的堆积密度通常通过对未扰动土样的室内试验而确定。

当土用作建筑材料时(如在路堤或路基中),干密度的测量是控制其质量的重要手段。现场直接测定压实密度不在本书讨论范围之内,BS 1377-9:1990 中给出的最常用的方法是砂置换法或岩芯切割法。压实填料的原状样可用于密度、含水率等特性的实验室测量。

一般来说,对原状土样(无论是天然土还是压实土)进行室内试验时都会确定其堆积密度和含水率,从而计算出干密度(第 3.3.2 节)。表 3.3 给出了几种土的密度、孔隙比和孔隙率的典型取值范围。

典型土的密度和其他性质						表 3.3
土类	含水率 $w(\%)$	堆积密度 $\rho(\mathrm{Mg/m^3})$	干密度 $\rho_D(\mathrm{Mg/m^3})$	孔隙比 e	孔隙率 $n(\%)$	饱和度 $S(\%)$
干燥均匀砂,疏松	0	1.36	1.36	0.95	49	0
级配良好砂	7.5	1.95	1.81	0.46	32	43
软黏土	54	1.67	1.07	1.52	60	99.5
硬黏土	22	1.96	1.61	0.68	41	87
坚硬冰碛物	9.5	2.32	2.12	0.27	21	95
泥炭	220 *	0.98	0.31	3.67	78	85

* 在沼泽泥炭中可多 10 倍以上。

3.4.2　孔隙比和孔隙率

孔隙比主要用于分析固结试验数据（第2卷）。

孔隙比和饱和度是与土压实程度有关的重要因素，将在第6章中进行讨论。孔隙比是评估砂土密度指数的指标（第3.3.5节），孔隙率在某些土中可以作为渗透特性的指标。

3.4.3　颗粒密度

颗粒密度一般不作为土分类的指标。但是，颗粒密度对于其他一些土体试验是必不可少的，特别是对于计算孔隙比和孔隙率，而且在考虑压实和固结特性时尤其重要。当采用静水沉降法进行粒度分析的计算时，也必须考虑颗粒密度（第4章第4.8节）。

3.4.4　极限密度

极限密度仅适用于粒状土，特别是砂。砂的极限密度没有黏土的阿太堡（Atterberg）界限含水率使用广泛，但密度指数可以在一定程度上反映荷载或扰动对砂的影响。当砂受振动（如机械或地震冲击）的影响时，这一因素尤其重要。在地下水位以下的松砂或淤积物中，振动或冲击可能会导致液化和颗粒结构崩塌。因此，最好能有方法准确评估沉积物的松散程度，以便在必要时采取适当的补救措施（如振动压实）。

Lambe和Whitman（1979）提出的密度指数对粒状土进行了分类，如表3.4所示。

砂的密度指数（据 Lambe 和 Whitman，1979）　　　　　　表 3.4

土分类	密度指数范围 I_D(%)
非常松散	0～15
松散	15～35
中密	35～65
密实	65～85
非常密实	85～100

3.5　密度试验

3.5.1　范围

土密度的测量有时会被忽视，但其与含水率的测量同等重要。在实验室中测量所有原状土样的密度是很好的做法，有时它可能是除含水率以外的唯一试验。

基于三种不同的体积测量原理，将要描述的试验方法分为三类，包括：

（1）长度测量；

（2）排水法；

（3）浸水法（在水中称重）。

在多数情况下，可以用抗压强度或固结等试验中的土样进行密度测量，也可以为此准备专门的原状土样。有时，相对未扰动的土样易碎，无法处理和用于其他试验，那么在取样管或容器本身中进行密度测量是唯一的可能。

方法（1）只适用于几何形状规则的土样，如矩形棱柱体或圆柱体。当土样由不规则的土块组成时，可以使用方法（2）或方法（3）。

3.5.2　长度测量（BS 1377-2：1990：7.2 和 BS 1377-1：1990：8）

1. 长度测量

可通过长度测量确定体积的常见土样类型，以及 BS 1377：1990 中规定这些方法的条款参考：

(1) 从块状或管状土样手工修剪而成的矩形土样（第 2 部分：7.2）；

(2) 尺寸与取样管中土样相同的圆柱形土样（第 1 部分：8.3）；

(3) 直径小于取样管直径的圆柱形土样（第 1 部分：8.4）；

(4) 由块状土样修成的圆柱状土样（第 1 部分：8.5）；

(5) 由取样管中的土样制备而成的圆盘或方盘样品（第 1 部分：8.6）；

(6) 由块状样品制备而成的圆盘或方盘样品（第 1 部分：8.7）。

土样（2）～（6）常用于剪切试验和压缩试验，其制备方法在第 2 卷第 9 章中有所描述。土样（1）的制备以及圆柱形土样体积的测定如下所述。

2. 仪器

(1) 切割和修剪工具

带硬质刀片的磨刀

手术刀（例如，带可更换刀片的工艺工具）

直径约 0.4mm 的钢琴线的线锯

螺旋线锯

中齿锯或粗齿锯

钢制直边修剪器，300mm×25mm×3mm，带一个斜边

(2) 工程师钢尺，分度值为 0.5mm

(3) 钢方尺

(4) 游标卡尺，分度值为 0.1mm

(5) 平板玻璃，边长约为 300mm 正方形，10mm 厚

(6) 斜锯盒

(7) 天平，分度值为 0.01g

(8) 对于超出上述天平容量的大型土样，天平的精确度应为土样质量的 0.1% 或更高

(9) 烘箱和含水率测定仪（第 2.5.2 节）

3. 程序

(1) 准备土样

(2) 称重

(3) 测量

(4) 计算

(5) 报告结果

（6）根据需要确定干密度

4. 试验步骤

（1）准备

按如下步骤制备矩形棱柱体土样。

避免使用原始土样的外表面部分（可能已失去一些水分）。从外表面切掉至少 10mm，并切出比所需尺寸大几毫米的矩形棱柱体土样。

使用辅锯箱或在玻璃板上仔细修整并不断检查，使棱柱的末端平坦、平行；用钢尺对着光线检查表面，并修整至其平整为止（即无"缝隙"，见图 3.8）；用三角尺检查边角；使用切割工具或直刀修剪掉多余的土，切勿使用钢尺或三角尺。

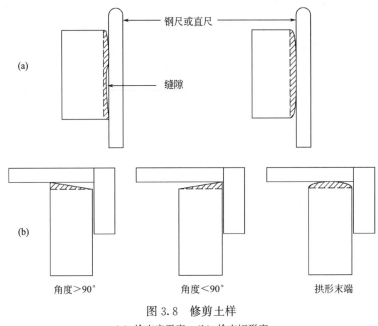

图 3.8 修剪土样

(a) 检查扁平度；(b) 检查矩形度

（2）称重

称量修剪后的土样，精确至 0.01g。对于大型土样，精确至其质量的 0.1% 以内（第 1.2.3 节）。

（3）测量

使用游标卡尺测量矩形棱柱体土样每个面沿边缘和靠近中间面的长度，记录读数，精确至 0.1mm。

按如下方法测量圆柱形土样：用游标卡尺在圆柱表面上等距测量三次长度（$L_1 \sim L_3$，见图 3.9）；用游标卡尺在两端和中点处进行两次直径测量（$D_1 \sim D_6$）；游标卡尺读数精确至 0.1mm，并记录每个测量值。

使用游标卡尺时，首先检查零点读数并将其记录下来。小心将两侧夹持样品，使其接触但不嵌入。卡钳必须垂直于被测表面，不能倾斜。读取游标读数，记录下来，然后减去零点读数，得到被测长度。

土样不应长时间暴露在空气中，也不应过度处理，否则会损失水分并可能收缩。操作时戴上薄塑料手套，从而尽量减少因手温而造成的水分流失。

（4）计算

计算多次测量的每个尺寸的平均值（mm），精确至 0.1mm。对于一个长方体块，如果 $L=$ 平均长度（mm），$B=$ 平均宽度（mm），$H=$ 平均高度（mm），则体积 V 为：

$$V = LBH\,\mathrm{mm}^3$$

$$= \frac{LBH}{1000}\,\mathrm{cm}^3$$

对于一个平均直径为 D、长度为 L 的圆柱体，有：

$$V = \frac{\pi D^2 L}{4000}\,\mathrm{cm}^3$$

如果样品的质量为 m（g），则堆积密度 ρ 由 $\rho = m/V$（$\mathrm{Mg/m}^3$）给出。

图 3.9 中给出了一个圆柱体试样的计算示例。

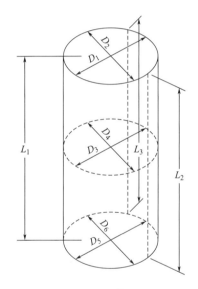

试样质量……　W=167.23g
长度测量……　L_1=76.2mm
　　　　　　　L_2=76.4mm
　　　　　　　L_3=76.5mm

　　　　　　3$\overline{)229.1}$
平均L=76.37mm

直径测量　　　D_1=37.9mm
　　　　　　　D_2=37.8mm
　　　　　　　D_3=37.9mm
　　　　　　　D_4=38.0mm
　　　　　　　D_5=38.2mm
　　　　　　　D_6=37.7mm

　　　　　　6$\overline{)227.5}$
平均D=37.92mm

体积 $V = \dfrac{\pi}{4} \times (37.92)^2 \times 76.37\,\mathrm{mm}^3$

$\dfrac{\pi}{4} \times \dfrac{1438 \times 76.37}{1000}\,\mathrm{cm}^3 = 86.25\,\mathrm{cm}^3$

堆积密度 $\rho = \dfrac{W}{V} = \dfrac{167.23}{86.25} = 1.939\,\mathrm{g/cm}^3$

报告结果为 $\rho = 1.94\,\mathrm{Mg/cm}^3$
若含水率 w=24.6%

干密度 $\rho_\mathrm{D} = \rho \times \dfrac{100}{100+w} = 1.939 \times \dfrac{100}{124.6}$
$\qquad\qquad = 1.556\,\mathrm{Mg/cm}^3$

报告结果为 $\rho_\mathrm{D} = 1.56\,\mathrm{Mg/cm}^3$

图 3.9　圆柱体土样的测量和密度计算

（5）结果

报告的结果精确至 $0.01\,\mathrm{Mg/m}^3$。

（6）干密度

如果还要求干密度，且不进行其他测试，则可以将整个样品打碎并置于烘箱中烘干（确保没有土样碎片丢失），从而获得干质量，计算含水率。

此外，还可以使用小部分代表性样品，或制备土样时的边角料来确定含水率。边角料应取自紧邻土样的部分，而不是原始土样的外表面。

如果测得的含水率为 w（%），则根据以下公式计算干密度 ρ_D：

$$\rho_D = \frac{100}{100+w}\rho \quad \mathrm{Mg/m^3}$$

3.5.3　管中样品

如果必须在取样管中测量土样的密度，请使用以下概述步骤。细节参考 U100 试管样品，但如果称重和测量的准确度合适，那么这一原理也可用于其他尺寸的试管样品。

（1）清洁取样管的外部，但不要去掉识别标签。如有标记的话，记录样品编号和试管编号。

（2）移除取样管两端的端盖和蜡或其他保护材料。

（3）修剪样品的两端，使其垂直于试管轴。清除所有松散的材料［图 3.10（a）］。

（4）用校准过的米尺或钢卷尺测量取样管的总长度（L_1），精确至 1mm。

（5）使用钢尺和直尺或深度计，从取样管的两端测量到样品的修整表面至 0.5mm，在每一端读取 3 个或 4 个读数（图 3.10（b））。计算每组的平均值（L_2 和 L_3），精确至 0.5mm。

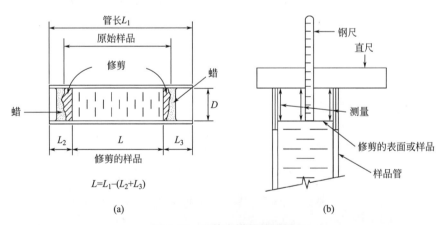

图 3.10　试管中样品的测量

（a）修整端；（b）样品长度的测量

（6）使用游标卡尺的内测钳，在两端的两个垂直直径上测量管的内径（D），并精确至 0.1mm。计算平均值至 0.1mm。确保卡钳尽可能打开，以进行直径读数。

（7）称量样品管和样品（m_1），精确至 0.1% 或更高。如果样品装在钢管里，可能需要 20kg 规格的天平。将样品放在样品管中称重，可以保证样品的完整性。

（8）挤出样品，将所有材料收集在一起。

（9）称量挤出的材料（m_2），精确至 0.1g。

（10）清理样品管，称量其重（m_3），精确至 0.1％或更高。

（11）检查 $m_1 - m_3 = m_2$。

（12）计算样品长度 L：

$$L = L_1 - (L_2 + L_3) \quad \text{mm}$$

样品体积 V：

$$V = \frac{\pi D^2 L}{4000} \quad \text{cm}^3$$

堆积密度：

$$\rho = \frac{m_2}{V} \text{ 或 } \frac{m_1 - m_3}{V} \quad \text{Mg/m}^3$$

报告结果，精确至 0.01Mg/m³，并在 U100 管中测量密度。

（13）测量挤出样品的含水率 w％。如果需要的话，按照第 3.5.2 节步骤（6）的要求计算干密度 ρ_D。

3.5.4　排水法（BS 1377-2：1990：7.4）

当无法将样品修整为规则的圆柱形或棱柱形时，或当唯一可用的样品为不规则团块时，通过简单的线性测量来确定体积是不可行的。此时可采用排水法来测量体积。排水法是最简单的方法，尽管不如在水中称量准确（第 3.5.5 节）。

1. 仪器

（1）排水装置。该设备的横截面（带虹吸管）如图 3.11 所示。

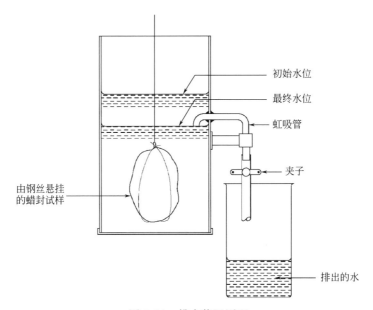

图 3.11　排水装置原理

（2）水密容器。容器用于接收从上述设备中虹吸出来的水，合适尺寸是直径 250mm，深度 250mm，也可以使用合适的大烧杯。

（3）天平读数精确至 1g。

（4）石蜡和熔化石蜡的恒温控制浴。另外，也可以用双锅（如胶锅），以防止蜡过热。

（5）烘箱和含水率测定仪（第 2.5.2 节）。

（6）橡皮泥或腻子。

2. 程序

（1）准备样品

（2）称重

（3）填充空隙

（4）上蜡

（5）称重

（6）准备排水装置

（7）浸入水中

（8）测量排水量

（9）测量含水率

（10）计算

（11）报告结果

3. 试验步骤

（1）准备土样

将土样修剪成合适的尺寸和形状，每个方向最好约 100mm。避免狭长的截面，并避免形成凹角（图 3.12）。土样应尽可能大，与仪器容量相符。

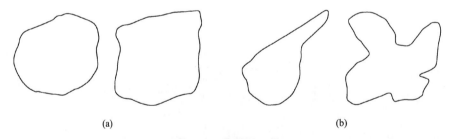

（a）　　　　　　　　　　　　　　　　　　　　（b）

图 3.12　修剪的土样

（a）正确；（b）不佳

（2）称重

称量土样（m_s），精确至 1g。

（3）填充孔隙

用橡皮泥或腻子填充样品表面的所有孔隙，并修整至与样品表面齐平。应仅填充孔隙，而不填充去除石头后留下的空腔。如果孔隙不大，也可以使用石蜡，但要注意仔细涂抹［见步骤（4）］。填充后称量样品（m_f），精确至 1g。

这一操作的目的是为了确保自然形成的孔隙作为土样体积的一部分，且不被步骤（4）中使用的蜡保护涂层所渗透。

（4）涂蜡

将石蜡熔化，并在土样表面刷上第一道蜡。该操作须小心进行，避免夹带气泡，尤其是在深腔中。蜡必须加热到刚好高于熔点；不得过热，否则会导致收缩和开裂。蜡干后，将整个样品浸入蜡浴中，取出并让蜡凝固，并重复若干次。

（5）称重

冷却后，称量上蜡的土样（m_w），精确至 1g。蜡的质量（m）为：

$$m = m_w - m_f$$

（6）准备仪器

将排水装置放在水平底座上，关闭出水管上的夹子，将水倒入虹吸管上方约 50mm 处。松开出水管上的夹子，排掉多余的水。重新拧紧夹子，不要移动罐子。

称重空的接收容器（m_1），精确至 1g。

（7）浸入土样

将接收容器放在虹吸管出口下方。将打过蜡的土样小心放入仪器中，直到完全浸入，注意确保样品下面没有气泡。如果用一段细钢丝绕着样品悬挂起来，这项操作会更容易。

松开出水管上的夹子，使排出的水虹吸到接收容器中。直到所有的水都被吸走后，再重新拧紧夹子。

（8）排水量的测量

称量接收容器和水（m_2），精确至 1g。

（9）含水率测定

将土样从罐子中取出，擦干表面，并将其掰开。取出有代表性的土样，不含填料和蜡，测定含水率（w）。

（10）计算

浸入蜡的土样的体积 V_b（cm^3）等于置换水的体积（cm^3），数值上与其质量（g）相等：

$$V_b = m_2 - m_1$$

石蜡的体积等于 m/ρ_P，其中 ρ_P 是蜡的密度。ρ_P 一般取 $0.91 Mg/m^3$，但应按照第 3.5.2 节所述类似的步骤，通过修整、测量和称量蜡的矩形棱柱体来进行验证。土样的体积 V_s 由下式给出：

$$V_s = V_b - \frac{m}{\rho_P}$$

土样的堆积密度 ρ 等于其质量除以其体积：

$$\rho = \frac{m_s}{V_s} \quad Mg/m^3$$

干密度 ρ_D 的计算方法见第 3.5.2 节步骤（6）。

（11）结果

报告堆积密度和干密度，精确至 $0.01 Mg/m^3$，含水率保留两位有效数字。该方法被称为 BS 排水法。

4. 替代方法

如果土样很小，可以使用一种简单但准确性较低的方法。

（1）取一个最小的带刻度的玻璃量筒，上蜡的土样可以方便地放入其中。

（2）加水至已知刻度，并记录读数。

（3）按照排水法的第（1）～（5）步制备土样，上蜡并称重。

（4）将土样浸入量筒的水中，避免产生气泡。

（5）读取并记录量筒中的新水位。两次读数之差即为打蜡样品的体积 V_b（cm³）。

（6）测定含水率，并按照上述第（9）～（11）步的方法计算堆积密度和干密度。与量筒排水法一样报告结果。

3.5.5　浸水法（BS 1377-2：1990：7.3）

该方法需要相对简单的称重设备，可用于测定大型块状样品或压实样品的密度。该方法基于阿基米德原理（第3.3.3节）。

1. 仪器

（1）半自动浮力天平使用较广（图3.13）。某些类型的仪器还可以直接读取密度。如果没有这两类浮力天平，可以按下述步骤（1）中的①改装普通天平，称量为15kg或20kg，分度值为1g。

（2）合适的托架和支撑架，用于将样品悬挂在天平下方（图3.13）。

（3）石蜡和蜡浴［第3.5.4节仪器下第（4）项］。

（4）金属或塑料水密容器，如垃圾箱。

（5）烘箱和水分仪。

（6）橡皮泥或腻子。

2. 程序

（1）准备仪器

（2）准备土样

（3）称重

（4）填充空隙

（5）上蜡

（6）称重

（7）浸入水中称重

（8）测定含水率

（9）计算

（10）报告结果

图3.13　水中称重设备（照片由 ELE International 提供）

3. 试验步骤

（1）准备仪器

① 如使用普通天平，将其放置在伸出牢固工作台边缘的木板或板条上，这样托架就可以悬挂在立于地面上的水密容器中间。在木板或板条上放置一个配重，以确保搬运样品时不会翻倒。或者，使用如图3.13所示的仪器。

② 调整容器的高度，并将其支撑在天平下方，使待测的最大土样在放入托架中时能完全浸没，并且不会接触容器的侧面或底部。

③ 在容器中注水至顶部以下约 80mm。

④ 将托架完全浸没后，在秤盘上加一个配重，使天平读数为零（对于双秤盘类），或使用皮重调节将天平读数归零。

如果添加配重，最好使用装有砂、水或铅粒的罐子，以免与砝码相混淆。如果使用平衡砝码，则应清楚地将其标识为配重，例如将其放置在一张薄彩纸上。

步骤（2）～（6）与第 3.5.4 节中的步骤（1）～（5）相似，以正常方式使用天平。

制备完成的土样的质量 $=m_s$；

土样和填料的质量 $=m_f$；

涂蜡土样的质量 $=m_w$；

蜡的质量 $=m=m_w-m_f$（均以 g 为单位）。

（7）水中称重

将打蜡的土样放在托架上，并将托架悬挂在支撑架上，使土样完全浸入容器内的水中。检查土样下方是否有气泡，视情况加水或调整支撑架，以确保土样完全浸没。取出样品，并重复步骤（1）④，对浸入的土样再次称重。

测定土样在水中的表观质量（m_g），精确至 1g。

（8）测定含水率

将试样从托架中取出，擦干表面，并将其掰开。取不含填料和蜡的代表性土样，测定含水率（w）。

（9）计算

根据阿基米德原理，浸蜡试样的体积 V_g（cm^3）为：

$$V_g=m_w-m_g$$

蜡涂层的体积等于其质量除以密度，即 m/ρ_P。因此，土样本身的体积（V_s）为：

$$V_s=V_g-\frac{m}{\rho_P}=(m_w-m_g)-\frac{m}{\rho_P}$$

土样的堆积密度为：

$$\rho=\frac{m_s}{V_s}\quad g/cm^3（=Mg/m^3）$$

干密度的计算方法见第 3.5.2 节的步骤（6）。

（10）结果

堆积密度和干密度精确至 $0.01Mg/m^3$，含水率保留两位有效数字。该方法称为 BS 浸水法。

3.6　颗粒密度试验

3.6.1　范围

本节介绍了三种测定土粒密度的试验，适用范围不同，概括如下：

（1）比重瓶法，仅适用于细粒土。

（2）气罐法，适用于绝大多数土（包括含砾土）。

（3）大比重瓶法，适用于现场测定中粗粒土的土粒密度。

这些方法在 BS 1377-2：1990 中给出。前两种是实验室中常用的方法。第三种方法是一种简单的现场测定法，试验精度较低，在没有完整实验室设备的情况下可以使用。

3.6.2 比重瓶法（BS 1377-2：1990：8.3）

比重瓶法是精确测定比水重的颗粒密度或液体密度的传统方法，在 BS 1377：1990 中称为小比重瓶法。

该方法适用于粒径小于 2mm 的土。如果土中含有较大颗粒，可以在试验前将其磨碎并过 2mm 筛，但是如果这些颗粒含有内部孔隙，则测定结果会与天然材料不同。

通常使用蒸馏水作为比重瓶的液体，但如果土中含有可溶性盐，则应改用煤油（石蜡）或石油溶剂。液体的密度必须单独测定（第 3.6.3 节）。下述试验步骤对水和其他液体均适用，但如果是后者，计算时必须考虑液体的密度。

1. 仪器

（1）符合 BS ISO 3507 标准的带塞比重瓶（50mL），每个土样准备 3 个，编号并校准。BS 1377：1990 中规定每次试验使用两个比重瓶，但最好是进行 3 次测定。

（2）恒温水槽（用放置比重瓶的架子），温度保持在 25℃±0.2℃，温度计分度值为 0.2℃（图 1.14）。

（3）带保护罩的真空干燥器 [图 1.12（b）]。

（4）烘箱和含水率测定仪。

（5）天平（分度值为 0.001g）。

（6）小口径膛线箱。

（7）真空源，含真空计（已在 2kPa 压力下校准）和真空管。

（8）夏塔维（Chattaway）铲刀（尺寸为 150mm×3mm）。

（9）装有脱气液的洗涤瓶。

图 3.14 （小）比重瓶和大比重瓶

（10）橡皮钳或橡胶手套。

2. 材料

脱气蒸馏水或脱气煤油（石油溶剂），相对密度已知。获得脱气蒸馏水的方法是将水煮沸至少 30min，并在与大气隔绝的容器中冷却，容器须能抵抗气压差。尽管溶解的空气不会严重影响结果的准确性，但当温度升高到 25℃ 时，空气有可能以小气泡的形式从溶液中逸出。如果土中含有非极性物质（例如煤颗粒），则可能需要使用润湿剂。具体做法是在洗瓶中的水中加入 20％（体积）非常稀的润湿剂溶液。

3. 程序
（1）准备比重瓶
（2）准备土样
（3）称量并烘干瓶中的土样（3 瓶）
（4）加入液体并抽真空
（5）持续搅拌，直到空气被去除
（6）加满，转移到恒温水槽中
（7）称量瓶子、土和液体
（8）称量瓶子和液体
（9）计算密度值
（10）报告结果

4. 试验步骤
（1）准备比重瓶

清洗每个带塞比重瓶。用丙酮或乙醇-醚混合物冲洗，并用暖风吹干。在干燥器中冷却并称重（m_1），精确至 0.001g。重复上述步骤，直至瓶子已烘干至恒重。

请勿在烘箱中烘干比重瓶，否则瓶体可能会变形。

每个比重瓶应有唯一的编号。如果编号在使用中磨损，应使用钻石头铅笔在瓶颈上轻轻作上记号。

（2）试样制备

将原始土样四等分，得到 50～100g 土样。如果土样中含有砾粒，应保留一部分。注意这些砾粒必须用杵和研钵研磨，以通过 2mm BS 筛。粉碎约 30g 土样，在 105～110℃ 下烘干，然后在干燥器中冷却。

如果该温度下结合水会流失，造成颗粒密度发生变化，则应使用 80℃ 的干燥温度，必要时可延长干燥时间。这一事实必须报告。

（3）放入瓶中

将干燥后的土样三等分，然后用钳子或戴上橡胶手套将每份样品放入比重瓶中。这一步应该在干燥器中完成。称量每瓶土的重量（m_2），精确至 0.001g。

（4）加入液体并抽真空

将脱气的液体（蒸馏水或煤油）小心添加到每个瓶子中，使土刚刚被覆盖，瓶子不超过半满。为避免扰动土从而带入空气，液体应从瓶子的侧面倒入。

将瓶子（去除瓶塞）放入真空干燥器中，逐渐降低压力至约 2kPa，并在真空下放置至少 1h。注意土中冒出气泡不能太剧烈，否则小滴悬浮液可能会从瓶口流失。整个过程应保持真空，直到不再冒气泡。

（5）排除空气

停止抽真空，取下干燥器的盖子，并用铲刀小心搅拌瓶中的土。用少量脱气液体将粘在刀片上的所有土颗粒冲洗回瓶中。重新盖上干燥器的盖子，并再次抽真空，直到空气不再流失为止。

重复这一过程，直到完全抽真空。在该试验中，彻底排除空气对于获得可靠的试验结果而言十分关键。如果存疑，可以延长抽真空的时间（最好隔夜）。

（6）转移到恒温水槽中

从干燥器中取出每个瓶子，进一步加入脱气的液体，直到装满。插入瓶塞，将瓶子放入恒温水槽中，使其颈部被浸没。至少放置 1h（必要时可放置更长时间），以达到恒温。

多余的液体会通过瓶塞中的毛细管渗出。如果液体不是水，应小心用滤纸吸收，以免污染水浴箱。

如果液体体积减小，则取下瓶塞并加满。如有必要，在水浴中再放置 1h 后重复上述步骤，直到瓶子装满为止。

（7）称重

从水浴中取出瓶子，擦干。避免长时间用手接触，可能会造成温度进一步升高。称量（瓶＋塞子＋土＋液体）（m_3），精确至 0.001g。

（8）称量装有液体的瓶子

清洁每个瓶子，并完全装满脱气液体。插入塞子，浸入恒温水槽中。必要时重复步骤（6）和步骤（7），并称量（瓶＋塞子＋液体）（m_4），精确至 0.001g。

（9）计算

根据下式计算每个瓶子中土的颗粒密度 ρ_s：

$$\rho_s = \frac{\rho_L(m_2 - m_1)}{(m_4 - m_1) - (m_3 - m_2)}$$

其中，ρ_L 为恒定温度下液体的密度（蒸馏水的 ρ_L 可以假定为 1.000g/mL）；m_1 为比重瓶的质量（g）；m_2 为比重瓶＋干土的质量（g）；m_3 为比重瓶＋土＋液体的质量（g）；m_4 为瓶子＋液体的质量（g）。

计算获得 3 个值的平均值。如有任何一个值与平均值相差超过 0.03Mg/m³，则应重复进行试验。

（10）结果

将上述平均值作为土粒密度值，精确至 0.01Mg/m³。

试验报告中应注明使用的液体类型。

3.6.3　校准

1. 校准比重瓶

将每个比重瓶干燥至恒重，冷却并称重（精确至 0.001g），然后在瓶子中装满脱气蒸馏水。插上瓶塞，将瓶子放入恒温水槽中，直到温度达到 25℃ （参阅第 3.6.2 节试验步骤 (6) ）。从水浴箱中取出瓶子，擦干（注意不要长时间与手接触以免提高瓶子的温度），称重（精确至 0.001g）。再重复两次试验。

每个密度瓶的体积计算如下：

m_1 为带塞比重瓶的质量（g）；

m_4 为 25℃ 下装满蒸馏水的带塞比重瓶的质量（g）；

25℃ 下水的密度为 0.99704g/mL，于是有：

$$V_d = \frac{m_4 - m_1}{0.99704}$$

其中，V_d 为比重瓶的体积（mL）。

2. 液体密度

使用蒸馏水校准 3 个比重瓶。将其倒空、烘干，并使其冷却。装满液体，塞上瓶塞，放入恒温水槽中，直到注满［参照第 3.6.2 节中试验步骤 (6) ］。

取出，烘干并称重（m_5）。

液体的密度 ρ_L 由下式计算：

$$\rho_L = \frac{m_5 - m_1}{V_d}$$

其中，m_1 为比重瓶的质量；V_d 为比重瓶的体积；m_5 为带塞比重瓶的质量。

计算时应至少保留五位小数，结果应四舍五入到小数点后三位。

当使用蒸馏水以外的液体时，采用第 3.6.2 节中试验步骤 (9) 中公式计算 ρ_L 值。

3.6.4 气罐法 （BS 1377-2：1990：8.2）

该试验方法首次出现在 1975 年的英国标准中，适用于 37.5mm 筛子上保留的颗粒质量不超过 10% 的土。对于大于该尺寸的土粒，应先将其粉碎，以便通过 37.5mm 的筛子（见第 3.6.2 节中有关粉碎土粒的注释）。

1. 仪器

(1) 两个容量为 1L 的气罐，均配有橡胶塞和磨玻璃盖板。

(2) 机械振荡器，以大约 50r/min 的速度进行翻滚式振动（图 3.15）。

(3) 天平（称量 5kg，分度值 0.1g）。

(4) 温度计（分度值 1℃）。

(5) 烘箱和含水率测定仪。

2. 程序

(1) 准备土样

图 3.15 翻滚式机械振荡器
（照片由 ELE International 提供）

（2）准备气罐

（3）称量气罐和土样

（4）加水并摇匀

（5）加满并安装玻璃板

（6）称量气罐、土样、水和玻璃板

（7）称量气罐和水

（8）计算

（9）报告结果

3. 试验步骤

（1）准备土样

将原始土样二等分或四等分，选取约 1kg 代表性土样。将保留在 37.5mm 筛上的质量超过 10% 的粗颗粒或保留在 50mm 筛上的任何颗粒粉碎，以通过 37.5mm 的筛子。

采用二分法从制备好的土样中获得两个试样。对于细粒土，每个试样的质量约为 200g；对于粗粒土，应为 400g。在 105～110℃ 的烘箱中烘干，在干燥器中冷却，并储存在密封的容器中。

（2）准备气罐

将气罐和磨玻璃板在烘箱中清洗和烘干，冷却后称重（m_1），精确至 0.2g。

（3）称重

将每个准备好的土样放入一个气罐中。称量气罐、土样和磨玻璃板（m_2），精确至 0.2g。

（4）加水并摇晃

在室温下，将约 500mL 水加入气罐的土中。插入橡胶塞，静置 4h，然后用手摇动气罐，使颗粒悬浮，再置于振动器中，振动 20～30min。

注意罐子和塞子必须夹得足够紧，以防止水分流失，但不能夹得太紧，以免罐子在摇晃时裂开。用胶布包裹罐子和振荡器的支架，使罐子保持固定。

（5）装满水和安装玻璃板

振动结束后，将气罐从振荡器中取出。小心取下橡胶塞，以免丢失细颗粒。用蒸馏水将粘在塞子上的所有土颗粒小心冲回罐子里，形成的任何泡沫都会被水流冲散。

将气罐置于水平面上，向气罐中加水，使其水平面距离顶部约 2mm。静置约 30min 使土沉淀后，将气罐装满水。将磨玻璃板安放在气罐的顶部，注意不要吸入空气。为此，将气罐在缓慢的水流下倾斜，然后将磨玻璃板沿边缘向上滑动。

（6）称量装有土样、水和玻璃板的气罐

用吸水布或吸水纸小心擦干罐子和玻璃板的外部，不要扰动玻璃板。称量气罐、土样、水和玻璃板（m_3），精确至 0.2g。

（7）称量罐子和水

排空气罐并彻底冲洗。在室温下装满水，然后将磨玻璃板滑上去，不要夹带任何空气。将气罐烘干，称重（m_4），精确至 0.2g。

重复步骤（3）～（6），测定同一土的另一个试样。

（8）计算

土粒密度 ρ_s 由下式计算：

$$\rho_s = \frac{m_2 - m_1}{(m_4 - m_1) - (m_3 - m_2)} \mathrm{Mg/m^3}$$

其中，m_1 为气罐和玻璃板的质量；m_2 为气罐、玻璃板和干土的质量；m_3 为气罐、玻璃板、土和水的质量；m_4 为装满水和玻璃板的气罐质量。

（9）结果

如果两个土粒密度值相差不大于 $0.03\mathrm{Mg/m^3}$，则这两个值的平均值（精确至 $0.01\mathrm{Mg/m^3}$）作为该土的土粒密度。如果差值大于 $0.03\mathrm{Mg/m^3}$，则应重新进行测试。

上述方法称为英国标准气罐法。

3.6.5 大比重瓶法（BS 1377-2：1990：8.4）

该方法适用于设施有限的现场实验室中，测定非黏性土的土粒密度。但因为它不如气罐法准确（第 3.6.4 节），因此不建议在一般实验室中使用。另外，该方法不适用于黏土。

在试验之前，应将大于 20mm 的土粒粉碎，使其通过 20mm 的筛子（见第 3.6.2 节中有关粉碎土粒的注释）。

1. 仪器

（1）大比重瓶（图 3.16）。它由一个容量约 1kg 的旋盖玻璃罐，一个黄铜锥形盖、螺栓环和橡胶密封圈组成。

（2）天平（分度值为 0.5g）。

（3）烘箱和含水率测定仪。

（4）玻璃搅拌棒。

（5）温度计（分度值为 1℃）。

2. 程序

（1）准备比重瓶

（2）制备土样

（3）放入比重瓶并称重

（4）加水搅拌

（5）排除空气并加满

（6）称重

（7）向大比重瓶中加水

（8）称重

（9）重复试验

（10）计算

（11）报告结果

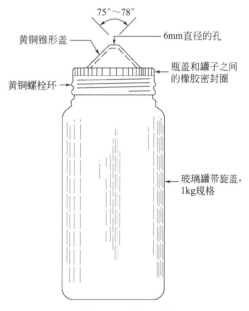

图 3.16 大比重瓶

3. 试验步骤

（1）准备比重瓶

清洁并清洗大比重瓶（包括瓶盖等），烘干并称重（m_1），精确至 0.5g。

检查橡胶密封圈是否完好。如已变硬，则需更换。拧紧固定环，使其密封不漏水。在锥形盖、螺栓环和玻璃罐上做相应的定位标记。使用大比重瓶时，每次都应将固定环拧紧到该位置，使大比重瓶的体积保持不变。

如果难以实现无水密封，可在一块平整的表面（例如用于测定限液的玻璃板）上铺一张细金刚砂纸，并将大比重瓶的边缘在砂纸上磨擦。泄漏会导致严重的试验误差。

（2）制备土样

将原始土样二等分或四等分，取其中约 1kg 代表性土样。粉碎大于 20mm 的土颗粒，使其通过 20mm 的筛子。

从制备好的土样中选取两份约 400g 的土样。在 105～110℃的烘箱中烘干，在干燥器中冷却并储存在密封的容器中。

（3）放入大比重瓶

取下每个大比重瓶上的螺帽，然后直接从密封的容器中取出准备好的土样，并放入大比重瓶中。将大比重瓶和土样连同瓶盖组件一起称重（m_2），精确至 0.5g。

（4）加水

在室温（±2℃以内）下向大比重瓶内加水至半满。用玻璃棒彻底搅拌，去除残留的空气。重新装上瓶盖，并加水。检查定位标记是否重合。试验用水应在实验室环境中静置，直到温度在规定范围内。

（5）排除空气并加满

摇晃大比重瓶，将手指放在锥形瓶盖的孔上，让空气进一步逸出并使泡沫散开。视情况，可使大比重瓶静置 24h。通过瓶盖上的孔向瓶内注水直至注满。夹带的空气是该试验中的主要误差来源。用手指按住瓶盖上的小孔，将大比重瓶在台上滚动，从而实现进一步的搅拌。确保盖子下面没有空气或泡沫。

（6）称重

小心将大比重瓶的外部擦干，并与水和土一起称重（m_3），精确至 0.5g。

（7）加水

清空大比重瓶，彻底冲洗干净，然后在室温下加水至瓶盖上的孔。重新拧紧瓶盖时，检查瓶盖的定位标记是否重合。

（8）称重

擦干比重瓶外部并称重（m_4），精确至 0.5g。

（9）重复试验

使用其他土样重复步骤（3）～（6）。

（10）计算

根据下式计算土粒密度 ρ_s：

$$\rho_s = \frac{m_2 - m_1}{(m_4 - m_1) - (m_3 - m_2)} \quad \mathrm{Mg/m^3}$$

其中，m_1 为比重瓶的质量；m_2 为比重瓶和土的质量；m_3 为比重瓶、土和水的质量；m_4 为仅充满水的比重瓶的质量。

计算两次试验的平均值。如果两次结果相差超过 0.05Mg/m^3，则重复试验。

（11）结果

报告土粒密度，精确至 0.05Mg/m^3。

上述方法称为大比重瓶法。

3.7　极限密度试验

3.7.1　范围

BS 1377-4：1990 中给出了测定粒状土极限密度的试验，这些步骤是基于 Kolbuszewski（1948a，b）提出的。试验仅需一个振动锤和标准的土工试验仪，给出的结果对于大多数工程应用来说是足够可靠的。

在 ASTM 标准（代号为 D 4253 和 D 4254）中也介绍了极限密度试验，其中极限密度被称为最大和最小指数密度（另见 Pauls 和 Goode，1970；Yemington，1990）。最大指数密度试验（D 4253）需要使用振动台，这在配备 BS 试验仪器的土工实验室中并不常见。在英国，用于制备混凝土试样的振动台无法提供 ASTM 标准所需的频率和振幅。但如果调节正确，也可以使用 60Hz 电源的振动台进行试验。

ASTM D 4254 中给出了 3 种确定最小指数密度的方法。方法 A 是通过漏斗倒入来确定。在方法 B 中，土样装在模具内的圆柱体中，试验中圆柱体被突然抽出。方法 C 与 BS 试验相似，区别在于使用 2000mL 的量筒。

Kolbuszewski 试验中使用的是干净砂（粒径为 0.06~2mm），不含粉土或黏土。由于细颗粒的离析和沸腾效应，粉砂和粉土会造成最大密度试验困难。这会导致密度试验结果偏小，在某些情况下，小于标准击实试验中最优含水率对应的干密度。对于粉土，此处建议的试验步骤（第 3.7.3 节）可能无法得到最大密度值，但通常可以依靠它给出高密度下的可重复结果，并避免上述异常情况。

为了测定最小密度，通常建议在空气中用漏斗缓慢倾倒干砂（例如，ASTM D 4254 中的方法 A）。但是，缓慢倾倒会使砂粒有时间落入其他砂粒之间的空隙中，因此并不一定能得到最低的密度。当分散良好的干砂粒以小水滴的形式高强度下落时，密度达到最小，这是由于它们置换了向上运动的空气，并立即锁定在所形成的开放结构中。这便是干摇试验的基础（第 3.7.5 节）。在 ASTM D 4254 的方法 B 中，当从模具中取出圆柱体时，土突然坍塌，目的是达到类似的效果。

3.7.2　最大密度——砂（BS 1377-4：1990：4.2）

该试验仅适用于含有很少或不含粉土的砂，并且由不易破碎的颗粒组成。试验中用到了振动击实法中用于确定干密度/含水率的部分仪器设备（第 6.5.9 节），具体来说是通过用振动锤将浸没在水中的土压入 1L 的压实模具中来确定的（Kolbuszewski，1948a）。

1. 仪器

（1）第 6.5.9 节（图 3.17）中提到的那种电动振动锤，工作电压为 110V，在锤子和

图 3.17　电动振动锤

电源之间配有漏电断路器。

（2）固定在电动振动锤上的钢制夯锤，其圆板直径为 100mm（图 3.18）。

（3）圆柱形金属模具（压实模具），内径 105mm，高 115.5mm，带有可拆卸的底板和扩展套环（图 6.8）。

（4）天平，称量 10kg，分度值 1g。

（5）水密容器，可容纳压实模具，并置于坚实底座上。如果使用普通的镀锌桶，应将其放置在木块上，使底部得到支撑。

（6）两个水密容器，如塑料桶。

（7）金属托盘，一个为约 600mm 正方形，深 80mm；另一个为约 300mm 正方形，深 50mm。

（8）试验筛（孔径 2mm 和 6.3mm）和底盘。

（9）钢制直边刮刀，长 300mm。

（10）小型工具，包括铲子和勺子。

（11）停表，读数精确至 1s。

（12）烘箱和含水率测定仪。

（13）振动锤的支撑导架（可选）（图 6.22）。

（14）挤出器，用于从模具中取出土样（可选）（图 6.14）。

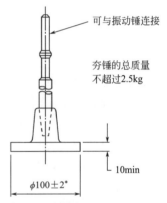

可与振动锤连接

夯锤的总质量
不超过2.5kg

10min

$\phi 100 \pm 2^*$

图 3.18　测定砂最大密度的夯锤
（由英国标准协会提供）

2. 程序

（1）校准振动锤

（2）制备土样

（3）组装模具

（4）放入水中

（5）在模具中放置一层土

（6）水下振动压实

（7）放置第二层土，重复步骤（5）和步骤（6）

（8）放置第三层土，重复步骤（5）和步骤（6）

（9）取出，让自由水从土样中排出

（10）修整土样，使其与模具齐平

（11）挤出土样

（12）称量土样

（13）重复测试

（14）计算

（15）报告结果

3. 试验步骤

（1）校准振动锤

采用第 6.5.9 节中给出的验证流程，确认振动锤符合 BS 1377-4：3.7.3 的要求。

（2）土样制备

准备约 6kg 代表性土样通过 6.3mm 筛子，制备两个试样。如果留在 6.3mm 筛子上的土较少（质量分数不超过 10%），也可以把它们粉碎成 2～6.3mm 粒径的颗粒，并加到试样中。在大托盘上将土与水充分混合，分成两份。将每份放入一个盛有温水的桶中，充分搅拌，去除气泡。盖好盖子，静置，使土样冷却（最好过夜）。

（3）模具组装

清洁并擦干模体、底板和扩展套环。用卡尺检查并记录模体的直径和长度，精确至0.1mm。在三个组件的内表面涂上一层薄薄的油。将底板固定到模具上，并将扩展套环固定到模体上。

（4）放入水中

将模具组放入盛水容器中，向模具内外各加入约 50mm 深的水。确保容器立于坚固的基座上（如混凝土地板或基座）。

（5）将土放入模具中

将土水混合物加入模具的近一半处，并将其铺平。土的量应使其在压实后能填满模具的 1/3 左右。注意避免细颗粒的损失或土颗粒的分离。

（6）压实第一层土

将圆形夯锤放在土样上，在夯锤和土之间放置一层聚乙烯片，以防止砂粒通过环形间隙向上运动。在模具顶部放一块聚乙烯板或一层布，以防止振动锤溅起水花。保持夯杆直立，用振动锤压实至少 2min（用停表计时），或直到高度不再有明显下降。整个过程中，在土样上稳定地施加约 350N 的力。该力需防止振动锤在土上发生反弹，力的大小可在台秤上加以确认。

（7）压实第二层土

小心抬起振动锤，以免扰动土样表面。在模具中加入与第一层相同的第二层土，并重复步骤（6）。

（8）压实第三层土

添加第三层土，重复步骤（6）。过程中注意向容器中加水，以确保被压实的土保持浸

没状态。压实后，土的最终高度不超过模体
顶部 6mm（图 3.19）。

（9）移除模具

从容器中取出装有土的模具，擦去外部
浮土，并让自由水从土样中排出。

（10）修整土样

小心地取下扩展套环，修整压实土样，
使其与模具顶部齐平。用细颗粒填满因去除
粗颗粒而留下的空洞，并充分压实。用直尺
检查土样表面是否平整。

（11）挤出土样

取下底板，用挤出器挤出土样。将整个
土样放在已过秤的托盘上。

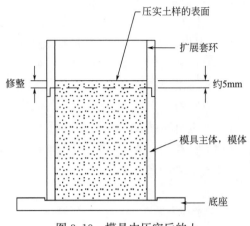

图 3.19 模具中压实后的土

（12）称重

在 105～110℃ 烘箱中烘干土，冷却后称重并确定土的干质量 m，精确至 1g。

（13）重复测试

清洁并烘干模具和附件，重复步骤（4）～（12），对另一个制备好的土样进行测试。
如果两个土样的干质量相差不超过 50g，则报告结果；否则应重新测定。

（14）计算

如果尺寸如图 6.8 所示，则标准压实模具的体积正好是 1000cm³。模具中土的最大干
密度为：

$$\rho_{D,max} = \frac{m}{1000} \quad Mg/m^3$$

其中，m 是步骤（12）中得到的两个干质量中较大的一个。

如果尺寸与图 6.8 所示不同（例如，模具发生磨损），则其体积 V（cm³）可通过下式
计算：

$$V = \frac{\pi D^2 L}{4000} \quad cm^3$$

其中，D 为模具的平均直径（mm）；L 为模具的平均长度（mm）。

最大干密度 $\rho_{D,max}$ 由下式给出：

$$\rho_{D,max} = \frac{m}{V} \quad Mg/m^3$$

（15）结果

报告最大干密度，精确至 0.01Mg/m³。同时记录使用振动击实法、保留在 6.3mm 筛
子上的土料百分比以及是否被粉碎或替换。

3.7.3 最大密度——粉土

如第 3.7.1 节中所述，上述方法对于测定含大量粉粒的土并不理想。对于粉土，建议
使用动态击实试验（基于英国标准重型（4.5kg 夯锤）击实试验）来测定最大密度。与振

锤法（第 3.7.2 节）相同，该方法不适用于含有易碎颗粒的土。

1. 仪器
与重型击实试验相同（第 6 章第 6.5.4 节）。

2. 试验程序
（1）开展第 6.5.4 节所述试验，确定该压实度的最优含水率及相应的干密度（分 5 层压实，每层击实 27 次；采用 4.5kg 夯锤，下落高度为 450mm）。

（2）取约 5kg 土，调整含水率至比步骤（1）确定的最优含水率小约 2%。

（3）与重型击实试验一样，将土压入模具中，但对每一层击实 80 次而不是 27 次。

（4）测量密度和含水率。

（5）计算并报告干密度，精确至 $0.02 \mathrm{Mg/m^3}$。

建议每层土以击实 80 次为标准，这是因为对于某些土，击数增加到每层 100 次或 150 次时，密度增加并不多。但是，某些土可能需要更大的压实力才能达到最大的密度，因此需要试验人员根据经验确定。如果确定需要更大的击数，则含水率应比最优含水率小 2% 以上。这是因为随着压实力度的增大，最优含水率会随之降低（图 6.3）。

3.7.4　最大密度——砾石土（BS 1377-4：1990：4.3）
该试验适用于测定几乎不含粉粒、过 37.5mm 筛且颗粒不易破碎的砾粒土的最大密度。除了使用较大的模具［加州承载比（CBR）模具］和需要相应较大直径的夯实板外，该试验与第 3.7.2 节中所述的试验类似。

1. 仪器
（1）同第 3.7.2 节仪器第（1）项；

（2）固定在电动振动锤上的钢制夯锤，其圆板直径为 145mm（图 6.23）；

（3）圆柱形金属模具（CBR 模具），内径 150mm，高 127mm，有可拆卸的底板和扩展套环，如第 6.5.4 节所述（图 6.20 和图 6.21）；

（4）天平，称量 20kg，分度值 5g；

（5）足够大的水密容器，可容纳 CBR 模具，并置于坚实底座上；

（6）如第 3.7.2 节的第 6 项；

（7）如第 3.7.2 节的第 7 项；

（8）试验筛（孔径为 6.3mm、20mm 和 37.5mm）和底盘；

此处（9）～（14）项同第 3.7.2 节。

2. 试验程序
同第 3.7.2 节。

3. 试验步骤
该试验步骤与第 3.7.2 节所述整体相似，但有以下修改。

（1）准备两个约 8kg 的土样。如果留在 37.5mm 筛子上的土的质量分数不超过 30％，则把它们粉碎成 6.3～20mm 粒径的颗粒，并加到试样中。

（2）测量模具尺寸，精确至 0.5mm。

步骤（3）～（11）同第 3.7.2 节的（3）～（11）。

（12）确定干土的质量 m，精确至 5g。

（13）清洁并烘干模具和相关组件，重复上述步骤（4）～（11），测定另一个制备好的土样。如果两个土样的干质量相差不超过 150g，则报告结果；否则应重新测定。

（14）如果 CBR 模具的尺寸完全如图 6.20 或图 6.21 所示，则其内部体积为 2305cm³，最大干密度为：

$$\rho_{max} = \frac{m}{2305} \quad \mathrm{Mg/m^3}$$

否则，使用测量的尺寸计算模具的体积 V（cm³）：

$$\rho_{max} = \frac{m}{V} \quad \mathrm{Mg/m^3}$$

（15）报告结果，同时记录保留在 37.5mm 筛子上的土料百分比以及是否被粉碎或替换。

3.7.5　最小密度——砂（BS 1377-4：1990：4.4 和 ASTM D 4254 方法 C）

该试验方法由 Kolbuszewski（1948a）设计，可测定干净的干砂在量筒中可以达到的最小密度值。在摇晃后让土自由下落，下落过程中截留空气，从而形成孔隙体积最大的颗粒结构。

对于含有超过 10％通过 63μm 筛子的细颗粒砂，或留在 2mm 筛子上的颗粒，该方法不适用。

1. 仪器

（1）2000cm³ 玻璃量筒，刻度为 20mL（BS 标准中规定了用 1000cm³ 的量筒，但作者建议使用 2L 量筒的原始做法）。

（2）橡胶塞。

（3）天平，读数精确至 0.1g。

（4）松紧带，可套住量筒。

2. 测试流程

（1）称取 1000g 烘干的砂，装入量筒中，塞上瓶塞。

（2）上下摇晃量筒，使砂处于完全松散状态。

（3）将其倒置，静置，使所有砂处于量筒顶端，然后迅速将量筒翻回，避免摇晃或颠簸量筒。

（4）如果砂的表面是平整的，根据量筒上的刻度记录砂的体积，精确至 10mL。如果砂的表面不平整，则调整量筒上的松紧带至最佳高度，并记录此时的体积。在进行该操作过程中，请勿摇晃或颠簸量筒（图 3.20）。

（5）重复上述操作至少 10 次。

（6）取最大的体积读数 V（cm³），并根据下式计算最小干密度：

$$\rho_{D, min} = \frac{1000}{V} \quad Mg/m^3$$

报告结果，精确至 0.01Mg/m³，并记录测试方法为干摇法。

3.7.6　最小密度——砾石土（BS 1377-4：1990：4.5）

该试验方法是由作者提出的，可测定砾石土的最小密度。试验原理与第 3.7.5 节中给出的原理相似，不同之处在于盛土的量筒改用金属模具（通常是 CBR 模具）。

1. 仪器

（1）CBR 模具（作为第 3.7.4 节仪器第（3）项）；

（2）天平，称量 20kg，分度值为 5g；

（3）金属托盘，边长约为 600mm 正方形，深 80mm；

（4）试验筛（孔径为 37.5mm）和底盘；

（5）金属直边刮刀；

（6）舀子；

（7）桶或类似容器；

（8）已过秤的称量容器（如金属托盘）；

（9）烘箱。

2. 试验步骤

（1）取有代表性的土样，去除留在 37.5mm 筛子上的所有颗粒。通过二分法或四分法准备代表性土样（比模具内部体积大至少 50%），并在 105～110℃的烘箱中烘干。

（2）测量模具的内部尺寸，精确至 0.5mm。

（3）彻底拌匀烘干后的土，确保较大的颗粒分布均匀。

（4）将土样松散地装入桶或类似容器中（比容器体积大至少 50%）。

（5）将模具（带有底座和延伸部分的）放在大托盘上。

（6）从约 0.5m 的高度将一桶土快速倒入模具中，该操作应在 1s 内完成。多余的土将溢出到托盘上。

（7）小心移除模具的延伸部分，并将土表面平整到模具顶部。避免扰动模具中的土或颠簸模具。用手逐一挑出大颗粒。用直边检查表面。去除大颗粒后，留下的空洞应尽可能小心地用小颗粒填满。

（8）将模具中的土样转移到称重容器中称重（m），精确至 5g。

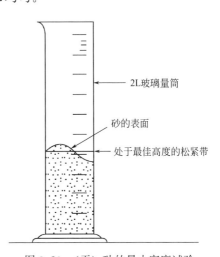

图 3.20　（干）砂的最小密度试验

135

（9）将称重后的土样与托盘上多余的土重新混合，并重复步骤（4）～（8）至少 9 次，获得至少 10 个测量值。

（10）使用最小的 m 值计算最小干密度 $\rho_{D,min}$：

$$\rho_{D,\ min} = \frac{m}{V} \quad Mg/m^3$$

其中，V 为模具的体积（cm^3）。

如果模具是标准尺寸，则 $V = 2305cm^3$。

（11）报告结果，精确至 $0.01Mg/m^3$，并记录测试方法为快速干倒法。同时记录原始土样中粒径大于 37.5mm 的颗粒的百分比，以及是否对这些颗粒进行移除、分解或放回等操作。

参考文献

Abbot，A. F. （1969）*Ordinary Level Physics*. 2nd Edition（SI units），Chapter 12，Heinemann，London.

ASTM D 4253-00*Standard test methods for maximum index density and unit weight of soils using a vibrating table*.

ASTM D 4254-00*Standard test methods for minimum index density and unit weight of soils and calculation of relative density*.

BS ISO 3507（1999）*Laboratory glassware. Pyknometers*. British Standards Institution，London.

Kaye，G. W. C. andLaby，T. H. （1973）*Tables of Physical and Chemical Constants*，14th Edition. Longmans，London.

Kolbuszewski，J. （1948a）An experimental study of the maximum and minimum porosities of sands. *Proceedings of the 2nd International Conference on Soil Mechanics and Foundation Engineering*. Rotterdam，Vol. 1.

Kolbuszewski，J. （1948b）General investigation of fundamental factors controlling loose packing of sands. *Proceedings of the 2nd International Conference on Soil Mechanics and Foundation Engineering*. Rotterdam，Vol. 7.

Lambe，T. W. and Whitman，R. V. （1979）*Soil Mechanics*. Wiley，New York.

Pauls，J. T. and Goode，J. F. （1970）Suggested method of test for maximum density of noncohesive soils and aggregates. *ASTM STP* 479.

Yemington，E. G. （1970）Suggested method of test for minimum density of noncohesive soils and aggregates. *ASTM STP* 479.

第 4 章
颗粒粒径

本章主译：徐东升（武汉理工大学）、秦月（武汉理工大学）

4.1 简介

4.1.1 范围

土是由各种形状和大小的离散颗粒组成的。粒径分析的目的是将这些颗粒划分为不同的粒径范围，以便通过干重确定每个粒径范围的相对比例。

4.1.2 试验流程

粒径分析也称为粒径分布（PSD）、标定粒度分析（MA）测试。我们采用两个完全不同的方法——筛分和沉降，来处理可能碰到的宽泛的粒径范围。其中筛分可用于砾石和砂粒（粗粒）颗粒，通过一系列标准孔径的孔筛将其划分至不同的粒径范围（第 4.6 节）。但筛分不适用于粒径较小的粉土和黏土（细粒）颗粒，此时应使用沉降方法。即通过使用专业的移液管对水中的土颗粒悬浮液采样来进行测量（第 4.8.2 节）；或者使用特制的比重计来确定悬浮液的密度（第 4.8.3 节）。

对于同时包含粗颗粒和细颗粒的土，如果需要进行完整的粒径分析，则必须使用筛分和沉降方法进行复合测试。粒径测试可以从清洁砂石上所进行的简单筛分测试，逐步进展到在黏土-粉砂-砂砾混合物上进行的复合测试。

测试不同类型材料的程序在本质上相似，但其细节有所不同。在各种材料中，最难处理的材料是冰川土，通常也被称为巨石黏土，而这种材料是一个较为特殊的例子。

4.1.3 数据分析

粒径分析的结果有时会以表格形式显示，表格能显示比某些标准粒径更小的颗粒百分比。但是一般来说结果会以图形方式显示，这样能显示出比任何给定粒径更小的颗粒百分比，还能以对数坐标作图。此图形表示称为材料的粒径分布（PSD）或分布曲线，相关内容在第 4.3.4 节中进行了描述。

还有其他形式的图形来表示粒径分布数据，例如，通过粒径-频率曲线，将其中某些粒径之间的质量百分比与粒径的对数作图。这些方法还用于其他行业，例如粉末技术（参见 Allen，1974），但是对于土来说一般用半对数图的方法来描述。

4.2 定义

粒径分析：定量表示土中存在的各种大小的颗粒的数量比例。

粒径：通常依据等效的颗粒直径得出。

碎石颗粒：2～60mm。砂粒：0.06～2mm。粉土颗粒：0.002～0.06mm。

黏土颗粒（黏土矿物）：小于 0.002mm（2μm）。细粉：通过 63μm 筛子的颗粒。

黏土含量：通过标准沉降步骤所确定的粒径小于 2μm 的颗粒所占的百分比。

四分法：从大量无黏性材料的样本中获得少量但具有代表性部分的过程。首先通过标准步骤将样品分成四份，保留两个样品，这将样品的大小减小了一半。重复此过程，直到获得所需大小的样本为止（请参阅第 1.5.5 节）。

分土法：过程与四分法的类似，需使用适当大小的分土器。但是，该方法通常指用或不用分土器进行材料的细分。

筛孔尺寸：筛网的孔径大小，即颗粒通过正方形网口一侧的长度。

筛网直径：固定筛网的筛体（框架）的直径。

有效粒径（D_{10}）：10% 的颗粒较细，而 90% 的颗粒较粗的粒径。它对应于粒径分布曲线上的 $P=10\%$（图 4.1）。

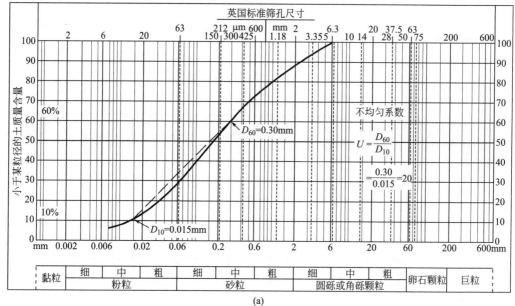

(a)

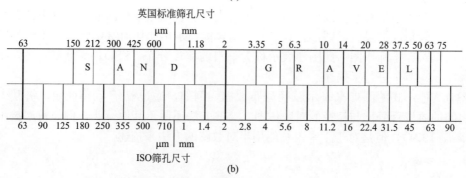

(b)

图 4.1

（a）粒径分布图；（b）英国标准筛孔尺寸和 ISO 筛孔尺寸的比较（注意后者的均匀间距）

不均匀系数（U）：60%粒径与10%粒径之比：

$$U = \frac{D_{60}}{D_{10}}$$

它是连接这两个点的直线的斜率的度量（请参见图 4.1）。

比表面积：单位质量中包含的颗粒的总表面积。

絮凝：悬浮液中的颗粒凝结在一起，产生较大颗粒的现象。

分散：离散颗粒的分离，使它们在悬浮时将保持分离状态，而不会絮凝。

4.3　理论

4.3.1　局限性

粒径分布分析是土（尤其是粗土）的必要指标试验，因为它可以反映不同粒径颗粒的相对比例。由此可以确定土是否主要由砾石、砂土、粉土和黏土组成，这些类别中的哪一个更可能会控制工程特性。在未扰动状态下观察，如果辅以颜色、颗粒形状等描述性细节，以及堆积物和织物的补充，则粒径分布曲线将具有更大的价值。但是，工程特性还取决于除颗粒尺寸以外的其他因素，例如矿物类型、结构和地质历史，这些因素对工程性能具有重要影响，不能仅通过粒径试验来评估。

对于粗土部分，各种尺寸的比例由筛子中正方形开口的尺寸确定。对于细土颗粒，尽管细粉砂至黏土粒径范围内的颗粒远非球形，但它们是通过沉降分析获得的等效球体的直径来确定的。事实上，许多黏土矿物是由扁平的平板状或细长颗粒组成。因此，从更精确的角度来说，颗粒的真实尺寸测量变得不太准确。但是，由公认的标准程序确定的粒径分布比绝对粒径要重要得多，这也是将粒径应用于土的意义所在。特别地，黏粒含量（由小于 0.002mm 的颗粒组成的材料的比例）通常用作与其他工程特性相关的指标。

对于某些土，很难定义"单个颗粒"的含义，例如其中的颗粒大小取决于试验前达到分离程度的颗粒。比如残积土（请参见第 7 章），含有弱胶结的碎砂岩或类似材料的土以及煤矿弃土。对于上述土，需要在制备阶段控制颗粒分离的程度。而对于泥炭和风化白垩等土类型，单个颗粒的含义与砂、粉土和黏土是不同的。

4.3.2　按粒径分组

可以根据土的主要粒径将其分为六大类，即巨粒、卵石颗粒、砾石颗粒、砂粒、粉粒、黏粒。英国的 Glossop 和 Skempton（1945）最初提出了每个类别颗粒的粒径范围。这些粒径范围，如 BS 5930：1999 中所定义，在表 4.1 中给出，还将砾粒、砂粒和粉粒细分为粗、中、细三种尺寸。其他国家对于粒径的分类可能与英国的做法不同，图 4.2 展示了美国（ASTM）方法与英国方法的比较。

通常在试验之前，应将巨粒和卵石（如果存在）分开去除并进行测量，尽管在某些情况下，可能有必要在分析中包括卵石（第 4.6.3 节）。一般将砾石、砂土、粉土和黏土作为土来进行试验。

粒度分类表（基于 BS 1377：1990）　　　　　　　　表 4.1

颗粒粒径(mm)		名称		试验程序
＞200		巨粒		各部分分别测量
200		卵石颗粒		
60				
20	粗		圆砾或角砾颗粒	
6	中			筛分分析
	细			
2	粗			
0.6	中		砂粒	
0.2	细			
0.06	粗			
0.02	中		粉粒	沉降分析
0.006	细			
＜0.002		黏粒		

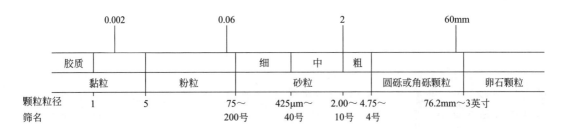

(a) 美国ASTM D422

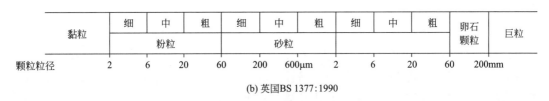

(b) 英国BS 1377：1990

图 4.2　土粒径范围分类方法的比较

4.3.3　粒径的影响

在大多数土工试验中遇到的颗粒范围为 $0.001 \sim 75\text{mm}$，这是沉降试验时的正常测量极限。这些大小之间的比率最大约为 75000：1。

随着粒径的减小，每克材料中包含的颗粒数量增加，与粒径的立方成反比。此时每个颗粒的质量以相同的比例减小，单位质量的颗粒总表面积（称为特定表面，以 mm^2/g 表示）与粒径成反比。假设球形颗粒的密度为 $2.65\text{Mg}/\text{m}^3$，上述两个极限粒径以及三个中间粒径的这些特性如表 4.2 所示。球形颗粒的粒径极值与质量之比非常大，大约为 4.2×10^{14}：1，几乎没有其他试验方法可以包含如此广泛的值。

等效球形颗粒的粒径、质量和表面积　　　　　　　　表 4.2

等效土类别	颗粒粒径 （mm）	颗粒近似质量 （g）	颗粒近似数量	颗粒近似表面积	
				（mm²/g）	（m²/g）
卵石颗粒 （最大的土颗粒）	75	590	(1.7/kg)	30	
粗砂颗粒	1	0.0014	720	2300	
细砂颗粒	0.1	1.4×10^{-6}	7.2×10^5	23000	0.023
中等粉粒	0.01	1.4×10^{-9}	7.2×10^8	2.3×10^5	0.23
黏粒 （测量的最小尺寸）	0.001	1.4×10^{-12}	7.2×10^{11}	2.3×10^6	2.3

由于天然土颗粒很少呈球形，因此其比表面积要高于如表 4.2 所示的比表面积。所以细粒砂的比表面积可能约为 $0.03\text{m}^2/\text{g}$。单个黏土颗粒呈扁平状和板状，这使它们的比表面积比球体大许多倍，具体取决于黏土矿物的类型。三种最常见的典型特例大致如下（Lambe 和 Whitman，1979）：

高岭石　　　　　$10\text{m}^2/\text{g}$

伊利石　　　　　$100\text{m}^2/\text{g}$

蒙脱石　　　　　$1000\text{m}^2/\text{g}$

黏土颗粒的极高比表面积是决定黏土黏聚性的因素之一。

4.3.4　粒径分布曲线

英国标准所推荐的用于呈现粒度分布的表格类型如图 4.1（a）所示。相比其他图表，在这种标准图表上绘制粒径数据的优势在于，它使工程师能够更快速地识别土的级配特征。此外，图表上曲线的位置表示颗粒的细度或粗度；曲线越靠左，细度越高，颗粒越细，反之亦然。陡度、平坦度和一般形状表明了土中颗粒大小的分布。其示例在第 4.4.2 节和第 4.4.3 节中讨论。

虽然这种类型的图表在英国和许多欧洲国家使用，但直到近年来，美国的做法一直是反过来使用图表。即左边是鹅卵石和砾石，右边是黏土，这样绘制的粒度曲线是根据英国实践绘制的那些曲线的镜像。图 4.1 还显示了从典型分布曲线推导的限制粒径 D_{60} 和不均匀系数 U。

4.3.5　筛孔尺寸

图 4.1（a）的粒径分布图所示的筛孔尺寸是英国通常用于土测试的筛孔尺寸，在 BS 1377-2：1990：9.2.2.1 中已提及。而在图 4.1（b）中显示了另一套国际标准组织 ISO 3310 和 BS 410 推荐的筛网孔径尺寸，其中孔径尺寸按传统英国尺寸相同的对数刻度绘制。ISO 标准采用了更合理的尺寸顺序，因为每个筛孔是下一个较小孔的 2 倍（即替代尺寸的 2 倍）。当以对数刻度绘制时，相比 BS 1377 系列的不规则和不合理间距，每个筛子尺寸之间是均匀间距。BS 1377：1990 允许使用 ISO 筛子尺寸作为替代。两种系列的孔径大小分别为 $6\mu\text{m}$、2mm 和 63mm，从而以相同的标准粒径对土进行分类。

ASTM D 422 和等效的 BS 筛孔   表 4.3

ASTM D 422：近似名称	BS 筛孔
3 英寸	75mm
$1\frac{1}{2}$ 英寸	37.5mm
$\frac{3}{4}$ 英寸	19mm
$\frac{3}{8}$ 英寸	9.5mm
4 号	4.75mm
8 号	2.36mm
16 号	1.18mm
30 号	600μm
50 号	300μm
100 号	150μm
200 号	75μm

附录 A.4 比较了一套完整的 BS 和 ASTM 筛孔尺寸。

4.3.6 三角坐标分类图

三角坐标分类图并不常用，但是可以方便地根据每种成分的比例比较黏土、粉土和砂土（图 4.3）。三角形的每一边均分为 100 份，代表黏土、粉土和砂土的百分比。三角形内的一个点表示这三个成分的百分比，所有百分比总计为 100%。

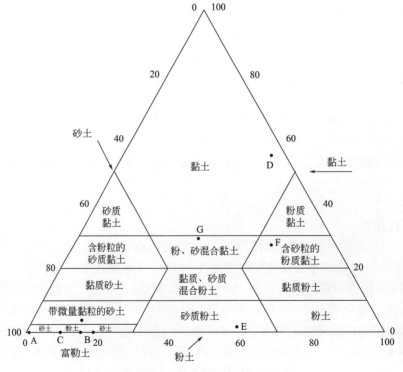

图 4.3 三角坐标分类图

美国填海局最初引入的三角图使用了壤土一词，但英国分类标准系统并未对此加以引入。图 4.3 中显示的版本使用英国标准术语。

如图 4.3 所示的三角图不适用于含有砾石的土，除非仅考虑黏土、粉土和砂土的成分。如果要以三角图对砾石土分类，则需要两个不同的图表，一个省略砾石（图 4.3），另一个省略黏土。虽然这 4 个元素（4 类土）可以用四面体的形式在三个维度上同时表示，但这将想象力延伸得太远了。

4.4　应用

4.4.1　工程分类

如果考虑了第 4.3.1 节中提到的限制，则粒径分析是一种对土的工程分类极具价值的标准。

在英国，根据工程实际的需要，将土根据粒径分为 6 类，如表 4.1 所示。各个工程性质显著不同的材料由"名称"列中的每条主要水平分隔线区分开。

实际上，大多数天然土并不完全属于这些主要粒径范围之一，而是由两种或多种类别的混合物组成。但是在大部分情况下，级配曲线提供了一种对土的分类和广泛评估其工程性能的方法。

4.4.2　砂石分类

根据粒径分布，分布曲线可依据粒径分布将砂子和砾石识别为三种主要类型，如下所述。

（1）均匀级配的土，其中大多数颗粒的大小几乎相同（图 4.4（a））。级配曲线非常陡峭，如图 4.5 中的曲线 A 所示，代表均匀的砂。不均匀系数不大于 1.0（理论上可能的最低值），同义的描述是"窄分级"。

（2）级配良好的土，其粒径分布广泛且均匀（图 4.4（b））。图 4.5 中的曲线 B 显示了分级良好的粉质砂和砾石。平滑的凹形向上级配曲线是级配良好材料的典型特征。

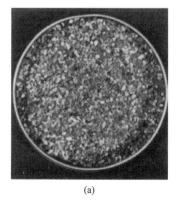  

(a)　　　　　　　　　　(b)　　　　　　　　　　(c)

图 4.4　土粒试样

（a）均匀级配；（b）良好级配；（c）不良级配（间断级配）

图 4.5 中的虚线代表了一种材料的理论级配，其颗粒以尽可能最密集的堆积状态填充在一起（Fuller 和 Thompson，1907）。在这种理想化的材料中，最大的颗粒只是彼此接触，足够的中等大小颗粒占据最大颗粒之间的空隙而不会将它们分开。较小的颗粒占据了中间尺寸之间的空隙，依此类推。在图 3.6（c）中示意性地展示了该分布。富勒渐变曲线具有上面提到的平滑形状特征，是从下式导出的：

$$P = 100\sqrt{\frac{D}{D_{\max}}}$$

式中，P 是小于直径 D 的颗粒的百分比（质量）；$D_{\max}$ 是最大颗粒尺寸（在所示示例中为 75mm）。

（3）不良级配的土，某些粒径的土不足［图 4.4（c）］。级配曲线具有两个不同的部分，这两部分由近乎水平的部分隔开，如图 4.5 中的曲线 C 所示。这是一种间断级配的材料，在自然界的土中，这种缺陷情况通常发生在粗砂细砾石中。"不良级配"一词也可用于不符合"良好级配"描述的任何土（包括均匀级配的土）。

与上述分布曲线相对应的点 A、B、C 绘制在三角形图表上（图 4.3）。对于 B 和 C，忽略了砾石部分，增加了黏土、粉土和砂土的百分比，并表示出小于 2mm 的材料的百分比。表 4.4 上半部分总结了有效粒径和不均匀系数。

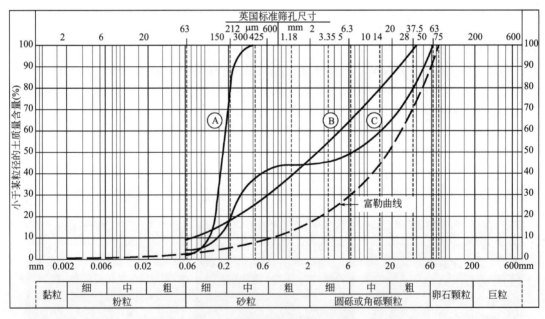

图 4.5　砂和砾石的粒径分布曲线

有效粒径和均匀系数 表 4.4

粒径分布曲线	有效粒径 D_{10} (mm)	限制粒径 D_{60} (mm)	不均匀系数 D_{60}/D_{10}	描述
A	0.12	0.18	1.5	均匀细砂
B	0.070	4.5	64	级配好的粉砂和砾石
C	0.14	15	107	级配较差的细、中砂和砾石

续表

粒径分布曲线	有效粒径 D_{10}(mm)	限制粒径 D_{60}(mm)	不均匀系数 D_{60}/D_{10}	描述
富勒曲线	0.66	24	36	理想级配
D	—	0.0025	—	黏粒
E	0.0051	0.060	12	砂质粉土
F	—	0.019	—	粉、砂质混合黏土
G	<0.001 估计值	2.0	>2000	粉质、砂质和砾质混合黏土(巨粒黏土)

4.4.3　黏土和粉土的分类

土很少完全由黏土或粉土大小的颗粒组成。大多数黏土含有粉土大小的颗粒，而大多数被描述为粉土的物质总会包含一些黏土或砂质物质，或两者兼而有之。含粉质颗粒很多的土可能具有黏土性质，因此这种土将被简化为黏土（请参见第 7 章）。在图 4.3 的三角图上用大面积把含粉质颗粒很多的土表示黏土，一些较为典型的粒径分布曲线如图 4.6 所示。

图 4.6 中曲线 D 代表黏土，尽管它由 56％的黏土和 44％的粉粒组成。但是，如果黏土（粒径小于 2mm）往下由粉粒而不是黏土矿物组成，则该材料将显示粉土的性质，因此将其描述为粉土。

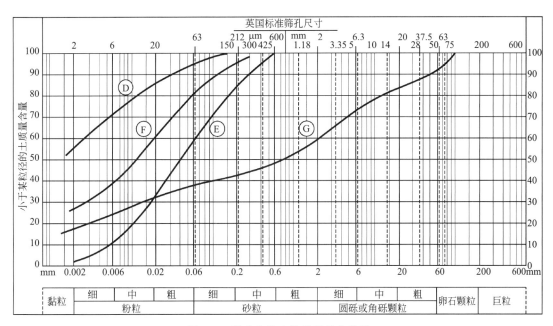

图 4.6　粉砂和黏土的粒径分布曲线

如图 4.6 所示，曲线 E 显示了一种级配良好的土，主要为黏土，粉砂的含量小于 2％，被视为砂质粉土（有少量的黏土）；曲线 F 包含黏土、粉粒和砂土的混合物，但是黏土的作用占主导地位，因此土被视为带砂的粉质黏土；曲线 G 代表了级配良好的土，其中包含从卵石到黏土的各种尺寸的颗粒。例如，这种类型的土在冰川耕地中发现，通常被称为松散的巨粒黏土，虽然这种称呼在地质术语中是不准确的。然而，巨粒黏土通常来自冰川土，该土因含有足够的黏土而具有黏聚力，并且从黏土到砾石或鹅卵石大小的颗粒均能很好地分级。从这个意义上讲，巨粒黏土不一定包含巨粒，但它确实具有黏土的工程特性。曲线 G 表示的材料可以描述为砾质砂质粉质黏土。

将代表这三条分布曲线的 D、E、F 点绘制在三角图中，如图 4.3 所示。G 点只涉及卵石黏土中小于 2mm 的材料。表 4.4 的下半部分总结了 E 点和 G 点的有效粒径和不均匀系数，D 点和 F 点的"10％通过率"尺寸超出了分级图的范围，因此无法确定这两个例子的有效粒径和不均匀系数。

如第 4.3.1 节所述，上述的级配特征并不能完整地描述黏性土。黏土的物理特性比其粒径分布更重要，因此阿太堡界限提供了更重要的信息（第 2 章）。

4.4.4 工程实践

粒径分析在岩土工程和施工中的一些应用是：

选择填料 除其他一些特殊规定外，用于路堤和土坝建设的土必须在粒径分布曲线所规定的范围内。例如，土坝的各个区域都有不同的级配要求。

路基材料 道路或机场跑道子层的每一层都必须符合特定的级配规范，以提供加劲稳定基础。

排水过滤器 过滤层的级配规范必须与相邻地面或下一层过滤层的级配有一定的关系。

地下水排水 地面的排水特性在很大程度上取决于土中的细粒（粉土和黏土颗粒）比例。

灌浆和化学注浆 土中最适合的注浆工艺，以及对地基的灌注效果，主要取决于土的级配特性。

混凝土材料 根据粒径分布图上的区域，将用作混凝土集料的砂和碎石分为各种类型。在砂砾石资源勘探中，粒径分析是选择潜在开发地块的主要依据。

动态压实 在某些情况下，较差的地面条件可以通过强夯法加以改善，并且粒径分析可以验证该方法的可行性。

4.5 实践方面

4.5.1 程序选择

确定土的粒径分布程序取决于：

（1）存在的最大颗粒的大小；

（2）粒径范围；

（3）土的特性；

（4）土颗粒稳定性。

第（1）项决定所需样品的大小。第（2）项确定使用的方法，例如是否需要进行沉降试验。试验的复杂性由第（3）项决定，并取决于土是否为颗粒状和干净（无细粒），主要是颗粒状和细粒或明显具有黏性。用于试验的土的初步准备是否合格取决于第（4）项，因为如果颗粒很容易分解，就需要特别注意（第 1.5.4 节）。

其大致步骤是：简单的干筛；复合干筛湿筛；湿筛；对砾石黏土做专门处理；比重计沉降分析；移液管沉降分析；复合筛分沉降。

对于干净的砂和砾石（即不含粉土或黏土），可以使用干筛。如果材料仅由砂粒组成，则可以对合适大小的样本进行直接操作。如果样品包含中等至大尺寸的砾石颗粒，那么应该在开始使用较大的样品，然后在筛分过程的某个阶段通过四等分法来减少，这称为复合筛分。如果存在较大的颗粒（鹅卵石），则需要非常大的样品，在适当的阶段可将其四等分两次或三次，所需材料的数量在第 4.5.2 节中讨论。

含粉砂或黏土的土必须首先洗去通过 $63\mu m$ 筛的细颗粒，这就是所谓的湿筛；然后将保留下来的材料进行干燥筛分。由于细粒物料通常与洗涤水一起流失，因此细粒的总量只能通过干燥后未洗涤和已洗涤质量的差值来确定。除非砂是采用的最好材料，否则一定要进行复合筛分。首先将含有砂的黏土和粉质土先进行预处理和分散处理，然后通过 $63\mu m$ 的筛子洗涤。收集通过 $63\mu m$ 筛子的物料，并将其用于沉降试验。将保留的物料干筛，然后将筛分曲线添加到沉降曲线中以获得整个样品的分布曲线。

包含砾石或较大颗粒的黏性土需要特殊处理，这将单独叙述。

筛分分析应该首先考虑所描述的方法最适合哪种待测土，否则不应该进行筛分分析。确定了相应的步骤后，将操作顺序画成流程图，如图 4.10、4.12、4.14、4.16、4.18、4.20 所示。如果随后修改了程序，则应该相应地修改流程图。计算也应以类似于流程图的方式进行，如算例 4.1～算例 4.5 所示。

4.5.2　试验材料数量

对于黏土、粉砂和砂来说，颗粒的大小应足以使约 100g 样品进行粒径试验时能具有代表性，但是，对于砾石大小的颗粒，需要更多的数量才能获得代表性的结果。如果样品的数量太小，则仅包含或排除少量大颗粒可能会严重影响整个颗粒分析。

BS 1377-2：1990：9.2.3（表 3）规定了用于筛分分析的最小材料量。这些要求在表 4.5 中给出，这与很大比例（大于总样品的 10%）存在的最大颗粒尺寸有关。在图 4.7 中以对数刻度绘制这些最小数量与颗粒大小的关系。英国标准中仅可达到 63mm，即砾石范围的上限。

如果存在较大的材料（卵石），一个有用的规则是从干燥质量不小于最大颗粒质量的 100 倍的样品开始。这种关系由图 4.7 中的实线表示。BS 1377-2：1990 所给出的图 10 有一条平行线（图 4.7 中的虚线），这条平行线表示样品质量是最大颗粒质量的 200 倍。这些因素是基于颗粒是球形，颗粒密度为 $2.67Mg/m^3$ 的假设。

这里推荐的一条常见规则由图 4.7 中的实线以图形方式表示。这符合 63mm 以下 BS 的要求，而 63mm 以上的尺寸代表了约 100 的质量比，这应该足以满足大多数实际用途。

很明显，在鹅卵石的范围内，所需的样品质量随着粒径的增加而迅速增加。对于直径达 200mm 的颗粒，需要大约 1000kg（1t）的材料。对于 300mm 的颗粒，要增加到 3t。第 4.6.3 节描述了处理这种材料非常大的样本的方法。

粒径试验的最小质量（根据 BS 1377-2：1990：9.2.3，表3，除筛号75mm外）　表4.5

存在于 BS 筛上的最大尺寸(mm)	筛分样品的最小质量
2mm 及以下	100g
3.35	150g
5	200g
6.3	200g
10	500g
14	1kg
20	2kg
28	6kg
37.5	15kg
50	35kg
63	50kg
75	70kg
100	150kg
150	500kg
200	1000kg

4.5.3　分散剂

为了确保土颗粒的分离或分散，将分散剂与土悬浮液一起使用，尤其是在粉土到黏土范围内。在沉降试验之前，通常以加入一定量制备好的储备溶液的形式添加少量可溶性化学物质。

通过尝试证明，许多物质可作为分散剂，并成功应用于土中。例如：

聚磷酸钠	氢氧化钠
三聚磷酸钠	硅酸钠
六偏磷酸钠	单宁酸
四磷酸钠	淀粉
草酸钠	磷酸三钠
碳酸钠	磷酸四钠
碳酸氢钠	

对于大多数情况下，已经发现六偏磷酸钠（商业上称为卡尔贡）是最合适和方便的分散剂之一。英国标准推荐的储备溶液包括：

35g 六偏磷酸钠；

7g 碳酸钠；

蒸馏水制成1L溶液。

该储备溶液被称为标准分散剂，并以指定的比例添加到用于筛分或沉淀的水中。每月应准备一个新鲜的储备溶液，因为它不稳定且不能保存。应在容器上清楚地标出准备日期，该容器应配有一个紧密贴合的塞子。

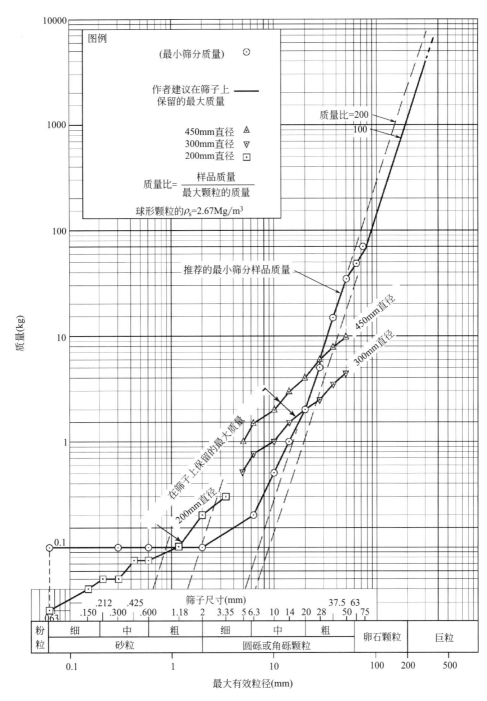

图 4.7　筛分所需物料的最小数量

标准分散剂对某些热带残留土可能不是完全有效（第 7 章）。已使用的替代分散剂是磷酸三钠或磷酸四钠，但更浓的溶液（强度为标准分散剂的 2 倍或 3 倍）可能更有效。替代分散剂通常对其他类型的土无效。

不完全分散导致土颗粒（小颗粒的聚集）形成较大的碎屑或"絮凝体"，在沉降试验中，这些颗粒相对较快地通过水中落下，在悬浮物上方留下一层透明层。如果出现这种情况，可能需要使用更高浓度的分散剂。不完全分散，特别是在热带残积土中，可能是由于在试验前将土干燥（甚至是空气干燥），从而得到错误的结果（Fookes，1997）。

在对含有黏土或粉土的土湿筛之前，也必须使用分散剂。为此，英国标准规定了用每升含六偏磷酸钠 2g 或每升含 50mL 标准分散剂溶液的水覆盖土（请参见第 4.6.6 和第 4.6.7 节）。

4.5.4　样品选择和制备

在第 1.5 节中概述了从大样本中选择和准备用于试验的代表性小样本的一般步骤。样品制备的详细过程在描述每种试验的章节中适当给出。

4.5.5　筛子的选择

表 4.6（a）给出了英国标准规定的筛子的完整范围。不必在每次试验中使用每个筛子，但所用筛子应足以覆盖每种特定土的孔径范围。

公制筛网（BS），所有盖子和接收器（编织丝网：63μm～5mm；
穿孔钢板放置（方孔）：6.3～75mm）　　　　　　　　　表 4.6（a）

孔径大小	A. 全套筛（19）	B. 标准筛（13）	C. 简易筛（7）	合适的筛子直径		
				450mm	300mm	200mm
75mm	+	+		+		
63mm	+	+	+	+		
50mm	+			+		
37.5mm	+	+		+	+	
28mm	+			+	+	
20mm	+	+	+	+	+	
14mm	+				+	
10mm	+	+			+	
6.3mm	+	+	+		+	
5mm	+				+	
3.35mm	+	+			+	+
2mm	+	+	+	(+)	+	+
1.18mm	+	+			+	+
600μm	+	+	+	(+)	+	+
425μm	+					+
300μm	+	+				+
212μm	+		+			+
150μm	+					+
63μm	+		+	(+)	+	+

注：还有许多其他试验筛，孔径最大可达 125mm，最小可达 38μm。它们是按 BS 410：2000 制造的。（＋）表示筛对大样品的湿式筛分有用。

表 4.6（a）中提出了三种选择的筛子：

（1）全套 19 个英国标准筛。

（2）涵盖大多数要求的 13 套标准筛网。

（3）一组 7 个的筛子，可细分土类型的筛分尺寸。这些尺寸是粒径分布图中粗线所示的粒径大小（图 4.1），包括 $63\mu m$，20mm 及其约数。

在大多数情况下，标准筛足以提供合理的分布曲线，但是如果土是均匀级配的，则无论是整体还是部分范围内（陡峭的分布曲线），使用中间筛网都将是更好的选择。如果保留在每个筛子上的材料分开存放，则在试验完成后可以使用一个额外的筛子。当将级配曲线与标准级配曲线比较时，对于可能为间断级配的土，应始终使用一套完整的级配曲线。

所需的最大孔径筛是所有物料刚刚通过的筛子，保留在该筛子中的质量为零，其大小对应于 100％通过。其次，最小孔径筛是在试验中保留物料的第一个孔筛。

表 4.6（b）给出了建议的 ISO 筛孔尺寸的范围。这包括 22 个筛子，但是对于许多要求，使用备用筛网（包括 2mm）就足够了。表 4.6（b）中也列出了一组 7 个筛子。

ISO 筛子　　　　　　　　　　　　　　　　　　　　　表 4.6（b）

孔径大小	备用筛	简易筛	孔径大小	备用筛	简易筛
90mm			2mm	+	+
63mm	+	+	1.4mm		
45mm			1mm	+	
31.5mm	+		$710\mu m$		+
22.4mm		+	$500\mu m$	+	
16mm	+		$355\mu m$		
11.2mm			$250\mu m$	+	
8mm	+		$180\mu m$		+
5.6mm		+	$125\mu m$	+	
4mm	+		$90\mu m$		
2.8mm			$63\mu m$	+	+

试验筛有三个标准直径，即 450mm、300mm、200mm。如图 4.8 所示，对于每个筛孔直径，都有一个盖子和一个接收盘。表 4.6（a）列出了每种孔径通常使用的筛子直径。选择的直径应与要筛分的物料数量相适应。通常，在更换直径更小的筛网之前，应当立即清理筛孔上的物料。

4.5.6　筛子的校准和检查

1. 校准

孔径至少为 6.3mm 的带孔金属板试验筛网应每年至少校准两次（取决于使用情况），方法

图 4.8　试验筛（照片由冲击试验
有限公司提供）

是使用游标卡尺测量选定的孔径。测量模式应符合 BS 410，沿直角直径覆盖两排孔，并沿对角线方向覆盖一排。应测量每个孔的长度和宽度，并记录到最接近的 0.05mm。如果所有孔的尺寸都在 BS 410 给出的最大公差范围内，则筛子是合适的，否则应更换。

孔径尺寸小于 6.3mm 的试验筛（包括所有金属丝网筛）可以通过使用干燥的基准材料校准，该基准材料先通过工作筛，然后通过基准筛进行筛分。必须使用机械振动筛进行受控筛分程序。如果保留在任何工作筛上的质量与相应参考筛上保留的质量相差超过 5%，则应更换该工作筛。

参照材料应该是由圆形或亚圆形颗粒的干燥石英砂。每个筛孔尺寸适用不同的部分，并且每个被检查的筛上应保留约 50%。或者，可以使用人工参考样品（例如玻璃球）。

2. 例行检查

每次使用前，应检查试验筛是否有缺陷。应定期进行较为详细的检查，以检查网眼中是否有磨损、翘曲、撕裂、裂痕、孔眼、堵塞和任何其他缺陷的迹象。还应检查筛框是否损坏，并确保正确嵌套。一套筛子的盖子和接收器应包括在检查中。

4.6 筛分程序

4.6.1 简单干筛分 (BS 1377-2：1990：9.3)

1. 范围

干筛分是所有粒径分析方法中最简单的方法。此处将对使用的设备、试验程序和计算方法进行详细说明，因为它们与所有其他筛分方法有关，并且在湿筛分方法中洗涤后使用。

根据英国标准，干筛分只能用于与湿筛分相同结果的物料。这意味着它只适用于干净的颗粒状材料，通常指干净的砂质或砾石质土，即含有很少数量的粉砂或黏粒大小颗粒的土。通常，所有土应遵循湿筛分程序（第 4.6.4 节）。

如果存在大量中等或更大的砾石颗粒，则初始尺寸的样品可能需要在某些阶段必须进行碾压，以将样品减小至可控尺寸以进行细筛，这个过程称为复合筛分，请参见第 4.6.2 节。

2. 仪器

（1）符合 BS 410 的试验筛。表 4.6（a）中列出了 BS 1377：1990 中指定的孔径。每个直径的一组筛子需要一个盖子和一个接收器。每个直径各保留一组用于干筛分，而另一组用于湿筛分。第 4.5.5 节给出了筛选择的意见。

（2）机械振动筛（可选），最好带有定时装置。

（3）与要使用的物料质量相适应的天平。

（4）槽盒。

（5）干燥箱。

（6）筛刷：双头，采用黄铜或尼龙硬毛。

（7）金属托盘。

（8）橡胶杵和研钵。

（9）铲子和其他小工具。

（10）筛分分析表（图 4.9）。

土筛分分析(湿筛分*/干筛分*)

工作：2567   操作者：A.B.史密斯

样本编号：3/12   日期：1978-12-06

地点：埃尔姆布里奇   深度：3.75m   描述：浅棕色细到中砂

干样品总质量：500g

BS试验筛尺寸	保留质量(g)	保留质量(g)	总保留质量	保留百分比(%)	总通过率(%)	意见
75mm						
63mm						
50mm						
37.5mm						
28mm						
20mm						
通过 20mm						

通过20mm的样品

	(g)	(g)		(%)	(%)	
14mm						
10mm						
6.3mm						
通过 6.3mm						

通过6.3mm的样品500g

	(g)			(%)	(%)	
5mm						
3.35mm						
2mm						
1.18mm	0			0	100	
600micron	20			4	96	
425micron						
300micron	170			34	62	
212micron						
150micron	235			47	15	
63micron	71			14.2	0.8	
通过 63micron	3.5			0.7		
总计	499.5			99.9		

*删掉不合理的数据

图 4.9　筛分数据表

3. 步骤阶段

（1）选择并准备试样；

（2）烘箱干燥、冷却、称重；

（3）选择筛子；

（4）进行筛分；

（5）称量每个尺寸土的重量；

（6）计算通过每种尺寸筛子的累计百分比；

（7）绘制颗粒级配曲线；

（8）报告结果。

筛分过程如图4.10所示。

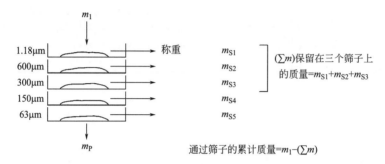

图4.10　简单的干筛顺序图

4. 试验步骤

（1）筛选

用于试验的样品是通过圆锥四分法（第1.5.5节）从原始样品中分离而得。合适的最小材料量取决于存在的最大颗粒尺寸，如表4.5所示。另请参见第4.5.2节。

（2）干燥和称重

将样品放在托盘上，并在保持105～110℃的烘箱中干燥（最好过夜）。干燥至恒重后，将整个样品冷却并称重，其精度应小于或等于总质量（m_1）的0.1%。

（3）筛子的选择和组装

如第4.5.5节所述，选择要使用的筛子以适合样品的大小和材料类型。在本例中，使用了标准筛［表4.6（a）］中的5个筛子。

每次使用前，请检查每个筛子是否存在缺陷，例如撕裂、裂口或大孔。确保筛框是完好的，并确保它们紧密贴合，以防止颗粒和粉尘逸出。筛子嵌套在一起，顶部是最大孔径的筛子，底部是最小孔径筛子的接收盘。

（4）筛分

将干土样品放在最上面的筛子中，摇动足够长的时间，以使所有小于每个孔径的颗粒都通过。如下面①所述，这可以通过使用机械振动筛最方便地实现。如果没有振动筛，则可以手动筛分，如②所述，分别使用每个筛子进行筛分。在③中给出了适用于这两种方法的筛分程序的一般说明。

① 使用机械振动筛　将装有接收盘的筛子整个放在振动筛中，将干土放在顶部的筛子中，然后将其装上盖子。筛网牢固地固定在机器上（图 1.21 和图 1.22）。振动筛中的摇动至少应持续 10min。一些振动筛具有内置的计时装置，可以对其进行预设，以便在所需时间段后自动关闭电动机。

② 手筛　要使用的最大孔径的筛子装有接收器，将干样品放在筛子上。应装上盖子以防止粉尘逸出。必须通过摇动搅拌筛子，以使颗粒以不规则运动滚动，直到没有更多的颗粒通过开口为止。

接收器中的物料被转移到一个托盘上，接收器被安装到该系列的下一个筛子上。重复此过程，使用托盘中的材料，依次遍及所有要使用的筛子，直到 63μm 筛。

前述步骤是理想的，但是在实践中，通常可以将几个筛子嵌套在一起以进行摇动。

每个筛上应保留的最大质量　　　　　　　　　　表 4.7

筛孔	最大质量		
	直径 450mm 的筛	直径 300mm 的筛	直径 200mm 的筛
	（kg）	（kg）	（g）
50mm	10	4.5	
37.5mm	8	3.5	
28mm	6	2.5	
20mm	4	2.0	
14mm	3	1.5	
10mm	2	1.0	
6.3mm	1.5	0.75	
5mm	1.0	0.5	
3.35mm			300
2mm			200
1.18mm			100
600μm			75
425μm			75
300μm			50
212μm			50
150μm			40
63μm			25

③ 步骤说明　无论是在机器中摇动还是用手摇动，都必须确保在每个阶段完成筛分。另一方面，必须避免过长的筛分时间，因为这将使颗粒有更多的机会穿过可能略微过大的任何开口。英国标准规定了最短筛分时间为 10min，但是为了获得一致的结果，标准做法是最长筛分时间为 15min 或 20min。

应该检查保留在每个筛子上的材料，以确保仅保留单个粒级。非天然胶合在一起的任何颗粒的团聚都应在研钵中用橡胶杵将其粉碎并重新筛分。在较大孔径的筛子上，可以用手放置单个颗粒，但不得将其推入。

筛子不得超载。每个筛子上保留的质量不得超过表 4.7 中给出的质量。为防止过载，在筛分之前，应将较大的试验样品分为两部分或更多部分。个别超载筛子上的物料应分为不超过表 4.7 中质量的部分，并分别筛分。

在连续使用的情况下，磨损可能导致筛子材料（金属板或金属丝网）磨损，从而导致孔尺寸增大。定期检查应作为第 4.5.6 节中描述的常规校准程序的一部分。

5. 称重

保留在每个筛子上的物料依次转移到合适天平的秤盘上或称重的容器中。残留在筛孔中的任何颗粒都应使用筛刷小心清除，首先将筛倒置放在托盘或干净的纸上。将这些颗粒添加到保留在筛子上的那些颗粒上。

每个尺寸分数的称量精度应为初始试验样品总质量的 0.1% 或更高，将保留的质量相对于粒径试验工作表上的筛孔大小记录下来（图 4.9）。测量并记录通过 $63\mu m$ 筛的质量（m_p）。作为检查，计算保留在每个筛上的质量和质量 m_p 的总和。如果该总数与初始干重相差超过 1%，应该重复步骤 4 和步骤 5。

在这个例子中，通过使用 $500g$ 的初始样品质量使计算方法变得简单，这比通常用于这类材料的样品质量要多。$300\mu m$ 和 $150\mu m$ 筛上所显示的质量超过了表 4.7 中给出的质量，因此这些物料应该按照步骤 4（4）③中所描述的说明进行筛分。

6. 计算

为了绘制粒径分布曲线或将数据制成表格，有必要计算出比每个筛孔尺寸还细的颗粒累计质量百分比（按质量计），即通过各筛孔。这可以通过以下两种方式完成：

（1）英国标准方法　每个筛子上保留的质量表示为初始样品质量（m_1）的百分比，然后通过减去依次保留的每个百分比来计算通过每个筛子的百分比。该过程总结在表 4.8 的左侧部分中，并通过算例 4.1 中的示例进行了说明（顶部）。请注意，在第一次筛分后，由于我们正在计算累计百分比，因此必须从先前通过的百分比（P_n-1）中减去每个保留的百分比（R_n），而不是从 100 中减去。

（2）替代方法　从初始质量（m_1）中减去保留在第一个筛子上的质量，得出通过第一个筛子的质量。从通过前一个筛子的质量中减去保留在每个后续筛子上的质量，得到通过每个筛子的质量。然后，每个通过的质量表示为初始质量的百分比。表 4.8 的右半部分概述了该过程，算例 4.1 中的工作示例对此进行了说明（底部）。

简易干筛：计算方法（初始试样质量＝m_1）　　　　　　表 4.8

筛	方法（1）			方法（2）	
	剩余质量	剩余量(%)	剩余量(%)	通过质量	通过量(%)
			100	m_1	100
1.	m_{s1}	$\dfrac{m_{s1}}{m_1}\times100=R_1$	$100-R_1=P_1$	$m_1-m_{s1}=a$	$\dfrac{a}{m_1}\times100$
2.	m_{s2}	$\dfrac{m_{s2}}{m_1}\times100=R_2$	$P_1-R_2=P_2$	$a-m_{s2}=b$	$\dfrac{b}{m_1}\times100$

156

筛	方法(1)			方法(2)	
	剩余质量	剩余量(%)	剩余量(%)	通过质量	通过量(%)
3.	m_{s3}	$\dfrac{m_{s3}}{m_1}\times100=R_3$	$P_2-R_3=P_3$	$b-m_{s3}=c$	$\dfrac{c}{m_1}\times100$
4.	m_{s4}	$\dfrac{m_{s4}}{m_1}\times100=R_4$	$P_3-R_4=P_4$	$c-m_{s4}=d$	$\dfrac{d}{m_1}\times100$
	……		……		……

方法（2）优选为：

① 比较通过最后一个筛子的计算质量和测量质量，可以检查称量和算法。

② 连续减去观察到的读数，而不是计算出的百分比。倾向于舍入后者，这可能导致累积误差。

两种计算过程均通过算例 4.1 中给出的示例显示。经过 $63\mu m$ 筛分的计算质量与称量质量之间的差小于 0.5g。如果差异较大，则应重新检查计算结果，并在必要时重新称重。

7. 绘图

第 4.3.4 节中提及的特殊图形表用于绘制粒径分布曲线。在该纸上，筛子尺寸用垂直虚线标记。将小于任何给定尺寸的百分比（即通过每个筛子的百分比）相对于筛子孔径的大小绘制为纵坐标，以线性比例表示，并且这些点通过平滑曲线或直线连接。算例 4.1 中示例的曲线如图 4.11 所示，并且计算得出的通过百分比相对应于每个绘制的点。请注意，绘制的第一个点表示 100％通过。

可以在一张纸上绘制几条粒径分布曲线，但是绘制的点和连接线应使用不同的符号。如图 4.5 和图 4.6 中的示例所示，应清楚地标记每条曲线。一张纸上最多可以方便地绘制多达 4 个粒径分布曲线。

8. 报告结果

除了粒径分布曲线和通常的样品鉴定数据外，该表还应包括样品的视觉描述。筛分前除去的任何物质，例如植被或孤立的鹅卵石，均应报告。

有时需要列数据表来显示通过每个筛子的百分比，而不仅有分布曲线。图 4.11 给出了一个示例，并给出了示例说明。

根据 BS 1377-2：1990：9.3，试验方法报告为干筛。

4.6.2　复合筛

1. 范围

上面描述的简单过程仅应用于干净的砂，或其他土被洗过后如砂一样大小的部分。

当砂砾的数量可观时，有必要从一个大样品开始，然后在某一阶段将其细分，以得到一个更小的样品，当使用更细的筛网时，更易于处理。这个过程在这里被称为复合筛分。所需样品的质量最初取决于最大颗粒的大小，如表 4.5 和图 4.7 所示。对于某些材料，可

方法(1)：过筛百分比*n*=过筛百分比(*n*–1)–保留在筛上的百分比*n*			
筛子尺寸(mm)	保留质量(g)	保留百分比(%)	通过百分比(%)
1.18	0	0	100
0.600	20	$\frac{20}{500}\times100=4$	100–4=96
0.300	170	$\frac{170}{500}\times100=34$	96–34=62
0.150	235	$\frac{235}{500}\times100=47$	62–47=15
0.063	71	$\frac{71}{500}\times100=14.2$	15–14.2=0.8
通过(m_p)	3.5		(检查：$\frac{3.5}{500}\times100=0.7\%$)

方法(2)：过筛质量*n*=过筛质量(*n*–1)–保留在筛上的质量*n*			
筛子尺寸(mm)	保留质量(g)	累计通过质量(g)	通过百分比(%)
1.18	0	500–0=500	100
0.600	20	500–20=480	$\frac{480}{500}\times100=96$
0.300	170	480–170=310	$\frac{310}{500}\times100=15$
0.150	235	310–235=75	$\frac{75}{500}\times100=1.5$
0.063	71	75–71=4	$\frac{4}{500}\times100=0.8$
通过(m_p)	3.5	(相差量 4–3.5=0.5)	

算例 4.1　计算程序，简单干筛（NB 初始质量 $m_1=500\mathrm{g}$）

能有必要细分两次，甚至三次。每个筛分必须使用第 1.5.5 节中所述的程序，通过适当的锥度和四分法进行划分，并避免较大颗粒的分离。以下使用"分离"一词表示通过任何适当方法对样品进行细分。

如 BS 1377 所述，可以在通过 20mm 和 6.3mm 筛子后进行筛分，以减少样品的量，但有时更合适的做法是在通过 5mm 或 2mm 筛子后进行第二次分离。分离的点无关紧要，但应判断其是否适合被测样品。无论如何，在更换成更小直径的筛子之前先进行分离是很方便的。

复合筛分的过程如图 4.12 所示，出于说明的目的，省略了一些筛子，并提供了通过 20mm 和 2mm 筛子后进行复筛的步骤。

2. 仪器

所需设备与第 4.6.1 节中列出的用于简单干筛的设备相同。另外，需要两个大的金属托盘在其上混合 1/4 材料。

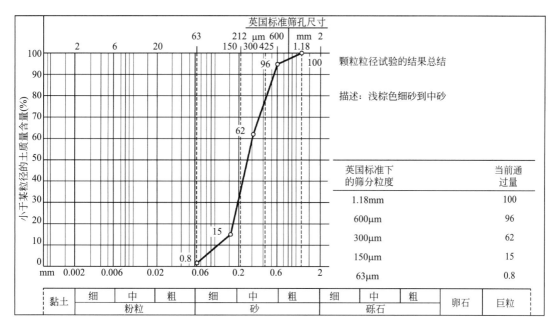

图4.11 粒度试验结果和分布曲线

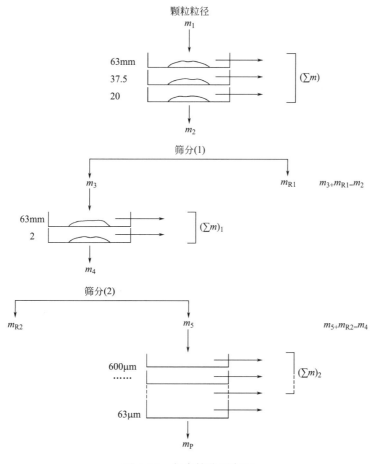

图4.12 复合筛分顺序图

159

3. 程序

最初的干式筛分过程，使用粗粒度尺寸筛到 20mm 孔径，类似于简单筛分（第 4.6.1 节）。必须避免单个筛子超载（表 4.7）。筛分既可以用手摇，也可以用振动筛。将通过 20mm 筛的物料收集起来称重，然后再将它调整到便于剩余筛子的尺寸，并在进行之前仔细称量。采用较小目的筛子对筛余部分进行简单筛分。如果通过 2mm 筛时土的质量明显大于 150g，则需要进行第二次筛分。

4. 计算方式

如简单筛分（第 4.6.1 节）所述，计算出过筛前通过每个筛子的百分比。分离后，将按以下说明修改计算。使用以下符号：

样品初始质量＝m_1；

通过 20mm 筛的土质量＝m_2；

m_2 中用于后续筛分的质量＝m_3；

通过 2mm 筛的土质量＝m_5；

m_5 中用于后续筛分的质量＝m_6。

方法（a）

筛分后保留在每个筛网上的质量必须通过乘以系数 m_2/m_3 进行校正，以得到筛分前的等效质量。然后，将保留的校正质量表示为 m_1 的百分比，和以前一样，通过连续减法计算通过每个筛子的百分比。第一次计算是减去通过 20mm 筛网的百分比。

如果需要进行第二次筛分（在本例中为通过 2mm 筛网之后），则必须同时等于 m_5/m_6 作为校正因子，以使保留的每个质量乘以：

$$\frac{m_2}{m_3} \times \frac{m_5}{m_6}$$

后再按上述方法计算通过百分比。

算例 4.2 中总结了该过程。

方法（b）

m_3 减去筛后保留在第一个筛上的质量，得到通过第一个筛的质量。从通过前一个筛子的质量中减去保留在后一筛子上的质量，然后将通过每个筛子的质量乘以系数 m_2/m_3，以得出校正的质量通过百分比，然后将其表示为初始质量 m_1 的百分比。

如果需要进行第二次筛分，则步骤与之类似，只是通过每个筛子的质量乘以：

$$\frac{m_2}{m_3} \times \frac{m_5}{m_6}$$

获得校正的质量通过百分比。

该过程总结在表 4.9 中，并通过算例 4.2 示例说明。

第 4 章　颗粒粒径

复合筛分：计算方法（a）（最初的样品质量＝m_1） 　　　　　　　　　　**表 4.9**

粒径	剩余质量	修正的剩余质量	剩余百分比（%）	通过百分比（%）
				100
1.	m_{s1}	m_{s1}	$\dfrac{m_{s1}}{m_1} \times 100 = R_1$	$100 - R_1 = P_1$
2.	m_{s2}	m_{s2}	$\dfrac{m_{s2}}{m_1} \times 100 = R_2$	$P_1 - R_2 = P_2$
	……			
20mm				$P(20)$
第一次筛分 粒径 5 通过质量＝m_2 筛分后质量＝m_3			$\dfrac{m_2}{m_3} = x$	
6.	m_{s6}	$x m_{s6}$	$\dfrac{x m_{s6}}{m_1} \times 100 = R_6$	$P(20) - R_6 = P_6$
7.	m_{s7}	$x m_{s7}$	$\dfrac{x m_{s7}}{m_1} \times 100 = R_7$	$P_6 - R_7 = P_7$
8.	m_{s8}	$x m_{s8}$	$\dfrac{x m_{s8}}{m_1} \times 100 = R_8$	$P_7 - R_8 = P_8$
	……			
10.				$P(10)$
第二次筛分 粒径 10 通过质量＝m_5 筛分后质量＝m_6			$\dfrac{m_5}{m_6} x = y$	
11.	m_{s11}	$y m_{s11}$	$\dfrac{y m_{s11}}{m_1} \times 100 = R_{11}$	$P_{10} - R_{11} = P_{11}$
12.	m_{s12}	$y m_{s12}$	$\dfrac{y m_{s12}}{m_1} \times 100 = R_{12}$	$P_{11} - R_{12} = P_{12}$
13.	m_{s13}	$y m_{s13}$	$\dfrac{y m_{s13}}{m_1} \times 100 = R_{13}$	$P_{12} - R_{13} = P_{13}$
	……		……	……
$63\mu m$	$m(63)$	$y m(63)$	$\dfrac{y m(63)}{m_1} \times 100 = R(63)$	$P_n - R(63) = P(63)$
通过 $63\mu m$	m_p	检查：	$\dfrac{y m_p}{m_1} \times 100$ 应等于	$P(63)$

　　或者，可以将分离后保留在每个筛子上的质量乘以合适的筛分系数，然后像先前的筛分计算一样从先前通过的质量中减去。

　　该示例的分布曲线在图 4.13 中给出，并指示了筛分的位置。这种材料是带有卵石的砂子和砾石，几乎没有淤泥。如果存在超过 63mm 大小的卵石，要求使用较大的样品，但在此示例中未包括洗涤。

颗粒粒径	剩余质量(g)	累计质量通过(g)	通过百分比	
75mm	0	$m_1=15000$		100%
63mm	300	15000−300=14700	$\dfrac{14700}{15000}\times100$	=98.0%
37.5mm	900	14700−900=13800	$\dfrac{13800}{15000}\times100$	=92.0%
20mm	1250	13800−1250=12550=m_2	$\dfrac{12550}{15000}\times100$	=83.7%
		↓		
		筛分(1)		
		$m_3=2275$ (10275)=m_{R1}		
6.3mm	550	2275−550=1725	$\dfrac{1725}{2275}\times\dfrac{12550}{15000}\times100$	=63.4%
2mm	450	1725−400=1275=m_5	$\dfrac{1725}{2275}\times83.7$	=46.9%
		↓		
		筛分(2)		
		$m_6=200$ (1075)=m_{R2}		
600μm	90	200−90=110	$\dfrac{110}{200}\times\dfrac{1275}{2275}\times\dfrac{12550}{15000}\times100$	=25.8%
212μm	67	110−67=43	$\dfrac{43}{200}\times46.9$	=10.1%
63μm	39	43−39=4	$\dfrac{4}{200}\times46.9$	=0.9%
通过63μm	$m_P=4$			

算例4.2 复合筛分计算［方法（2）］

4.6.3 鹅卵石

复合筛分的一个极端示例是对包含大块鹅卵石或巨石（例如河流阶地沉积物）的非黏性材料的粒径分析。对于这种类型的材料，可能需要从试验坑中挖出的一吨或几吨组成的样品开始。所需数量可从图4.7评估。该过程如图4.14所示。

挖掘材料时，将其放置在平台或防水油布上，大于75mm的碎片放在一起。如有必要，刷掉附着的细颗粒后，再混入原样品。

大鹅卵石通过一系列方形木或金属框架进行尺寸测量。合适的孔径尺寸为100mm、150mm、200mm、300mm、400mm，必要时甚至更大。每个尺寸范围均使用250kg的平台秤在现场称重。必须将平台秤安装在坚固的水平底座上，并保护秤免受烈日、风或雨的侵袭。

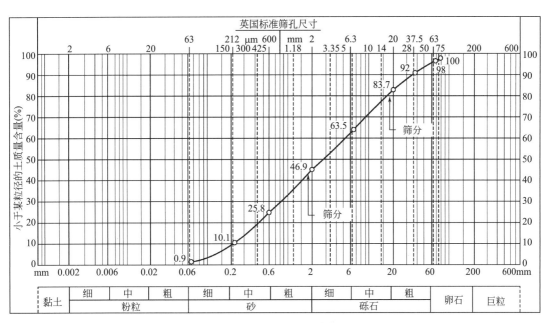

图 4.13　分布曲线（复合筛分）

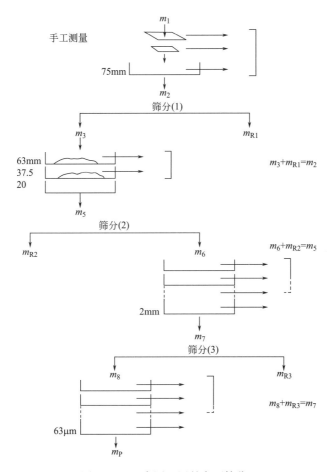

图 4.14　程序图（用鹅卵石筛分）

主要样品在平台秤上分批称重。如果可行，应重复整个称量操作，以确保获得的整个样品的总质量没有错误。如果出于所有实际目的，该材料是干燥的，则可以立即计算每个鹅卵石和巨石尺寸的百分比。如果不是，则必须稍后对水分含量进行校正以获得总干重。

然后，可以用大的分土器或圆锥四分取样法对由小于 75mm 颗粒（通常称为"减去 75mm 材料"）组成的主要样品进行分离。应通过目视检查，检查最大颗粒是否已按代表性比例分配。需要至少 50kg 的分离样品。为方便起见，应将其放在两个或多个带衬里的麻袋或包中，以转移到主要实验室。每个包不应太重以免一个人不能搬运。必须避免运输途中细颗粒的泄漏或丢失，因此，不加衬里的粗麻布或类似麻袋是不合适的。

其余的粒径分析可以在实验室中进行，使用的是经过分离的样品。在后续阶段将需要进一步细分。书中没有列出示例，但是步骤和计算与第 4.6.2 节中描述的相似，在每个分离阶段的计算中都留有余地。如果对细粒部分进行了沉降试验，则可以绘制出从鹅卵石或巨石到黏土尺寸的完整粒径分布曲线。

复合筛分：计算方法（b）（最初的样品质量＝m_1）　　　　表 4.10

粒径	剩余质量	通过质量	修正后的通过质量	通过百分比（%）
		m_1	m_1	100
1.	m_{s1}	$m_1 - m_{s1} = (a)$	(a)	$\dfrac{(a)}{m_1} \times 100$
2.	m_{s2}	$(a) - m_{s2} = (b)$	(b)	$\dfrac{(b)}{m_1} \times 100$
	……			
5.				
第一次筛分 粒径 5 通过质量＝m_2 筛分后质量＝m_3			$\dfrac{m_2}{m_3} = x$	
6.	m_{s6}	$m_3 - m_{s6} = (f)$	$x(f)$	$\dfrac{x(f)}{m_1} \times 100$
7.	m_{s7}	$(f) - m_{s7} = (g)$	$x(g)$	$\dfrac{x(g)}{m_1} \times 100$
8.	m_{s8}	$(g) - m_{s8} = (h)$	$x(h)$	$\dfrac{x(h)}{m_1} \times 100$
	……			
10.				
第二次筛分 粒径 10 通过质量＝m_5 筛分后质量＝m_6			$\dfrac{m_5}{m_6} = y$	
11.	m_{s11}	$m_5 - m_{s11} = (k)$	$xy(k)$	$\dfrac{xy(k)}{m_1} \times 100$
12.	m_{s12}	$(k) - m_{s12} = (l)$	$xy(l)$	$\dfrac{xy(l)}{m_1} \times 100$
13.	m_{s13}	$(l) - m_{s13} = (m)$	$xy(m)$	$\dfrac{xy(m)}{m_1} \times 100$

续表

粒径	剩余质量	通过质量	修正后的通过质量	通过百分比(%)
	......			
		(q)		
63μm	$m(63)$	$(q)-m(63)=(z)$		$P(63)$
通过 63μm	m_p	检查：m_p 应等于(z)		

4.6.4　湿筛——细的非黏性土（BS 1377-2：1990：9.2）

1. 范围

如果土中含有粉土或黏土或两者兼有，即使是少量，也必须进行湿筛分程序以测量存在的细粒物料的比例。湿筛分程序应始终用于土，并且是 BS 1377 中的权威方法。即使在干燥的情况下，细颗粒的粉土和黏土也可以粘附在砂粒大小的颗粒上；即使长时间使用也无法通过干筛分离。洗涤是确保细粉土完全分离以可靠评估其百分比的唯一可行方法。如果存在黏土，或者有迹象表明颗粒粘在一起，则应在洗涤之前将材料浸入分散剂溶液中，如第 4.6.6 节中土的类别（2）所述。

下面将对包含很少或没有砾石的非黏性土进行详细描述。

2. 仪器

关于简单筛分（第 4.6.1 节），增加以下内容：

（1）蒸发皿。

（2）连接到水龙头的橡胶管，在另一端安装喷雾器，例如小喷壶（图 4.15）。

3. 程序阶段（非黏性土）

（1）选择并准备试样

（2）烘箱干燥，晾干，称重

（3）洗净 2mm 和 63μm 的筛网

（4）干燥残留物

（5）称重

（6）使用筛网筛分

（7）称量每个筛网上的剩余质量

（8）计算通过每个筛网的百分比和细度的百分比

（9）绘制渐变曲线

（10）报告结果

该过程如图 4.16 所示。

图 4.15　使用 63μm 筛网清洗土样

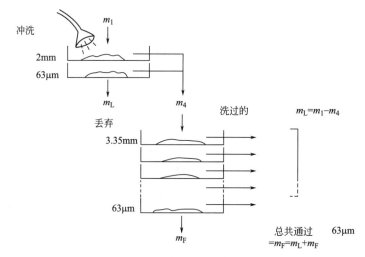

图 4.16　程序图（湿法筛分）

4. 试验步骤

（1）选择和准备（对于干筛见第 4.6.1 节）

（2）烘箱干燥，冷却和称重

对于干筛。必须仔细测量和验证总的初始干质量（m_1），因为细砂将被冲走，并且它们的质量由差值确定。由于是干筛，因此不会进行总体添加检查。

（3）清洗

2mm 的筛网嵌套在 $63\mu m$ 的筛网中，但不使用盖子和接收器。如果土中含有大量的粗砂或中砂，则可以包括一个附加的中间筛网，以防止 $63\mu m$ 筛网过载。

每次将土一点一点地放在 2mm 的筛网上，并用喷射水或喷雾的清水在水槽上洗涤。通过 $63\mu m$ 筛网的粉土和黏土被弃掉。将 2mm 筛网上的物料洗净后，继续在 $63\mu m$ 筛网上洗涤，直到看见废水变清澈为止。

在此操作过程中，切勿让筛网土过多或水溢出。保留在 $63\mu m$ 筛网上的土质量一次不得超过 150g。表 4.7 给出了可以保留在每个筛网上的建议最大数量。如果可能超过此值，则应将物料分为两部分或更多部分进行筛分。

如第 1.6.6 节所述，用于该操作的水槽应装有一个泥砂收集器。

（4）干燥

沥干每个筛网上的全部物料，然后小心转移到托盘或蒸发皿上。将它们放在 105～110℃烘箱中干燥，最好过夜。

（5）称重

冷却后，将所有干燥的物料放在一起并称重（m_4），精度为 0.1%。

（6）筛分

干燥的土穿过整个筛网的孔隙，以覆盖存在的颗粒大小，直至 $63\mu m$ 的筛网。可以完全按照干筛过程中的步骤（第 4.6.1 节）手动或优先在筛机上进行此操作。

如果通过 2mm 筛的颗粒较多，即明显大于 150g，则应准确称重，然后再细分为 100～150g 样品，如复合筛分所述（第 4.6.2 节）。

（7）称重

称重保留在每个筛网上的部分，每个部分的精度为干燥土总质量的 0.1%。

（8）计算

通过每个筛网的累计百分比的计算方法与简单筛分相同（第 4.6.1 节第 6 阶段，使用方法（A）或方法（B））。请注意，百分比必须表示为总初始干燥质量（m_1）的百分比，而不是洗涤后的质量（m_4）。

洗涤过程从材料上除去了黏土和细粉尘颗粒，但由于水的表面张力作用，一些仅比 $63\mu m$ 筛网稍小的颗粒可能会保留在该筛网上。在随后的干筛中，这些颗粒通过了 $63\mu m$ 的筛网，并且这种细颗粒物质的存在并不一定意味着洗涤不充分。

因此，细粒（即通过 $63\mu m$ 筛的物料）的总 m_T 包括两部分的原始样品：（1）洗涤过程中的损失量（m_L）；（2）干燥过筛时通过 $63\mu m$ 筛的筛量（m_p）。洗涤的质量损失由差值计算：

$$m_L = m_1 - m_W$$

通过称重确定干筛出细粒的质量 m_F。骨料的总重是这两部分的总和：

$$m_T = m_L + m_F$$

这可以对筛分计算进行检查，因为 m_T 应该等于通过 $63\mu m$ 筛网的计算累计质量。

细度百分比可以直接计算，等于：

$$\frac{m_T}{m_1} \times 100\%$$

（9）～（10）使用方法（A）和方法（B）对不需要粗磨的粉质细—粗砂的计算在算例 4.3 中给出，其级配曲线如图 4.17 所示。

初始干质量，m_1			500g	
在60μm筛网上洗后的干质量，m_4			370g	
洗后的质量损失，m_L			130g	
颗粒粒径	剩余质量	剩余百分比	累计通过质量	通过百分比
3.35mm	0	0	500	100%
2	20	4	$\dfrac{-20}{480}$	$\dfrac{480}{500} \times 100 = 96\%$
1.18	35	7	$\dfrac{-35}{445}$	$\dfrac{445}{500} \times 100 = 89\%$
600μm	60	12	$\dfrac{-60}{385}$	$\dfrac{385}{500} \times 100 = 77\%$
212	145	29	$\dfrac{-145}{240}$	$\dfrac{240}{500} \times 100 = 48\%$
63	100	20	$\dfrac{-100}{140}$	$\dfrac{140}{500} \times 100 = 28\%$
通过63μm	$m_F = 10$		$m_L =$ 130	28%
			$m_F =$ 10	
			$m_T =$ 140	

算例 4.3　简单的湿法筛分计算

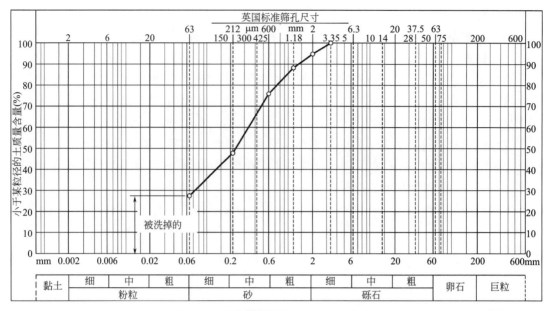

图 4.17　颗粒级配曲线（简单湿法筛分）

4.6.5　湿筛——砾石土（非黏性）（BS 1377-2：1990：9.2）

1. 程序简介

如果样品中含有粗糙的砾石和卵石尺寸的颗粒，则需要一个较大的样品（15kg 或更大）。将物料干燥并称重（总质量 m_1）后，放在直径 20mm 的大直径筛网上过筛，一次取一部分，以避免筛网超负荷（表 4.7）。如有必要，可以用刷子刷洗或清洗残留的颗粒，以去除可能粘附在其上的细颗粒，但不得分解单个颗粒。干燥后，保留在 20mm 筛网上的材料如果需要的话，再用适当的较大孔径的筛网筛分，并称量每个筛网上的残留量。如有必要，保留去除的细粉并干燥。

称重通过 20mm 筛网的部分，加上刷下的较大颗粒，称重 m_2，并细分为一个合适的质量（例如 2kg），用 m_3 表示。然后，按照第 4.6.4 节第 3 步所述，用嵌套在 $63\mu m$ 筛中的 2mm 筛洗涤该材料，再按照第 4、5 步进行干燥和称重（质量 m_4）。该过程如图 4.18 所示。

然后使用干筛方法将洗涤后的土过筛，并称重剩余部分。如果通过 6.3mm 或 2mm 筛网的质量约为 150g，将土筛分到剩余的筛网上，筛至 $63\mu m$ 筛网，然后称重各部分，如第 4.6.1 节中干筛所述。通过 $63\mu m$ 筛网的细料质量用 m_F 表示。

如果通过 6.3mm 或 2mm 筛目物料质量明显大于 150g，则按照第 4.6.2 节中的说明使用细筛之前必须先进行筛分。分离前后的质量分别用 m_5 和 m_6 表示。然后，将分离过的样品过筛到其余的筛网上，并称重每一部分，如第 4.6.4 节的步骤 6 和 7 所示。现在，通过 $63\mu m$ 筛的任何细料的质量都用 m_E 表示。

2. 计算方式

即使样品很大并且最初以 kg 为单位称重，但是如果所有质量都以 g 表示，则计算也

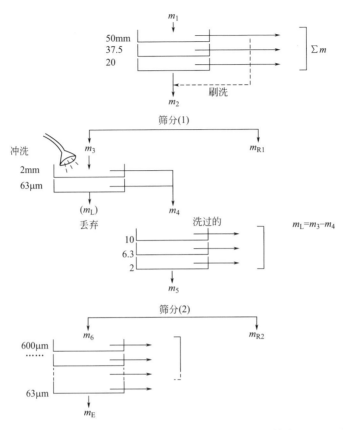

图 4.18 程序图（含砾石的非黏性土的湿法筛分）

是非常简单的。如前所述，计算保留在 20mm 及更大尺寸筛网上的百分比。

在 $63\mu m$ 筛上进行筛分和洗涤后，通过乘以 m_2/m_3（而不是 m_2/m_4）来校正留在（方法 A）或通过（方法 B）每组下一组筛上的质量，如前所述。通过每个筛网的累计质量可以表示为 m_1 的百分比。

在图 4.18 所示过程中，必须通过两部分来计算通过 $63\mu m$ 筛网的细颗粒总量，包括第一次离心后洗涤所损失的质量 m_L（等于 m_3-m_4）和第二次筛分后，物料通过 $63\mu m$ 筛网的少量细颗粒 m_E。

必须通过乘以比率 m_2/m_3 来校正前者，使其与原始样品质量 m_1 有关。必须首先将后者校正为与 m_3 有关，然后与 m_1 有关，即因素是：

$$\frac{m_5}{m_6} \times \frac{m_2}{m_3}$$

原始样品中细粒的总质量 m_T 由下式给出：

$$m_T = \left(m_L \times \frac{m_2}{m_3}\right) + \left(m_E \times \frac{m_5}{m_6} \times \frac{m_2}{m_3}\right)$$

式中，$m_L = m_3 - m_4$。

因此，与 m_1 相关的整个样本中的细度百分比等于：

$$\left[m_L + \left(m_E \times \frac{m_5}{m_6}\right)\right] \times \frac{m_2}{m_3} \times \frac{100}{m_1}\%$$

如果不需要第二步，则在上式中 $m_6 = m_5$，m_E 替换为 m_F。整个样本中的细度百分比等于：

$$(m_L + m_F) \times \frac{m_2}{m_3} \times \frac{100}{m_1}\%$$

算例 4.4 中给出了一个使用方法（B）进行计算的示例，所得到的颗粒级配曲线如图 4.19 所示。在该示例中，筛分后进行洗涤。在第 4.6.7 节中给出了第一次分离之前的洗涤程序。

| | | | | 初始质量 m_1=20kg=20000g | |
颗粒粒径	剩余质量	通过质量	通过的总质量	通过百分比	
75mm	0	m_1=20000		100%	
50mm	1000	$\dfrac{-1000}{19000}$		$\dfrac{19000}{20000} \times 100$=95.0%	
37.5mm	800	$\dfrac{-800}{18200}$		$\dfrac{18200}{20000} \times 100$=91.0%	
20mm	2200	$m_2=\dfrac{-2200}{16000}$		$\dfrac{16000}{20000} \times 100$=80.0%	
		筛分			
		m_3=2400　　=13600=m_{R1}			
		在63μm筛网上洗 (m_L=400丢弃)			
		m_4=2000　　　　　2400			
10mm	410	$\dfrac{-410}{1590}$	$\dfrac{-410}{1990}$	$\dfrac{1990}{2400} \times \dfrac{16000}{20000} \times 100$ =66.3%	
6.3mm	400	$\dfrac{-400}{1190}$	$\dfrac{-400}{1590}$	$\dfrac{1590}{2400} \times 80$ =53.0%	
2mm	420	$m_5=\dfrac{-420}{770}$　　$m_5=m_L$	$\dfrac{-420}{1170}$	$\dfrac{1170}{2400} \times 80$ =39.0%	
		筛分			
		m_6=160　　=610=m_{R2}			
		调整后的剩余质量			
600μm	73	$73 \times \dfrac{770}{160}$ =351	$\dfrac{-351}{819}$	$\dfrac{819}{2400} \times 80$ =27.3%	
212μm	51	$51 \times \dfrac{770}{160}$ =245	$\dfrac{-245}{574}$	$\dfrac{574}{2400} \times 80$ =19.1%	
63μm	29.5	$29.5 \times \dfrac{770}{160}$ =142	$\dfrac{-142}{432}$	$\dfrac{432}{2400} \times 80$ =14.4%	
通过63μm	m_E=6.4	$6.4 \times \dfrac{770}{160}$ =30.8			
检查：$(400+30.8) \times \dfrac{16000}{2400} \times \dfrac{100}{200000}$ =14.4%					

算例 4.4 含砾石的非黏性土的湿法筛分

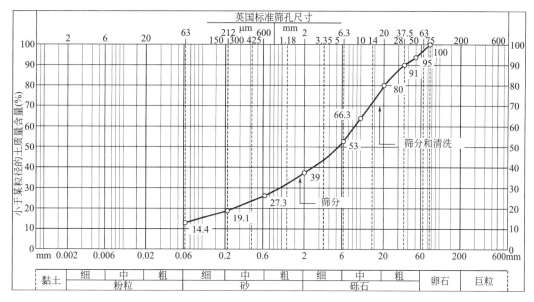

图 4.19　颗粒级配曲线（粉砂和砾石）

该示例与算例 4.2 中给出的示例相似，不同的是，粉土的存在意味着必须进行清洗。用常规方法将整个样品不先分离就洗涤，则整个样品的洗涤过程会不必要的冗长。但是，如 West 和 Dumbleton（1972）所述，可以在大型筛分机上安装附件，以便在摇动时进行清洗。此过程相对较快，适用于含少量粉土和黏土的中等砾石和砂子。

4.6.6　湿筛——黏性土

1. 范围

黏性土的粒径试验过程取决于现有的粒径范围，为此，可将黏性土分为三类：

（1）黏性土中颗粒不大于 2mm（粗砂尺寸），例如，砂质和粉质黏土。

（2）黏性土中颗粒不超过 20mm（中等大小砾石），例如，砂砾和粉质黏土。

（3）黏性较大的土，包含较大的颗粒，例如，冰川土和煤矿弃土。

前两类土将在下面介绍，第三类土在第 4.6.7 节中进行单独介绍。

2. 黏性砂土

含颗粒不大于砂粒的黏性土进行试验几乎没有困难，因为可以用相对较小的样品（100～150g）。首先对材料预处理进行沉降试验（第 4.8.1 节），然后在 63μm 筛网上洗涤。如第 4.6.1 节所述干燥保留的部分，然后过筛。收集通过 63μm 筛网的物料进行沉降分析（第 4.8.2 节或第 4.8.3 节）。

3. 含细砂砾的黏性土

带有中等大小砾石的黏性土需要约 2kg 的样本。首先将代表性样品干燥并仔细称重，然后将单独的未干燥基质材料样品（即除去了大部分砾石颗粒）放在一边，以进行第 4.8.1 节中所述的沉降预处理程序。

将干燥的代表性样品散布在托盘上，并用含 2g/L 六偏磷酸钠的水覆盖。使土静置至少 1h，并经常搅拌。这分散了黏土部分，因此黏土和粉土不会黏附到较大的颗粒上。

然后，将材料用嵌套在 63μm 筛中的 2mm 筛进行筛洗，一次洗一点，如湿筛所述（第 4.6.4 节），将所有细筛洗净以免浪费。当通过 63μm 筛网的水几乎清澈时，保留在筛网上的物料会从 20mm 以下的整个筛网中摇动干燥。称量保留在每个筛网上的物料的精确度为干土总质量的 0.1%。计算与第 4.6.4 节中给出的方法类似。但是，如果在洗涤后的某个阶段进行了筛分，则适用第 4.6.5 节中的计算。

在进行了第 4.8.5 节中提到的适当比例调整后，如果需要，可将沉降试验的等级曲线添加到筛分曲线中。等级表应包含注释，表明土已通过浸入分散剂溶液中进行了预处理。

4. 颗粒的恢复

通过回收洗涤过程中去除的细粉，可以在与筛分分析相同的土上进行沉降试验。样品应浸泡在没有六偏磷酸盐分散剂的水中。首先应循环使用用过的水，然后再使用干净的水进行最后的洗涤，以使洗涤水的量保持最小。允许将洗涤物放置几个小时，并且可以倒掉任何清水。在不超过 50℃ 的温度下通过蒸发除去大部分剩余水，直到获得所需稠度的糊状物为止。可以将其细分，并根据需要将各个部分用于沉降试验、含水率和其他试验。

4.6.7　湿筛——黏性大的土

1. 范围

本程序包括第 4.4.3 节图 4.6 中曲线 G 所表示的类型土。黏土含量虽然可能只有整体的 15%，但足以给材料足够的黏聚力，使它表现为黏土。这一类型的土包括冰碛土（卵石黏土）和煤矸石，以及任何含有粗砾石和卵石大小颗粒的黏性土。

由于以下原因，卵石黏土类型的土是最难进行粒径分析的土：

（1）砾石或鹅卵石大小的颗粒需要较大的初始样品，可能超过 20kg。

（2）因为它有黏聚力，必须用分散剂预处理，然后把细小的部分洗掉。这可能非常耗时。

（3）首先干燥整个样品没有好处，因为干燥后的黏土像砖一样硬，很难分解和去除。

（4）由于试验程序很复杂，计算没有前述那么简单。

以下程序是作者根据 BS 1377-2：1990：9.2 中概述的一般原则改编。在这种方法中，将材料在筛分之前进行洗涤。该过程如图 4.20 所示。

2. 样品选择

对于最大有效粒径，最初用于试验的样品质量不应小于如表 4.5 或图 4.7 所示的质量。如果存在大量的卵石，则需要 50kg 或更大的样本；对于黏性材料，这确实是一个大样本。所示数量与干物质有关。由于这类材料一开始就没有干燥，因此必须考虑土中存在的水量，这只能在此阶段进行估算。

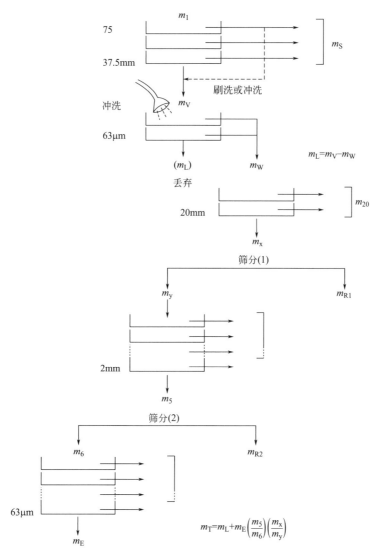

图 4.20　含砾石的黏性土筛分程序图（"泥砾"类）

3. 步骤

（1）从相同土的单独样本中取几个小样本（每个样本约 50g），分别代表样本中不同点的细小组分。将它们破碎或切碎，混合在一起，然后从该材料中预留约 100g 代表直径 2mm 以下部分的土，用于沉降分析。丢弃其余部分。

（2）或者，如果在洗涤水中不含分散剂，则可以按照第 4.6.7 节中的描述收集通过洗涤除去的细粉粒 ［下面的步骤（12）］。

（3）称量处于自然未干燥状态的整个试验样品 W_1，并放在一个或多个托盘上。

（4）取 3 个有代表性的材料样本，每个样本约 300g，用于含水率测量。清除所有直径大于 20mm 的颗粒，然后将其返回至主要样品。

（5）称量每个样品，干燥过夜，称重并计算含水率。这 3 个 w（%）的平均值是小于

20mm 的含水率。保留干燥的物料。

（6）在托盘上的样品中加入分散剂溶液（六偏磷酸钠含量为 2g/L 水溶液）。经常搅拌并弄碎黏土块。

（7）静置过夜，并添加含水率测定法［步骤（5）］中的干燥物料，应将其搅拌直至完全分解。

（8）使用 37.5mm 筛网作为标准，用手清除所有大于 37.5mm 的颗粒。如有必要将其刷洗，以确保这些颗粒（在这里称为石头）已经洗净，没有粘附细小物质，这些物质会保留在主要样品中。

（9）干燥烘箱中的石头，待冷却后称重（m_s）。

（10）在筛上将石块分成 50mm、63mm 和 75mm 尺寸大小部分，如有必要，使用木尺来测量较大的尺寸，例如根据需要测量 100mm、150mm 和 200mm。

（11）称量每个粒组。

（12）从步骤（7）中取出一点样品，然后用嵌套在 63μm 筛网上的 2mm 筛网上的 20mm 筛网洗涤。如果可用，使用直径 450mm 的筛网。允许小于 63μm 的材料浪费。定期收集约 1L 的洗涤液，并继续洗涤直到看到清澈的水为止。

（13）用烘箱烘干保留在这些筛网上的物料。

（14）称量全部残留的洗涤物料（m_w）。

（15）用 28mm 和 20mm 筛网（直径 450mm）筛。

（16）称量每个筛上保留的物料（总量以 m_{20} 表示）和通过 20mm 筛的物料的质量（m_x）。

（17）核实 m_x，以获得适用于下一组筛网（直径 300mm）的合适尺寸的样品（m_y）。

（18）在合适的筛网上进行干筛至 2mm。

（19）称量保留在每个筛板上的物料和通过 2mm 筛的物料的质量（m_5）。

（20）二分（m_5）获得一个合适的样品（m_6）用于细筛（直径 200mm）。

（21）在尺寸小于 63μm 的所选筛网上干燥筛。

（22）称量保留在每个筛上的物料，包括任何通过 63μm 筛的物料（m_E）。

4. 计算方式

表 4.11 汇总了以下说明中使用的符号。未干燥的质量用 W 表示，干燥质量用 m 表示，含水率用 w 表示。括号中的符号表示计算值，其余的表示测量值。原始未干燥样品的质量用 W_1 表示。

大颗粒黏土的筛分分析　　　　　表 4.11

粒径	湿质量	干质量	注释
试样的初始总质量	W_1	(m_1)	
试验后			
大于 37.5mm 的石块		m_s	
通过 37.5mm 筛网的总质量		m_v	$m_v = (m_1 - m_s)$
洗后通过 37.5mm 筛网的质量		m_w	

续表

粒径	湿质量	干质量	注释
在 $63\mu m$ 筛网上洗去的质量		(m_L)	$m_L=m_v-m_w$
通过 37.5mm 而留在 20mm 筛网上的质量		m_{20}	$m_{20}=m_w-m_x$
全部小于 20mm 的质量	(W_2)	(m_2)	$m_2=m_x+m_L$
试样的初始总质量		m_x	
筛分后 m_x 的质量		m_y	
洗后通过 2mm 筛网的质量		m_5	
筛分后 m_5 的质量		m_6	
通过 $63\mu m$ 筛网的质量		m_E	
全部小于 $63\mu m$ 的质量		(m_T)	$m_T=m_L+m_E\left(\dfrac{m_5}{m_6}\times\dfrac{m_x}{m_y}\right)$
W_2 的初始含水率		$w\%$	$m_2=\dfrac{100W_2}{100+w}$

算例 4.5 演示了计算方法。

假定大于 20mm 的颗粒不包含吸收的水，或者持有的量可以忽略不计。因此，经过 20mm（W_2）的材料的未干燥质量等于去除大于 20mm 颗粒的原始样品的未干燥质量。这些包括保留在 37.5mm 处的石块和通过 37.5mm 而保留在 20mm 上的水洗部分（m_{20}）；因此：

$$W_2=W_1-(m_s+m_{20})$$

如果大于 20mm 的颗粒在其自然状态下具有较高的含水率，则可以单独进行测量，并可以通过调整 m_s 和 m_{20} 进行测量。

由于小于 20mm 颗粒的含水率是已知的（$w\%$），因此该颗粒的等效干质量（m_2）为：

$$m_2=\frac{100}{100+w}\times W_2$$

通过将大于 20mm 颗粒的干质量加回去，可以得出整个样品的初始干质量（m_1）：

$$m_1=m_2+m_s+m_{20}$$

在算例 4.5 中将质量用作起点，该值仅显示干质量。

经过 37.5mm 筛孔的物料质量 m_v 等于清洗后的初始质量减去石块的质量：

$$m_v=m_1-m_s$$
$$=m_2+m_{20}$$

通过筛网降至 20mm 的百分比的计算如第 4.6.5 节所述。用 $63\mu m$ 筛网洗涤对这些筛网上的残留质量没有影响。洗涤过程中损失的质量（m_L）可通过以下公式得出：

$$m_L=m_v-m_w$$

除砂后的计算程序与第 4.6.5 节中给出的类似，校正的百分比与洗涤前的干燥质量有关，如算例 4.5 所示。在第二步之后，如第 4.6.2 节中所述引入第二个系数。

如第 4.6.5 节所述，通过 $63\mu m$ 筛的细料总量（m_T）由两部分组成，包括 m_L 和 m_E。

| | | | 初始湿质量 | 24970g=W_1 | |
| | | | 估算的初始干质量 | 23160g=m_1 | |
颗粒粒径	剩余质量	累计质量	通过质量		通过百分比
100mm	0	0	m_1=23160	W_1 =24970 m_s+m_{20} =3894 W_2 =21076 w =9.4% m_2= $\dfrac{100}{109.4}$ ×21076 =19265 m_s+m_{20} = 3894 ∴ m_1 =23159	100%
75	714	714	= $\dfrac{-714}{22446}$		$\dfrac{22446}{23160}$ ×100=96.9%
50	1275	1989	= $\dfrac{-1275}{21171}$		$\dfrac{21171}{23160}$ ×100=91.4%
37.5	762	2751=m_s	m_v= $\dfrac{-762}{20409}$		$\dfrac{20409}{23160}$ ×100=88.1%
			在63μm筛网上洗	通过的总质量	$\dfrac{8451}{23160}$ ×100=36.5% 损失
			1剩余 损失 m_w=11958 (8451)=m_L 11958	m_2=20409	
28	387	387	$\dfrac{-387}{11571}$	$\dfrac{-387}{20022}$	$\dfrac{20022}{23160}$ ×100=86.5%
20	756	1143=m_{20}	$\dfrac{-756}{10815}$ =m_x	m_2= $\dfrac{-756}{19266}$	$\dfrac{19266}{23160}$ ×100=83.2%
			筛分(1)		
	3894	=m_s+m_{20}	m_y=2504 (8311)=m_{R1} 修正后的剩余质量	m_2=19266	
14	117.4	117.4	117.4× $\dfrac{10815}{2504}$ =507.1	$\dfrac{-507.1}{18758.9}$	$\dfrac{18759}{23160}$ ×100=81.0%
6.3	331.2	448.6	331.2× $\dfrac{10815}{2504}$ =1430.5	$\dfrac{-1430.5}{17328.4}$	$\dfrac{17328}{23160}$ ×100=74.8%
2	447.2	925.8	477.2× $\dfrac{10815}{2504}$ =2061.1	$\dfrac{-2061.1}{15267.3}$	$\dfrac{15267}{23160}$ ×100=65.9%
			m_y=2504 925.8 1578.2 m_s=1578.2		
			筛分(2)		
			m_6=105.3 (1472.9)=m_{R2}	15267.3	
600μm	38.2	38.2	38.2× $\dfrac{1578.2}{105.3}$ × $\dfrac{10815}{2504}$ =2472.5	$\dfrac{-2472.5}{12794.8}$	$\dfrac{12795}{23160}$ ×100=55.2%
212	41.3	79.5	79.5× $\dfrac{1578.2}{105.3}$ × $\dfrac{10815}{2504}$ =2673.1	$\dfrac{-2673.1}{10121.7}$	$\dfrac{10122}{23160}$ ×100=43.7%
63	22.5	102.5	102.5× $\dfrac{1578.2}{105.3}$ × $\dfrac{10815}{2504}$ =1456.3	$\dfrac{-1456.3}{8665.4}$	$\dfrac{8665}{23160}$ ×100=37.4%
通过63	3.3 =m_E	105.3=m_6	3.3× $\dfrac{1578.2}{105.3}$ × $\dfrac{10815}{2504}$ =214		
			检查：m_L= $\dfrac{8451}{8665}$ m_T=		

算例 4.5 砾质黏土的计算

后者必须按比例增加（m_5/m_6×m_x/m_y），以得到相等的质量加到 m_L。整个样品中总质量小于 63μm 的公式为：

$$m_T = m_L + m_E \left(\frac{m_5}{m_6} \times \frac{m_x}{m_y} \right)$$

细度的百分比等于：

$$\frac{m_{\mathrm{T}}}{m_{1}} \times 100\%$$

上面的公式似乎比算例 4.5 中所示的逐步计算过程简单得多，在手工计算时更容易遵循。当编写用于这些和类似筛分计算的计算机程序时，这些方程可能会有用。

筛分试验所得物料的分布曲线如图 4.21 所示。有关巨粒黏土的进一步分析，请参见第 4.8.5 节。

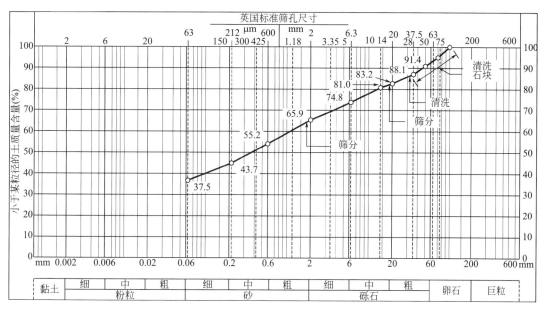

图 4.21　"大颗粒黏土"筛分试验的分布曲线

4.7　沉降理论

4.7.1　简介

沉降理论基于这样一个事实，即假设所有颗粒都具有相似的密度和形状，那么悬浮在液体中的大颗粒比小颗粒沉降得更快。下落颗粒最终达到的速度称为最终速度。如果颗粒近似球形，则最终速度 v 和粒径 D 之间的关系由斯托克斯定律给出，该定律以乔治·斯托克斯爵士（1891）命名。这表明最终速度与粒径的平方成正比，或者：

$$v \propto D^{2}$$

虽然黏土颗粒远非球形（第 4.3.1 节），但基于等效球体直径的斯托克斯定律为土中较细颗粒大小分布提供了应用基础，这对于大多数实际目标具有非常现实的意义。

4.7.2　一般原则

在沉降试验中，用已知体积的水、已知质量的各种大小的细粒土制备悬浮液。颗粒在重力作用下沉降，这就是所谓的沉降过程。根据在已知时间间隔内进行的某些测量，可以评估颗粒大小的分布。

图4.22示意性地表示了一个说明沉降过程的模型。表中仅显示了4种不同尺寸的颗粒，其最终速度和近似等效直径如表4.12所示。

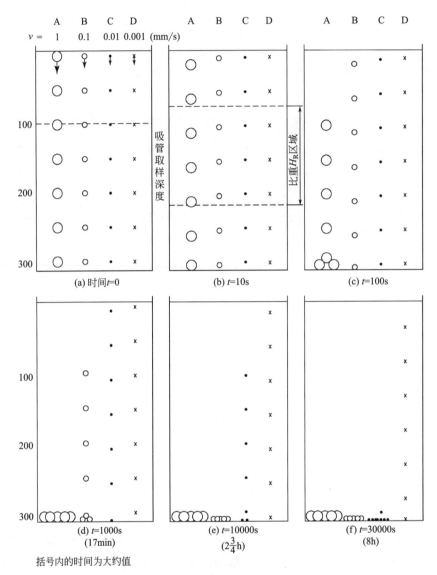

图 4.22　沉降过程

括号内的时间为大约值

悬浮颗粒的最终速度　　　　　　　　　　　　　　　　　表 4.12

颗粒	自由沉降速度(mm/s)	近似直径(μm)
粗粉砂	1	35
中粉砂	0.1	12
细粉砂	0.01	3.5
黏土	0.001	1.2

真正的土包含许多不同尺寸的颗粒，但是可以通过考虑4种尺寸在不同的时间间隔后

会发生的现象来理解沉降原理，因为它们可以在水深超过 300mm 的容器中从水中悬浮沉降分离出来。

如图 4.22（a）所示，在将悬浮液摇匀后（时间 $t=0$），所有颗粒立即均匀地分布在整个悬浮液深度上。如果假设每个颗粒都在很短时间内达到其最终速度，则在 10s 后，粗粉砂颗粒每下降 10mm，细粉砂颗粒到达 1mm，但比这更细的颗粒几乎没有下降［图 4.22（b）］。100s 后，如图 4.22（c）所示，从 200mm 标记处开始的粗粉砂颗粒已经沉降到底部。在 1000s（约 17min）后，所有的粗粉砂颗粒均已到达底部［图 4.22（d）］。现在保留在悬浮液中的所有固体颗粒均小于 35μm，因此从悬浮液中任何位置采集的样品将仅包含那些小于该尺寸的颗粒。同时，从刚好超过 100mm 标记处采集的样品中只包含小于 12μm（中粉砂）的颗粒。

在 10000s（约 2.75h）后，所有中粉砂颗粒均已到达底部，所有细粉砂颗粒均在 100mm 以下［图 4.22（e）］。因此，上部 100mm 只包含悬浮的黏土颗粒。在 30000s（约 8h）后，所有大小的粉土颗粒都已到达底部，只留下悬浮的黏土颗粒［图 4.22（f）］。我们考虑的最小粒径为 1.2μm，需要 300000s（约 3.5d）达到底部，但更小的微粒将需要更长时间。含有相当数量黏土的悬浮液保持无限期浑浊。

通过对上述沉降模型应用斯托克斯定律，可以计算从开始算起的特定时间间隔后，残留在特定深度以上的最大颗粒直径。可以通过从指定深度取样（如在移液管试验中）或通过使用比重计测量悬浮液的密度（比重计试验）来确定存在的固体颗粒质量。

标准移液管试验中使用的 100mm 采样深度，如图 4.22（a）所示。图 4.22（b）中标有"H_R 区"的区域表示在典型比重计试验期间测量悬浮液密度的有效深度范围。

4.7.3　斯托克斯定律

根据斯托克斯定律，给出了球形颗粒在流体中自由下落的最终速度 v：

$$v = \frac{D^2 g (\rho_s - \rho_L)}{18\eta} \tag{4.1}$$

式中，D 为颗粒直径；ρ_s 为固体颗粒的密度；ρ_L 为流体的密度；η 为动态黏度；g 为重力加速度。

斯托克斯定律在沉积过程中的应用基于以下简化假设：

（1）在静止液体中保持黏性流动状态。

（2）没有湍流，也就是说，颗粒的浓度不会相互干扰。

（3）液体的温度保持不变。

（4）颗粒是小球体。

（5）颗粒的末速度很小。

（6）所有的颗粒密度相同。

（7）液体中形成了各种大小颗粒的均匀分布。

式（4.1）可以重写：

$$D = \sqrt{\frac{18\eta}{g} \cdot \frac{v}{(\rho_s - \rho_L)}} \tag{4.2}$$

如果颗粒在时间 T 内下落距离为 H，则它的平均速度为 H/T。

如果液体是水，可以写：

$$\rho_L = \rho_w$$

则式（4.2）为：

$$D = \sqrt{\frac{18\eta}{g} \cdot \frac{H}{T(\rho_s - \rho_w)}} \qquad (4.3)$$

利用表 4.13 中给出的实用单位，将 t（min）代入式（4.3）可以写成：

$$\frac{D}{1000} = \sqrt{\frac{18 \times \eta}{1000g} \cdot \frac{H}{1000 \times t \times 60(\rho_s - \rho_w) \times 1000}}$$

或者

$$D = \sqrt{\frac{3 \times 10^{-4} \times \eta}{g} \cdot \frac{H}{t(\rho_s - \rho_w)}} \qquad (4.4)$$

将 $g = 9.807 \text{m/s}^2$，$\rho_w = 1.000 \text{Mg/m}^3$ 代入式中得：

$$D = 0.005531 \sqrt{\frac{\eta H}{t(\rho_s - 1)}} \quad \text{mm} \qquad (4.5)$$

式（4.5）为移液管试验取样时间的推导（第 4.8.2 节）和使用比重计法计算提供了依据。水温从 0～40℃ 内的 η 和 ρ_w 值在表 4.14 已给出。中间值可以通过插值得到，可以用算术方法，也可以用图形方法。

沉降公式的符号、单位和换算因子　　　　　　　　　　　　　　　　　表 4.13

参数	符号	国际单位	实际单位	换算系数
动态黏度	η	Ns/m^2	$\text{mNs/m}^2 (=\text{mPa} \cdot \text{s})$	$\frac{1}{1000}$
下落高度	H	m	mm	$\frac{1}{1000}$
重力加速度	g	m/s^2	m/s^2	1
时间	T	s	min	60
密度	ρ_s, ρ_w	kg/m^3	Mg/m^3	1000
颗粒直径	D	m	mm	$\frac{1}{1000}$

水的速度和密度　　　　　　　　　　　　　　　　　　　　　　　表 4.14

温度（℃）	动态黏度 η（mPa·s）	密度 ρ_w（Mg/m³）
0	1.7865	0.999 84
5	1.5138	0.999 95
10	1.3037	0.999 70
15	1.1369	0.999 09
20	1.0019	0.998 20
25	0.8909	0.997 04
30	0.7982	0.995 65
40	0.6540	0.992 22

基于 Kaye 和 Laby（1973）（另见图 3.1）

4.8　沉降试验

4.8.1　预处理

在进行移液管或比重计沉降试验之前，必须通过化学处理去除存在的任何有机质。土样还必须用分散剂处理，并彻底搅拌，以确保颗粒被分离出来。这个过程称为预处理。无论是移液管试验还是比重计试验，原理都是一样的，但在细节上有一些不同，这主要是由于两个试验所需的样品大小不同。

下面描述的程序适用于移液管和比重计沉降试验。如果这两种类型的试验需要不同的程序，则在相应的标题下给出。

1. 设备

（1）机械振动器（端对端或振动式），能够将最多 75g 的土样悬浮在 150mL 水中。参见第 1.2.5 节第 10 条。

（2）1000mL 或 650mL 宽口锥形烧杯。

（3）量筒，容量 100mL。

（4）清洗瓶和蒸馏水。

（5）带有橡胶的玻璃搅拌棒。

（6）离心机（如果有），能够容纳 250mL 容量的瓶子。

（7）250mL 聚丙烯离心瓶。

（8）筛网直径 200mm，孔径 63μm、212μm、600μm、2mm。

（9）箱和用于样品混合和分离的小型工具。

（10）干燥箱或干燥器。

（11）电热板。

如果没有离心机，则第（6）项和第（7）项可以替换为：

（12）150mm 布氏漏斗，加 1L 容量的过滤烧瓶，并用橡皮塞塞住漏斗。

（13）过滤泵或带有真空管的真空供应。

（14）沃特曼 50 号滤纸。

（15）蒸发皿，直径约 150mm。

仅用于移液管试验：

（16）天平，分度值 0.001g。

（17）25mL 移液管或量筒。

（18）玻璃烧杯，容量约 500mL。

（19）玻璃过滤漏斗，规格 100mm。

仅用于比重计试验：

（20）天平，分度值 0.01g。

（21）100mL 和 50mL 移液管或量筒。

（22）4 个直径约 150mm 的陶瓷蒸发皿。

（23）500mL 量筒。

2. 试剂种类

(1) 过氧化氢（20 体积溶液）。

(2) "标准"分散剂溶液，即在 1L 蒸馏水中加入 33g 六偏磷酸钠和 7g 碳酸钠制成（第 4.5.3 节）。

(3) 盐酸 $[c(HCl) = 1mol/L]$。

3. 程序阶段

(1) 选择并准备试样

(2) 处理有机质

(3) 处理钙质物质

(4) 离心机

(5) 过滤并干燥

(6) 分散

(7) 筛

4. 试验步骤

(1) 选择样品

使用经过 2mm 筛网的筛分，通过风干或圆锥四分法从风干的原始样品中获得试验样品。表 4.15 中建议了所需样品的适当尺寸，但所用质量取决于土样类型。太多的土会不必要地延长试验时间；太少会导致不可靠的结果。经验是最好的指导；如有疑问，应进行试验。

沉降试验用材料的数量　　　　　　　　　　　　　　　　表 4.15

材料		移液管试验	比重计试验
初次复筛后的样品		60g	200g
试样	砂土	30g	100g
	粉土	12g	50g
	黏土	12g	30g

对于移液管试验，将样品的初始干燥质量 m_0 精确为最接近 0.001g；对于比重计试验，精确为最接近 0.01g。所有后续称量都应以相同的分辨率进行。仅在先例中得知烘箱干燥不会影响粒径特性的情况下，才能在 105℃烘箱中对土进行干燥。在这种情况下，可以称量干燥的试样本身。

在某些土中，尤其是某些有机土和热带残留土，即使在室温下风干，其粒径特性也会受到干燥的影响（参见 Fookes, 1997）。因此，有必要称重未干燥的土样，并根据在重复样本上确定的水分含量计算干重 m_0。在某些情况下，首先风干土样，然后根据风干的水分含量计算干重也是可以的。预处理后，在 BS 中规定了 60℃下干燥的折中方案，但是应再次避免对这些特殊的土干燥，并应通过测量含水率来计算干燥质量。这首先需要更多的样本。

（2）有机质的预处理

无机土不需要预处理。预处理对结果的影响不确定，平行试验应对两个相似样品分别进行预处理和不预处理。

如果存在有机质，试验样品应按如下所述进行预处理。如果不需要预处理，则省略这一阶段。

移液管法将土样放入 650mL 锥形烧杯中，并加入 50mL 蒸馏水。轻轻煮沸悬浮液，直到总体积减少到约 40mL。为了判断何时到了合适的量，使用一个类似的烧杯，旁边装有 40mL 水作为比较。使其冷却，然后加入 75mL 过氧化氢。

比重计法将土样放入 1000mL 的锥形烧杯中，如果已知不需要大量的过氧化氢，则将其放入 500mL 的烧杯中。加入 150mL 的过氧化氢，并用玻璃棒轻轻搅拌几分钟。

警告：土中含有氧化锰或硫化锰可能与过氧化氢剧烈反应，尤其是在加热时。

盖上玻璃盖，静置过夜。切勿使用紧密贴合的软木塞，否则放出的气体压力可能会使烧瓶破裂。

第二天早晨，在小火炉或低气量的火焰上轻轻加热烧瓶和所含物质。经常通过搅拌或旋转摇动搅拌，但要避免起泡。如有必要，以约 100mL 的增量添加更多的过氧化氢，直到氧化过程完成。高度有机土可能需要添加几次过氧化氢，并且氧化过程可能需要 2～3d。

一旦气泡消退，通过煮沸将液体量减少到约 50mL，这会分解任何过量的过氧化氢。烧瓶不能煮干。让混合物冷却。

如果合适，接下来进行盐酸处理［步骤（3）］。如果不使用酸处理，则下一步通过过滤或离心机萃取土样［步骤（4）］。

（3）钙质物质的预处理

BS 1377-2：1990 中未要求执行此过程，但有时可能需要使用此过程。应始终通过将少量盐酸滴到一小部分样品上来检查与盐酸的反应。如果没有气泡，则不需要酸处理。可见的反应表明存在石灰质化合物，可以作为胶凝剂，阻止个别颗粒的分离。如果要评估这些化合物对最终结果的影响，应在有酸处理和无酸处理的重复标本上进行平行试验。

当土和水的混合物冷却后，加入所需量的盐酸（表 4.16）。用玻璃棒搅拌几分钟，静置 1h。

预处理用酸的量（盐酸，c（HCl）＝1mol/L）　　　　　　表 4.16

	移液管试验	比重计试验
初始量	10mL	100mL
后期增量	10mL	25mL

用普通或宽范围的 pH 试纸或石蕊试纸检查悬浮液的 pH 值。如果反应停止，悬浮液应呈酸性反应（pH 值小于 5，蓝色石蕊变红）。如无反应，则按表 4.16 所示，继续增加盐酸，然后按上述方法搅拌和静置，直到没有进一步的酸反应。

（4）离心

离心机（如果有的话）提供了过氧化氢预处理后最快速、最方便的土样取样方法。

称重干燥带塞子的 250mL 离心瓶，精确至 0.001g 或 0.01g。使用从洗涤瓶中喷出的细小蒸馏水将土悬浮液从圆锥形烧杯中转移到离心瓶中，注意不要丢失任何土颗粒。调整瓶中的水量至约200mL，然后装上塞子，放在离心机中。通常可以同时装4~6个瓶子，如有必要时必须使用盛有纯净水的瓶子来平衡相对的试管。以约2000r/min的速度运行离心机15min。移开瓶子，倒出澄清的上清液（即不含悬浮固体的液体层）。将瓶子和所装物品放在温度为60~65℃的烘箱中，取出塞子，使其干燥过夜。

如果没有带250mL瓶的离心机，则土悬浮液可以根据需要分为两个或多个较小的瓶，以适合较小的离心机。

第二天早晨，更换塞子，在干燥器中冷却，并准确称重。计算预处理土的干重（m_p）。如果需要，还可以按照下面的步骤（5）计算预处理损失。

（5）过滤和干燥

如果没有离心机，则可以通过过滤和干燥来提取土样。在真空过滤瓶上设置装有Whatman50号滤纸的布氏漏斗。通过将6个过滤瓶连接到真空维修管路上的歧管出口，可以安排同时操作。真空出口应装有疏水阀，防止水无意中吸入主真空管路和真空泵。

将锥形烧杯中的物质转移到布氏漏斗中，用少量蒸馏水冲洗烧杯，以确保没有土流失。

用蒸馏水彻底清洗。如果进行了酸处理，则必须继续洗涤，直到去除所有残留的酸为止。当pH试纸或蓝色石蕊试纸不再发生酸反应时，说明洗涤已完成。

使用清洗瓶中的细喷嘴喷蒸馏水，将滤纸中的土残渣转移到之前称重的硼硅酸盐玻璃蒸发皿中。确保没有土流失。

在60~65℃的烘箱中干燥、冷却，然后称重至0.001g或0.01g。计算预处理土的干重。该质量用m_p表示，用于后续计算中，应仔细检查。

如果测量了初始未经处理的干质量m_0，则预处理损失等于（m_0-m_p），则要报告的损失百分比等于$[(m_0-m_p)/m_0]\times100\%$。

（6）分散

如果已经使用了离心机［步骤（4）］，则可以在离心瓶中通过机械搅拌进行分散。如果土样已经过过滤［步骤（5）］，则将其从蒸发皿中转移到合适的容器中，例如带有塞子的锥形瓶，如下所示。

移液管法向离心瓶或蒸发皿中的土样中加入100mL蒸馏水。如果在蒸发皿中，将悬浮液转移到液体中，而不损失任何土颗粒。剧烈摇动直到所有土都悬浮。用移液管加入25mL标准分散溶液（第4.5.3节）。

比重计法用移液管将100mL标准分散溶液（第4.5.3节）添加到离心瓶或蒸发皿中的土样中。如果在蒸发皿中，则将悬浮液转移至烧瓶中，而不会损失任何土颗粒。剧烈摇动直到所有土样都悬浮。

将离心瓶或烧瓶紧紧塞在机械振荡器上。摇动至少4h，或在方便的情况下过夜。但是，如果过度摇晃可能会导致土颗粒破裂（例如页岩），则摇晃时间应少于4h。振动的时间应基于对土的经验和知识。

如果没有这种类型的机械振荡器，则可以使用以下替代程序分散：

① ASTM D 422规定了在装有金属丝网的机械搅拌器（Horlicks混合器）的杯中的分散液（图4.23）。将土样悬浮液高速搅拌15min。

② 另外，发现振动搅拌器同样有效。这种类型的搅拌器装有一个叶片，该叶片在 5000Hz 时以 10°的角度振动（图 4.24）。该设备的一个优点是它可以用于进行预处理的烧杯或锥形瓶中。

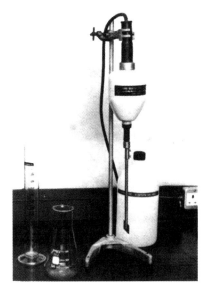

图 4.23　高速搅拌器（照片由 ELE International 提供）　　　图 4.24　振动搅拌器

③ 如果没有电动装置，可以采用以下手工方法。将土悬浮液放在研钵中，用橡胶杵用力揉搓。沉淀 2min 后，通过一个 63μm 的筛子将液体悬浮液倒入装有它的接收器中。在研钵中加入更多的蒸馏水，重复捣碎和倾倒的过程，直到倾倒的液体变清。必须注意防止单个颗粒破裂。

（7）湿筛

将土样和悬浮液转移到 63μm 的筛子中，筛子嵌套在接收器上，且不流失土样。

用洗涤瓶中的蒸馏水冲洗土样，直到所有细料都经过筛网。移液管试验的水量不得超过 150mL，液体比重计试验的水量不得超过 500mL。按照第 4.8.2 节或第 4.8.3 节所述，将接收器中收集的材料转移到圆筒中进行适当的沉降试验。

将保留在 63μm 筛上的物料转移到蒸发皿中，干燥并称重质量 m_s（g）。

通过较大孔径的筛子进行筛分，并称量每个筛子上的残留量，如简单的干筛（第 4.6.1 节）。这些质量随后用于在砂粒尺寸范围内构建级配曲线。

干筛时，通过 63μm 筛子的任何物料都应添加到沉淀筒中。

4.8.2　移液管分析（BS 1377-2：1990：9.4）

1. 范围

在该试验中，使用特殊的采样移液管以 3 个固定的时间间隔从水中的悬浮液中获得按照第 4.8.1 节进行预处理的土样。通过测定土样中各类土质量，计算出粗粉土、中粉土、细粉土和黏土的百分比。如果需要更好地扩展读数，可以在选定的时间间隔内采集最多 6 个样本，然后通过计算确定相关的颗粒大小。

英国标准将此程序称为细颗粒分析的标准方法或主要方法。但是，所需的设备昂贵且精密，不适合施工期间在现场实验室进行控制试验的设备中使用。

2. 装置

除了用于预处理的设备外，还需要以下设备。

（1）移液管（图4.25）安装在支架上，支架上有合适的升降装置（图4.26）。移液管的容量约为10mL，使用前必须按下述步骤（7）的规定进行校正。它有时被称为安德瑞森滴管。

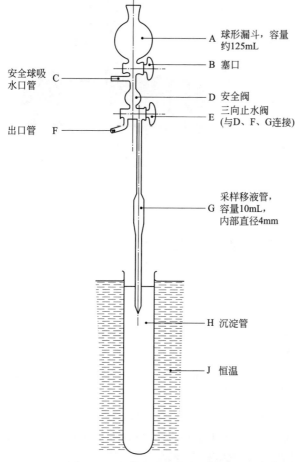

图4.25　沉降试验用取样移液管

图4.26　移液管取样装置
（照片由 ELE International 提供）

（2）两个直径50mm、长约350mm的玻璃圆筒，刻度为500mL，用橡皮塞塞住（沉淀筒）。

（3）恒温水槽保持在25℃±0.5℃，深度足以将沉淀筒浸没到500mL刻度。

（4）时间精确到1s。

（5）玻璃棒直径约12mm，长约400mm。

（6）9个已编号的玻璃称量瓶，直径约25mm，高50mm，配有编号的毛玻璃塞。在

105℃下干燥并在干燥器中冷却后，每个样品的质量应精确至 0.001g。

（7）温度计的覆盖范围是 0～50℃，精确至 0.5℃。

3. 程序阶段

（1）准备悬浮液

（2）用移液管取样

（3）干燥并称重固体物质

（4）采集并测量校准样品

（5）计算

（6）绘制并呈现结果

（7）移液管的校准（当内部容积已知时，无需重复）

4. 试验步骤

（1）悬浮液的制备

借助接收器的玻璃漏斗将经过预处理的土悬浮液转移至 $63\mu m$ 筛子上（如第 4.8.1 节所述），装入 500mL 沉淀筒中。在此操作中，不要流失土。通过添加蒸馏水将量瓶中的水位补足至 500mL 刻度。

将沉淀筒放在设定为 25℃ 的恒温容器中。在第二个沉淀筒中放入 25mL 分散剂溶液，并用蒸馏水补足至 500mL 刻度。将该管放在同一恒温容器中。

将橡皮塞插入每个沉淀筒中以获得防水密封，但要避免用力过大，以免玻璃裂开并严重伤害手。摇动沉淀筒，让其在恒温水槽中静置直至达到水浴温度；通常大约 1h 就足够了。

可以同时测试几个沉淀筒（最多 6 个或 8 个）。当所有的圆筒都放在恒温水槽中时，槽中的水位应刚好达到其 500mL 刻度。

取出装有分散剂溶液的量筒，彻底摇晃，然后将其放回容器中。依次取下每个沉淀筒，并在必要时用玻璃棒搅拌沉淀物，使所有土都悬浮。在 2min 的时间内进行约 120 次颠倒的循环，剧烈摇动沉淀筒，然后在恒温水槽中直立更换。

装有泥浆悬浮液的沉淀筒在容器中更换时，启动秒表。对于该样品，将试管放在容器中的时间为零（$t=0$）。

每个沉淀筒可以单独计时，每个沉淀筒都使用一个停表，但如果以固定间隔（例如 5min）启动，则仅需要一个停表。

（2）用移液管采样

移液管样品通常从零开始以 3 个指定的时间间隔进行采样。这些时间取决于悬浮液中颗粒的密度，并在表 4.17 中给出。第三次采样操作是从零开始至大约 7h，因此可以方便地摇动并在早晨进行第一批测试。

将采样移液管移到沉淀筒上的支撑架上。放下移液管，直到吸头刚好接触到圆筒中的水表面，然后在刻度尺上记录读数 R_0（mm）。对每批沉淀筒重复上述步骤，分别记录每个液位。

在移液管样品到期前约 15s（表 4.17），水龙头 E 闭合（图 4.25）的情况下，将移液管 G 平稳降低至悬浮液中，直到吸头距离水面以下 100mm 为止。

移液管取样时间（25℃）　　　　　　　　　　　　　　**表 4.17**

粉土和黏土部分的颗粒密度（Mg/m³）	摇动后开始采样操作的次数					
	样本 1		样本 2		样本 3	
	min	s	min	s	h	min
2.50	4	30	50	30	7	35
2.55	4	20	49	0	7	21
2.60	4	10	47	30	7	7
2.65	4	5	46	0	6	54
2.70	4	0	44	30	6	42
2.75	3	50	43	30	6	30
2.80	3	40	42	0	6	20
2.85	3	35	41	0	6	10
2.90	3	30	40	0	6	0
2.95	3	25	39	0	5	50
3.00	3	20	38	0	5	41
3.05	3	15	37	0	5	33
3.10	3	10	36	0	5	25
3.15	3	5	35	0	5	18
3.20	3	0	34	30	5	10
等效颗粒直径（mm）	0.02		0.006		0.002	
（μm）	20		6		2	

这将是刻度尺读数等于 R_0+100mm（如果刻度尺读数向上，则等于 R_0-100）。下降操作大约需要 10s，并且不得使悬浮液产生湍流。

在准确的采样时间打开水龙头 E，然后将样品（体积 V_p，mL）吸到移液管中，直到水龙头 E 中的移液管和孔充满悬浮液。也可以将少量的水吸入安全阀 D 中。最简单的抽取样品方法是通过吸取连接在入口 C 上的一段橡胶管进行抽吸。此操作大约需要 10s。从悬浮液中稳定移出移液管，耗时约 10s。

如果将任何悬浮液吸入到安全阀 D 中，请打开龙头 E 连接 D 和 F，将其冲洗到出口管 F 的烧杯中。让蒸馏水从球形漏斗 A 流入 D 并通过 F 流出，直到没有悬浮液为止。

将一个已称重的玻璃称量瓶放在移液管末端下方，然后打开水龙头 E，使里面的东西流入瓶中。通过使蒸馏水从 A 经由 B、D 和 E 流入采样移液管 G 中，将移液管内的任何悬浮液清洗到称量瓶中。最后几滴悬浮液可以通过轻轻吹过连接在 C 上的管道从移液管的一端移出。

（3）干固体物质的测定

将称量瓶和所含物置于 105℃ 的烘箱中，直到样品蒸发至干燥。

在干燥器中冷却，小心称量并精确至 0.001g。准确的称重是必不可少的，因为土的回收量非常小。清洗完毕，烘干后，再次检查称量瓶的质量。

根据空瓶的质量，用差值法测定样品中土的质量。第一次、第二次和第三次采样分别

用 m_1、m_2、m_3 表示。这些质量用于步骤（5）中描述的计算。

（4）校准取样

在规定的采样周期内的任何方便时间，均应仅从含有分散剂的沉淀管中吸取移液管样品，方法与土悬浮液完全相同。该采样时间无需记录。

将移液管样品转移到玻璃称量瓶中，准确干燥、冷却并称重，与土悬浮液完全相同。确定分散剂样品中固体物质的质量 m_r。

（5）计算

如在筛分的适当部分所述，计算出砾石（如有）和砂粒粒径范围内小于各筛孔粒径的百分比。

通过移液管试验获得的数据可以计算出预处理样品（m_p）中粗粉土、中粉土、细粉土和黏土的百分比，如下所示。算例 4.6 中给出了一个有效的示例。

预处理后的样品质量，m_p			25.36g			
63μm 筛上保留的质量，m_s			3.88g			
颗粒密度			2.65Mg/m³			
移液管容积，V_p			9.656mL			
温度			25℃			

移液管样品编号	时间	移液管质量计算 (g)		50mL悬浮液中的质量*	粒径小于D的百分比**	颗粒直径D
1	4min5s	瓶+样品 瓶 样品m_1	=5.5980 =5.3024 0.2956	W_1=15.307	55.1%	0.02mm
2	46min	瓶+样品 瓶 样品m_2	=5.6344 =5.4602 0.1742	W_2=9.020	30.3%	0.006mm
3	6h54min	瓶+样品 瓶 样品m_3	=5.9262 =5.8158 0.1104	W_3=5.717	17.3%	0.002mm
4	（~30min）	瓶+样品 瓶 样品m	=5.4418 =5.4160 0.0258	W_r=1.336		
		通过63μm孔径筛的质量 $=m_p-m_s$		21.48	84.7%	63μm

*500mL悬浮液中的质量，$W_x=m_x\times500/V_p(x=1, 2, 3)$
**溶液中小于粒径D的颗粒的质量百分比$W_1=(W_x-W_r)\times100/m_p$

算例 4.6　移液管沉降试验结果和计算

在任何采样时间，整个 500mL 悬浮液中固体物质的质量都可以根据测得的质量移液管体积在 V_p 中的比例计算得出。如果将 500mL 中的质量表示为 W_1、W_2、W_3（对应于样品质量 m_1、m_2、m_3），则 $W_1=m_1\times$（$500/V_p$）g，对于 W_2 和 W_3 同样。

类似地，在 500mL 分散剂溶液 W_r 中的固体物质质量由下式给出：

$$W_r = \frac{m_r}{V_p} \times 500 \quad g$$

根据以下公式计算第一次采样操作对应的小于某粒径（见下文）的颗粒质量百分比 K：

$$K = \frac{W_1 - W_r}{m} \times 100\%$$

其中，m 等于初始样品的干燥质量（g）；m_0（如果省略了预处理）或等于预处理后的干燥质量 m_p（如果对土进行了预处理）。（两种情况都包括保留在 $63\mu m$ 筛子上的任何材料的质量）

以类似的方式计算后续采样所对应的小于直径的百分比。

表 4.17 的底部给出了与列出的每个采样时间相对应的等效粒径 D（mm）。如果使用表 4.17 给出的采样时间以外的采样时间，则等效粒径可以根据公式（4.5）计算：

$$D = 0.005531 \sqrt{\frac{\eta}{(\rho_s - 1)} \frac{H}{t}} \quad mm \tag{4.5}$$

将粒径单位转换为 μm：

$$D = 5.531 \sqrt{\frac{\eta}{(\rho_s - 1)} \cdot \frac{H}{t}} \quad \mu m$$

在此过程中，采样深度 H 恒定为 100mm，因此：

$$D = \left[5.531 \sqrt{\frac{\eta}{(\rho_s - 1)}}\right] \frac{10}{\sqrt{t}} \quad \mu m$$

对于给定的测试，方括号内的术语是恒定的，表示为 K_1。为避免重复计算：

$$D = 10 \frac{K_1}{\sqrt{t}}$$

表 4.18 中列出了各种温度和颗粒密度的 K_1 值。它们也可以用于比重计试验（第 4.8.3 节）。在以上等式中，D 和 H 的单位为 mm，t 的单位为 min。

对于砂砾石部分（总质量 m_s），从保留在每个筛子上的质量中计算出比每个筛子孔径大的百分数，就像简单干筛一样（第 4.6.1 节）。将通过的质量表示为初始样品干质量 m_0 或预处理干质量 m_p 的百分比（如果适用）。

（6）绘图和展示

可以列出从砾石到细粉土的小于每种尺寸的百分比，将值保留到接近 1%。或者，更常见的是，将从沉降和筛分试验获得的百分比绘制的粒径分布图上，给出整个材料的连续分布曲线。示例试验结果见图 4.27。

（7）移液管校准

如下方法确定取样移液管的内部体积 V_p（mL）。

彻底清洁移液管并干燥。将止水阀 B 关闭，喷嘴浸入蒸馏水中，然后打开止水阀 E（图 4.25）。使用连接到出口 C 的橡皮管，将水吸入移液管，直至其升至 E 上方。关闭止水阀 E，然后将移液管从水中取出。通过出口 F 将 E 上方腔体中的多余水倒入一个小烧杯中。将移液管中的水注入已知质量的玻璃称量瓶中，并确定其质量。移液管和止水阀的内部体积 V_p（mL）等于以 g 计的水质量，精确至 0.01g。

对体积进行三次测定，取平均值并表示体积 V_p，精确至 0.05mL。

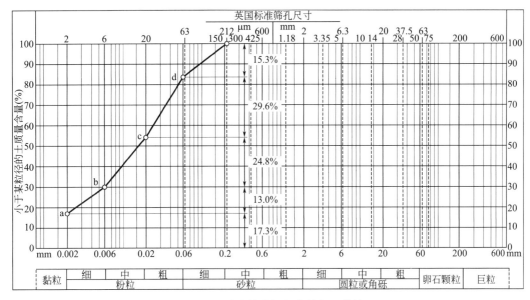

图 4.27　移液管分析得出的级配曲线

4.8.3　比重计分析（BS 1377-2：1990：9.5 和 ASTM D 422）

1. 范围

在该程序中，采用特殊设计的密度比重计来测量土在不同时间间隔的水悬浮液密度（按第 4.8.1 节进行了预处理）。通过这些测量，可以评估粉尘范围（$2\sim60\mu m$）内的粒径分布。如果少于 10% 的材料通过了 $63\mu m$ 的筛子，通常不会进行试验。

对于大多数工程目的，此方法可以提供足够准确的结果。该技术没有移液管法所要求的精确。比重计法的另一个优点是，它可以在一个小型实验室中轻松进行。如果主要的中心实验室也使用此程序，则两者的结果可直接比较。

2. 仪器

除了用于预处理的设备以外，还需要以下设备。

（1）如图 4.28 所示类型的土壤比重计。BS 1377-2：1990：9.5.2.1 中给出了详细的规范。一个基本要求是刻度读数以 g/cm^3 或 g/mL 表示密度，且分度值为 $0.0005g/m^3$。当在 20℃ 的纯水中使用时，比重计应指示该温度下的水密度，即 $0.9982g/cm^3$。每个比重计都有一个唯一的编号。在使用前，必须对每个比重计校准，并且必须绘制有效深度与比重计读数相关的校准曲线（请参阅第 4.8.4 节）。

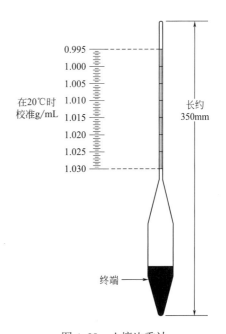

图 4.28　土壤比重计

（2）在 ASTM D 422 中，指定了两种类型比重计，在 ASTM 标准 E 100 中指定为 151H 或 152H。这些比重计不需要单独校准。

（3）两个约1000mm高的1000mL玻璃量筒（标有1000mL），带有塞子或橡皮塞（沉淀筒）。

（4）恒温水槽可保持在 25℃±0.5℃，深度足以将沉淀筒浸入到 1000mL 刻度。

（5）秒表精确至1s。

（6）玻璃棒直径约 12mm，长约 400mm。

（7）温度计刻度范围是 0～40℃，分度值 0.5℃。

3. 程序阶段
（1）准备悬浮液
（2）获取比重计读数
（3）修正比重计读数
（4）计算
（5）提出结果

4. 试验步骤
（1）悬浮液的制备
将经过处理的土样悬浮液，通过 $63\mu m$ 筛（如第 4.8.1 节所述），从移液管转移到 1000mL 沉淀筒中，从而不会损失任何土样。完全用蒸馏水将悬浮液补足至 1000mL 标记。

将沉淀筒放在设定为 25℃ 的恒温水槽中。将第二个装有 100mL 分散剂溶液的量筒放入恒温水槽中，用蒸馏水补足至 1000mL 刻度。该溶液的组成与沉淀筒中的液体相同。如果试验中使用的分散剂超过通常的量，则第二个筒中的分散剂浓度应与试验筒中的分散剂浓度相同。

让沉淀筒在槽中直立，直到达到槽温为止；时间通常大约 1h 就足够了。可以同时测试几个沉降筒（最多 6 个或 8 个）。当所有的沉淀筒都放在恒温水槽中时，槽中的水位应刚好达到 1000mL 刻度。

将橡皮塞插入每个圆筒中以密封防水，但避免用力过大，否则可能会使玻璃破裂造成严重手部伤害。取出装有分散剂溶液的量筒，彻底摇晃，然后将其放回槽中。依次取出每个沉淀筒，并在必要时用玻璃棒搅拌沉淀物，使所有土体都悬浮。在 2min 的时间内进行约 60 次颠倒循环，剧烈摇动沉淀筒，并立即在恒温水槽中直立更换。一旦它处于直立位置，就启动秒表或计时器（零时间，该样本的 $t=0$）。

（2）比重计读数
从沉淀筒上取下橡皮塞，稳固地插入比重计，使其自由浮动（图 4.29）。放开时，不得使其上下摆动或旋转。但是，如果手指在比重计末端快速旋转，则能去除可能附着在侧面的所有气泡。

按照步骤（3）所述的方式，从 0、0.5min、1min、2min、4min，在弯液面水平的顶部获取比重计的读数。

缓慢移开比重计，在恒温水槽温度下用蒸馏水冲洗，然后将其放入盛有分散剂溶液的量筒中。记录弯液面顶部的比重计读数（用 R'_0 表示）。

将比重计插入土样悬浮液中，以便在以下时间从零开始获取更多读数，每次读数后，将其取出并放回装有分散剂溶液的量筒中：8min、15min、30min；1h、2h、4h、8h；过夜（约16h）；此后（如有必要）每天两次。只要将每个读数的实际时间记录在比重计测试表上，就不必严格遵守这些时间。

液体比重计插入和离开悬架时必须小心。每次操作大约需要 10s，释放时，比重计应处于稳定的浮动位置。

必须避免由于比重计或振动对悬架造成的干扰。如果将加热器/搅拌器装置安装到恒温水槽中，则必须安装该装置，以使振动不会传递到沉淀筒上。

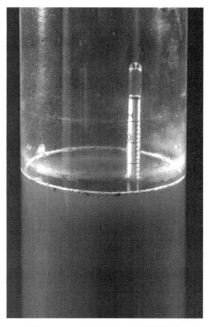

图 4.29　比重计浸入沉淀筒中
（照片由麦考利研究所提供）

如果将 6 个或 8 个样品一起处理，则最好从第一次开始起每隔 5min 启动一次。在每个读数之间，比重计应浸入装有分散剂溶液的量筒中。

应当定期检查悬浮液的温度，但是如果使用可靠的恒温水槽，则在整个试验过程中通常不应出现明显的温度变化。25℃比 20℃更好，除了最热的气候外，它消除了冷却的必要性。因此，较高的工作温度是适宜的。

（3）校正比重计读数

① 比重计读数在液体比重计上获取，每个密度读数必须首先表示为对应于弯液面上缘水平的读数 R'_h，然后通过从密度中减去 1 并将小数点向右移动三位（即乘以 1000）来计算得出。例如，观察到的比重计读数 $R'_h=32.5$，其密度值为 1.0325。

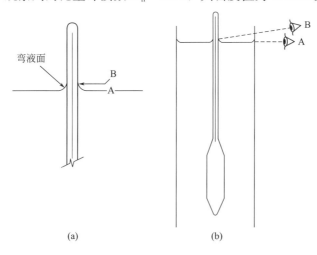

图 4.30　液体比重计读数

② 弯液面校正液体比重计可正确读取其浸入的液体表面［图 4.30（a）中的液位 A］。由于土样悬浮液的透明度不足以允许在此水平下进行读数，因此必须在弯液面的上边缘读取刻度，如图 4.30（a）中的 B 所示。因此，必须使弯液面充分展开，这意味着比重计杆必须完全干净。

为了获得真实的读数 R_h，必须将弯液面校正值（C_m）添加到 R'_h 中，因为杆上的密度读数向下增加。校正值 C_m 对于给定的比重计是常数，并且按如下方法确定。

液体比重计插入一个充满 3/4 蒸馏水的 1000mL 量筒中。液体表面的平面从表面正下方看是椭圆形。向上看直到表面看成一条直线，并标出该平面与比重计杆相交的刻度标记［在图 4.30（b）中读取 A］。通过从液面平面的正上方看，可以注意到弯液面上限水平处的刻度标记（读数 B）。两个刻度读数之间的差乘以 1000，即为弯液面校正值：

$$C_m = (B - A) \times 1000 \qquad (4.6)$$

例如：

如果读数 $A = 0.9985$

　　读数 $B = 0.9990$

　　$(B - A) = 0.0005$

　　$C_m = +0.5$

这是 C_m 的典型值，但必须为每个比重计确定。真实的比重计读数 R_h 为：

$$R_h = R'_h + C_m \qquad (4.7)$$

③ 基准读取 BS 1377：1990 不需要进一步校正，因为分散剂溶液 R'_0 中的比重计读数提供了与所有其他读数相关的数据，只要它与土样悬浮液处于同一温度即可。分散剂溶液中的比重计密度读数可能小于 1.000，但是即使发现 R'_0 的值为负，也必须遵循上述相同的规则。

例如，如果分散剂溶液中的比重计读数为 0.9985：

$$R'_0 = (0.9985 - 1.000) \times 1000$$
$$= (-0.0015) \times 1000$$

即，$R'_0 = -1.5$。

如步骤（4）所述，修改后的读数 R_d 仅用于计算小于给定尺寸的土粒百分比。$R_h = R'_h + C_m$ 的值（仅用于弯液面校正）在所有温度下均可用于计算粒径 D，无论是通过计算还是通过使用表，因为此处液体比重计可作为测量杆来确定密度读数适用的有效深度。

（4）计算

① 真实比重计读数

通过如上所述添加弯液面校正值 C_m，为每个观察到的读数 R'_h 计算真实的比重计读数 R_h（算例 4.7 的第 3 列）

② 有效深度

从比重计校准曲线（如第 4.8.4 节中所述获得）获得与 R_h 每个值相对应的有效深度 H_R（mm）（算例 4.7 的第 4 列）。

③ 等效粒径

根据第 4.7.3 节中得出的公式（4.5）计算每个读数的等效粒径 D（mm）：

$$D = 0.005531 \sqrt{\frac{\eta H_R}{(\rho_s - 1)t}} \quad \text{mm}$$

其中，η 为试验温度下水的动态黏度（mPa・s）（表 4.14）；ρ_s 为颗粒密度（Mg/m^3）；t 为经过的时间（min）。

```
水准计编号                    52284
开始日期和时间                 2001-06-01，09：35
测试温度                      25℃
弯液面校正值，Cm              +0.5
分散剂溶液中的读数0.997，R'0   −0.3
颗粒密度                      2.65
土的黏度                      0.8909mPa
土的初始干质量                 59.37g
预处理后的干质量，m            58.88g
预处理损失                    59.37−58.88=0.49g 即0.83%
```

计算：

$$R_h = R_h' + C_m = R_h' + 0.5$$

$$H_R = 214 - 4.1R_h$$

$$R_d = R_h' - R_0' = R_h' + 0.3$$

$$D = 5.531\sqrt{\frac{\eta}{\rho_s - 1}\frac{H_R}{t}} = 5.531\sqrt{\frac{0.899H_R}{1.65t}} = 4.064\sqrt{\frac{H_R}{t}} \quad \mu m$$

例如令t=0.5min，$D = 4.064 \times \sqrt{\frac{88.9}{0.5}} = 54.2$

$$K = \frac{100\rho_s R_d}{m(\rho_s - 1)} = \frac{100 \times 2.65 \times R_d}{58.88 \times 1.65} = 2.728 \times R_d\%$$

例如令t=0.5min，K=2.728×30.3=82.7%

经过的时间t (min)	水压计读数 R_h'	真实读数 R_h	有效高度 H_R(mm)	修正后读数 R_d	颗粒直径 $D(\mu m)$	比D小的百分比 K(%)
0.5	30.0	30.5	88.9	30.3	54.2	82.7
1	29.5	30	91.0	29.8	38.8	81.3
2	28.5	29	95.1	28.8	28.0	78.6
4	27.0	27.5	101.2	27.3	20.4	74.5
8	24.5	25	111.5	24.8	15.2	67.7
15	22.5	23	119.7	22.8	11.5	62.2
30	20.0	20.5	130.0	20.3	8.46	55.4
60	17.5	18	140.2	17.8	6.21	48.6
120	14.5	15	152.5	14.8	4.58	40.4
240	11.0	11.5	166.9	11.3	3.39	30.8
450	8.0	8.5	179.2	8.3	2.56	22.6
1420	5.5	6	189.4	5.8	1.48	15.8

算例 4.7　比重计沉降试验数据、结果和计算

转换为 μm：

$$D = 5.531\sqrt{\frac{\eta}{(\rho_s - 1)}\frac{H_R}{t}} \quad \mu m \tag{4.8}$$

为避免重复计算，上述公式可写成：

$$D = K_1\sqrt{\frac{H_R}{t}} \quad \mu m \tag{4.9}$$

其中，K_1 如第 4.8.2 节所定义。表 4.18 给出了一系列工作温度和颗粒密度下的 K_1 值。该表基于 ASTM D 422 中的表 3，但已计算出这些值，以便与 SI 度量单位兼容。根据式（4.9）计算的 D（μm）值输入到算例 4.7 的第 7 列。

④ 修正的比重计读数 R_d

基于公式的观测读数的修正值（即与分散剂溶液中读数相关的读数作为基准）：

$$R_d = R'_h - R'_0$$

比重计试验计算常数 K_1、K_2 的值（基于 ASTM D 422 表 3）　　　　表 4.18

温度 （℃）	颗粒密度 ρ_s（Mg/m³）								
	2.45	2.50	2.55	2.60	2.65	2.70	2.75	2.80	2.85
									K_1 值
16	4.832	4.759	4.683	4.607	4.538	4.471	4.408	4.345	4.288
17	4.775	4.699	4.623	4.551	4.481	4.415	4.351	4.288	4.231
18	4.718	4.639	4.563	4.494	4.424	4.358	4.298	4.234	4.177
19	4.661	4.582	4.506	4.437	4.370	4.304	4.244	4.184	4.127
20	4.604	4.525	4.452	4.383	4.317	4.250	4.190	4.133	4.076
21	4.547	4.471	4.399	4.329	4.263	4.200	4.139	4.082	4.026
22	4.494	4.418	4.345	4.279	4.212	4.149	4.092	4.035	3.978
23	4.440	4.367	4.294	4.228	4.165	4.101	4.045	3.988	3.931
24	4.389	4.317	4.244	4.177	4.114	4.054	3.997	3.940	3.886
25	4.339	4.266	4.196	4.130	4.067	4.007	3.950	3.896	3.842
26	4.291	4.218	4.149	4.082	4.022	3.962	3.905	3.852	3.798
27	4.244	4.171	4.101	4.038	3.978	3.918	3.861	3.807	3.757
28	4.196	4.124	4.057	3.997	3.934	3.874	3.820	3.766	3.716
29	4.149	4.079	4.013	3.950	3.890	3.833	3.779	3.725	3.675
30	4.105	4.035	3.972	3.909	3.848	3.792	3.738	3.684	3.633
									K_2 值
	169.0	166.7	164.5	162.5	160.6	158.8	157.1	155.6	154.1

请注意，如果 R'_0 为负，R_d 将大于 R'_h。在算例 4.7 的第 6 列中输入值。

⑤ 比 D 小的质量百分比

根据方程式计算得到的粒径小于等效粒径 D（用 K 表示）的颗粒质量百分比：

$$K = \frac{100\rho_s R_d}{m(\rho_s - 1)}$$

式中，ρ_s 为颗粒密度（Mg/m³）；如果省略了预处理，则 m 等于初始样品的干质量 m_0；如果土样经过预处理，则 m 等于预处理后的干质量 m_p（两种情况都包括保留在 63μm 筛子上的任何材料的质量），在算例 4.7 的第 7 列中输入值。

为避免重复计算，可以将上式写成：

$$K = K_2 \left(\frac{R_d}{m}\right) \%$$

其中，

$$K_2 = \frac{100\rho_s}{\rho_s - 1}$$

在表 4.18 的底部给出了仅取决于颗粒密度 ρ_s 的 K_2 值。

将每个比重计读数计算出的 K 值与相应的颗粒大小作图，绘制成对数坐标，与通过筛分确定的分布曲线完全相同。使用相同的图形表，颗粒尺寸向下延伸至约 $1\mu m$。通常，试验在约 $2\mu m$ 处终止，这是粉土尺寸范围的下限。粒径分布曲线与 $2\mu m$ 纵坐标的交点给出了百分比，该百分比称为黏土粒级。

以上计算百分比的方法仅在整个样品都通过 2mm 筛子并用于预处理时才适用。如果比重计测试样品是从经过较大孔径筛网的较大样品中通过四分法获得的，则必须按照第 4.8.5 节中的说明调整计算的百分比。

（5）结果介绍

在筛分分析所用的同一张纸上，将计算出的比每个确定的尺寸还小的百分比与相应的粒径作图。通过各点绘制一条平滑曲线。如果还进行了筛分试验，则绘制一条连续曲线以给出整个样品的粒径分布（第 4.8.5 节）。

预处理的详细信息、所用样品的大小和计算中所用的颗粒密度都将添加到粒径分布表中，并带有对土的直观描述。

（6）典型结果和计算

计算中给出了从比重计沉降试验获得的一组典型记录。计算参见图 4.7，保留在 $63\mu m$ 筛上的干燥预处理部分的筛分数据在算例 4.8 中。

		预处理后的初始总质量	58.88g	
		$60\mu m$筛上保留的干质量	5.92g	
筛径 (μm)	保留质量 (g)	累计通过质量		通过率 100%
600	0	58.88		100%
425	1.46	$\dfrac{-1.46}{57.42}$		$\dfrac{57.42}{58.88}\times100$=97.3%
212	1.74	$\dfrac{-1.74}{55.68}$		$\dfrac{55.68}{58.88}\times100$=94.7%
150	0.55	$\dfrac{-0.55}{55.13}$		$\dfrac{55.13}{58.88}\times100$=93.5%
63	1.94	$\dfrac{-1.94}{53.19}$		$\dfrac{53.19}{58.88}\times100$=90.3%
	超过$\dfrac{0.23}{5.92}$	$\dfrac{-0.23}{52.96}$		

算例 4.8　与比重计试验有关的筛分数据和计算

算例 4.7 中显示了通过沉降试验计算粒径和小于每个粒径的百分数的方法。

对于筛分试验和沉降试验，在图 4.31 的粒径表中绘制了与每种粒径相对应的百分比。保留在筛网上的质量以质量 m_p 的百分比计算，即预处理后的总干质量。算例 4.8 中，沉降试验的第一个点不在连接筛分曲线与其余点的平滑曲线上。这并不少见，在第 4.8.5 节中讨论了明显差异的原因。

4.8.4　比重计的校准

没有两个比重计是完全一样的，每个比重计都有唯一的标识号。该数字必须记录在校

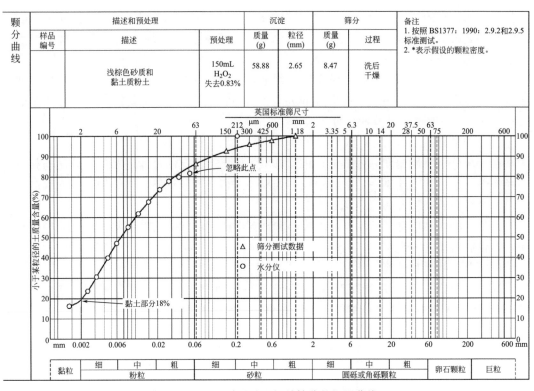

图 4.31 比重计试验和相关筛分的级配曲线

准数据表以及使用该数字的每个测试表上。

比重计应在要使用的量筒中校准。这是因为校准计算需要圆柱体的横截面面积 A。实际上，横截面面积在一批类似的量筒之间变化不大。但是，应检查每个使用的量筒。圆柱体的侧面应平行，以使横截面在整个长度上保持恒定。

要确定横截面面积 A，请测量圆柱体上两个间距合适的刻度（例如 100mL 和 1000mL）之间的距离 L（以 mm 为单位）。这两个刻度之间的体积为 900mL，因此横截面面积 A 为：

$$A = \frac{900}{L} \times 1000 \mathrm{mm}^2$$

如果量筒在 100mL 处没有刻度，则通过添加 100mL（或 100g）水来确定液位。当圆柱体立在水平表面上时，在弯液面的底部用一条胶带标记。

用钢尺测量比重计球状物的颈部到最低校准标记的距离，精确至 mm。在图 4.32 中用 N 表示。如图 4.32 所示，测量从该校准标记到每个其他主要标记的距离 d_1、d_2 等，并精确至 mm。对应于每个刻度标记的距离 H 由 $(N+d_1)$、$(N+d_2)$ 等给出。对于最低的标记，$H=N$。

测量从颈部到球状物底部的距离 h（mm）。这种测量可以通过将液体比重计放在一张纸上并用三角板投影到纸张上，也可以通过将液体比重计垂直固定并以正方形投射到滴定管架垂直固定的米尺上。

液体比重计球状物的体积 V_h 可以通过称重比重计（精确至 0.1g）并将质量（g）等化为体积（mL）来测量。或者，可以测量最初填充到 800mL 刻度的 1000mL 量筒中的水位升高。在这两种方法中，由于包含瓶颈或瓶颈的一部分，都会产生很小的误差，但是在

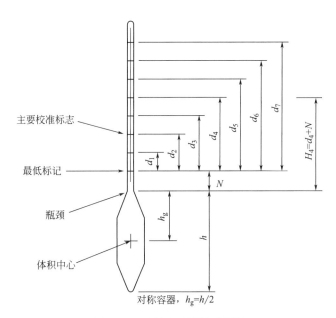

图 4.32　液体比重计校准测量

实践中可以忽略不计。

如果比重计球壳呈对称形状，则无需进一步测量。但是，如果不对称，则必须确定球状物体积中心的位置。通过将球状物的形状投影到一张纸上并估计轮廓的重心位置，则可以达到足够的精度。球状物的重心到颈部的距离用 h_g 表示（图 4.32），对于对称的球状物 $h_g = h/2$。

根据等式计算与每个主要刻度 R_h 对应的有效深度 H_R（mm）：

$$H_R = H + (h - h_g) - \frac{1000V_h}{2A}$$

如果比重计球状物是对称的，则此等式变为：

$$H_R = H + \frac{1}{2}\left(h - \frac{1000V_h}{A}\right)$$

在实践中，面积 A 的计算以及过多的零可以通过以下形式重写该式（使用上面定义的 L）来避免：

$$H_R = H + \frac{1}{2}\left(h - \frac{V_h}{900}L\right)$$

在普通方格纸上将 H_R 值相对于 R_h 作图，并通过这些点绘制一条平滑曲线，如图 4.33 所示。该曲线通常在所使用的范围内近似于一条直线。这种关系考虑了在给定时间所考虑的液面悬浮液的有效深度，并允许由于比重计的位移而导致筒内液体的上升。

通过测量校准线的斜率，并读取其在 H_R 轴上的截距，可以将校准线的方程写为：

$$H_R = j_1 + j_2 R_h$$

其中，j_1 是 H_R 轴上与 $R_h = 0$ 对应的截距；j_2 是直线的斜率，始终为负。

必须为每个比重计导出如图 4.33 所示的图表，该图表从数据和计算（作为算例 4.9 中的示例）得出。此示例的校准公式为：

$$H_R = 214 - 4.1R_h$$

此处给出的校准数据、计算结果和图表仅用于说明目的。

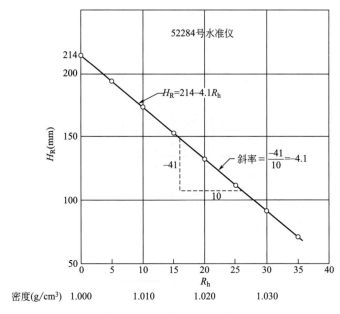

图 4.33　比重计校准曲线

校准日期　　　　　　　　　　　　　　　　1990-04-05
水准计编号　　　　　　　　　　　　　　　52284
校准方法　　　　　　　　　　　　　　　　RMS
柱面数　　　　　　　　　　　　　　　　　17

圆柱体数据
100mL到1000mL的距离　　　　　　　　　318mm
完成标志，L
横截面面积，A　　　　　　　　　　　　　900/318×1000=2830mm²

水准仪数据
体积，V_h　　　　　　　　　　　　　　81.2mm³
瓶高，h　　　　　　　　　　　　　　　158mm
颈部到最低校准点(1.030)，N　　　　　26mm

注意到$H_R=H+\frac{1}{2}\left(h-\frac{V_h L}{900}\right)$

　　　　　=H+65构成上述数字

测量结果

刻度 (g/cm³)	读数 R_h	与最低液面的距离 d(mm)	H=d+N (mm)	H_R (mm)
1.030	30	0	26	91
1.025	25	21	47	112
1.020	20	41	67	132
1.015	15	61	87	152
1.010	10	82	108	173
1.005	5	103	129	194
1.000	0	123	149	214
0.995	−5	144	170	235

算例 4.9　比重计的校准

　　由于比重计的图形表示近似为线性，因此可以轻松地将其合并到计算机程序中。这样，在输入 C_m、η、ρ_s 和 m 的值（对于特定试验是常数）之后，就可以直接从观察到的

R_h 和时间 t 的读数直接计算等效粒径 D 的值和比 D 小的百分比。

4.8.5　筛分与沉降相结合

如果被测样品由大小不等的颗粒组成，这些颗粒的大小从砂子或更大到粉土或黏土，则筛分和沉降试验的结果必须结合起来以给出一条连续的曲线。计算方法取决于土的类型，以下类型满足大多数要求：

(1) 含有不超过 2mm 颗粒的土。

(2) 颗粒大于 2mm 的非黏性土。

(3) 包含砾石或更大尺寸的黏性土，包括巨粒黏土。

每个计算过程如下所述。无论沉降曲线是通过移液管分析还是比重计试验获得的，它们均适用。

1. 含有不超过 2mm 颗粒的土

对于这种类型的土，将整个样品的代表性部分用于预处理程序（第 4.8.1 节），然后进行沉降试验（第 4.8.2 节或第 4.8.3 节）。

洗涤后保留在 63μm 筛上的物料按照第 4.6.4 节中的描述进行干燥、筛分和称重。通过每个筛子的百分比是根据土的初始干质量（m_0）或预处理后剩余的土干质量（m_p）计算的。通过 63μm 筛子洗涤的细料用于沉降试验，但每个尺寸分数均按所用土质量（m）（m_0 或 m_p）的百分比计算，而不是转移至沉淀筒的质量百分比。计算程序的示例在算例 4.7 和算例 4.8 中给出。

可以将计算出的百分比直接绘制到粒径表上，且无需针对相关粒径进行进一步校正。通过绘制的点绘制一条平滑曲线，如图 4.31 所示。图 4.31 的筛分和沉降部分的前两个或三个点可能不在平滑曲线上。部分原因是，在沉降试验早期，基于斯托克斯定律（第 4.7.3 节）所作的假设可能并不严格成立。另外，由于表面张力的作用，一些粗粉砂颗粒在湿筛时会保留在 63μm 的筛子上。这些颗粒经过干筛后会重新出现，除非将其添加到沉淀筒中，否则在此尺寸范围内存在很小的缺陷。如果初始读数不位于筛分曲线之后的平滑曲线上，则应将其忽略。

2. 颗粒大于 2mm 的非黏性土

这些土需要超过 100g 的样品，最小量取决于颗粒的最大尺寸（表 4.5）。通常有必要将通过 2mm 筛子的部分筛分，以获得适合预处理和沉降的尺寸样品。就筛分试验而言，百分比的计算与复合筛分中所述的计算类似（第 4.6.2 节）。但是，应考虑到在预处理过程中部分样品丢失的事实，如下所述。

令 m_1 为原始样品的干质量；m_2 为通过 2mm 筛的干物料；m_3 为用于预处理、细筛和沉淀的 m_2 分离部分的质量；m_p 为预处理后测试样品的干质量。预处理造成的损失，以分离质量的百分比 m_3 表示，等于：

$$\frac{m_3 - m_p}{m_3} \times 100\%$$

如果该损失很小，例如为 1% 或更小，则筛分百分比可以基于大于 2mm 的颗粒质量

m_1 和 63μm~2mm 颗粒的预处理质量 m_p。如第4.6.2节中所述，通过乘以系数 m_2/m_1 将后者校正为原始质量的百分比。由这种简化引入的任何误差都是微不足道的。

如果预处理损失较大，则应进一步校正。可以假设，通过未过滤样品的预处理将除去材料的百分率 m_2 与从未过滤部分除去的百分率 m_3 相同。因此，可通过预处理除去的物质为：

$$\frac{m_3 - m_p}{m_3} \times m_2$$

如果假设大于 2mm 的颗粒由诸如石英之类的矿物组成，这些矿物不受预处理的影响，那么对整个原始样品 m_1 进行预处理，则损失将是相同的。预处理后剩余的整个样品的质量（m_0）由下式给出：

$$m_0 = m_1 - \left(\frac{m_3 - m_p}{m_3}\right) \times m_2$$

通过 2mm 筛子的质量将减少相同量，得到 m_4 的校正值，其中：

$$m_4 = m_2 - \left(\frac{m_3 - m_p}{m_3}\right) \times m_2$$

应使用质量 m_0 代替 m_1 来计算大于 2mm 颗粒的筛分百分比。小于 2mm 的筛子上保留的百分数应通过因子 m_4/m_0 而不是 m_2/m_1 进行校正。

算例4.10的上部给出了该程序的计算结果。按照第4.8.2节或第4.8.2节中的描述，对通过 63μm 筛网洗涤的物料进行了沉降试验。首先根据预处理后的土的质量（m_p），而不是通过 63μm 筛子的质量计算每个粒径分数的百分比。然后，将其乘以因子 m_2/m_1 或 m_4/m_0（如果预处理损失显著），可以校正为整个样品的百分比。比重计和筛分试验的程序在算例4.10的下部显示。

完整的级配曲线如图4.34所示。

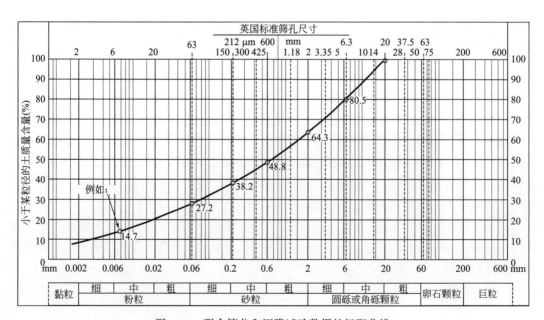

图 4.34 联合筛分和沉降试验数据的级配曲线

3. 泥砾

在第 4.6.7 节中描述了对泥砾类材料进行筛分试验的程序。这样可以将级配曲线绘制到 $63\mu m$，如图 4.21 所示，并由曲线（S）表示，如图 4.35 所示的 b-c 部分。

小于 2mm 的材料样本（第 4.6.7 节；选择样本）按照上述方法（1）进行处理，以获得从 2mm 到黏土尺寸范围的筛分和沉降曲线。这在图 4.35 中显示为曲线（F）。可以假定细粒土分数（F）中小于 $63\mu m$ 的分布颗粒可以代表原始样品，但是从 $63\mu m\sim2mm$ 的分布颗粒可能无法准确代表整个样品。

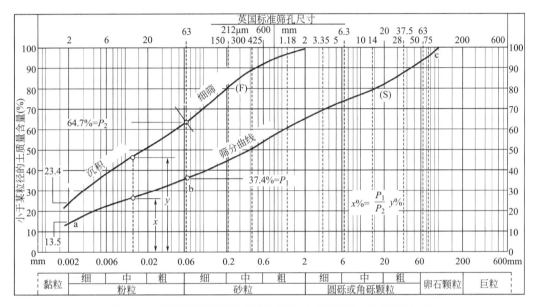

图 4.35　单独筛分和沉降曲线的组合（"卵石黏土"类型的土）

曲线（F）和（S）通过将沉降曲线添加到主筛分曲线中，并在 $63\mu m$ 处将它们合并在一起。如前述方法所述，如有必要，应首先剔除早期比重计读数得出的点，对曲线（F）进行平滑处理。

沉降曲线按通过 $63\mu m$ 的百分比比例缩小，从两条曲线中读取如下。

设 P_1 为通过湿法筛分在整个样品上测得的通过 $63\mu m$ 的百分比；P_2 为在用于沉淀的细级分上小于 $63\mu m$ 的百分比；y 为比液体比重计试验曲线上任何给定粒径小的百分比；x 为小于完全校正分布曲线上相同粒径的百分比。然后从以下等式计算出 x（%）：

$$x(\%)=\frac{P_1}{P_2}\times y(\%)$$

以图 4.35 为例

$$P_1=37.4\%$$
$$P_2=64.7\%$$

在虚线所示的任意粒径下，$y=46.5\%$。全曲线上该直径的百分比（x）为：

$$x=64.5\times\frac{37.4}{64.7}=26.9\%$$

203

筛分尺寸	保留质量	测量结果	通过质量 (g)	修正后	百分比	
20mm	0	$m_1=2517$		$m_0=2482$	100	
6.3mm	484	$\dfrac{-484}{2033}$		$\dfrac{-484}{1998}$	$\dfrac{1998}{2482}\times100$	=80.5
2mm	403	$m_2=\dfrac{-403}{1630}$		$m_2=\dfrac{-403}{1595}$	$\dfrac{1595}{2482}\times100$	=64.3

分为

$m_3=91.26$ (1538.74)

预处理		预处理损失=	原有样品等效损失
$m_p=89.32$ (损失1.94)		$\dfrac{1.94}{91.26}\times100=2.13\%$	$\dfrac{2.13}{100}\times100$ =34.7g

在63μm筛上清洗

保留51.64　　（沉降试验 37.68）

$\therefore m_0=2517-34.7=2482.3g$

$m_4=1630-34.7=\underline{1595.3g}$

筛分尺寸	保留质量	测量结果	通过质量 (g)	百分比	
		$m_p=89.32$			
600μm	21.52	$\dfrac{-21.52}{67.80}$		$\dfrac{67.80}{89.32}\times\dfrac{1595}{2482}\times100$	=48.8
212μm	14.68	$\dfrac{-14.68}{53.12}$		$\dfrac{53.12}{89.32}\times64.3$	=38.2
63μm	15.31	$\dfrac{-15.31}{37.81}$		$\dfrac{37.81}{89.32}\times64.3$	=27.2
			37.68		
通过63μm	$\dfrac{0.13}{51.64}$	添加到沉降试验中 $\dfrac{0.13}{37.81}$			

沉降试验

(a)　水准仪法

在给定的颗粒直径下，完全校正的比重计读数，如算例4.7中得出 $=R$

$P=\dfrac{\rho_s}{89.32(\rho_s-1)}\times R\times64.3$

例如：

$R_h=13.5$在$t=60$min

$R=13.5-0.7=12.8$

$H_R=214-(4.1\times13.5)=158.65$

$D=0.004064\sqrt{\dfrac{158.65}{60}}=0.00661$mm

$P=\dfrac{2.67}{89.32\times1.67}\times12.8\times64.3$ $=14.7\%$

(b)　移液法

比每边小的百分比，按算例4.6的方法计算 $=p$

$P=p\times64.3$

注：沉降计算中使用的质量是预处理后的质量($m_p=59.22$g)，而不是转移到沉降筒的质量(37.81g)

算例4.10　联合筛分和沉降试验计算

同样，黏土分数（以整个样品的百分比表示）等于：

$$23.4\times\frac{37.4}{64.7}=13.5\%$$

校正后的沉降曲线由图 4.35 中的 a-b 部分表示，而 a-b-c 是整个样本的粒度曲线。

参考文献

Allen，T. (1974) Particle Size Measurement. Chapman and Hall，London ASTM D 422-63 (2002) Standard test method for particle size analysis of soil.

BS 410 (2000) Test sieves：Technical requirements and testing. British Standards Institution，London.

BS 5930 (1999) Site investigations. British Standards Institution，London.

Fookes，P. G. (1997) Tropical Residual Soils. (ed) Geological Society Engineering Group Working Party Revised Report. The Geological Society，London.

Fuller，W. B. and Thompson，S. E. (1907) The laws of proportioning concrete. Transactions of American Society of Civil Engineers，Vol. 59.

Glossop，R. and Skempton，A. W. (1945) Particle size in silts and sands. Proceedings of Institute of Civil Engineers，Paper No. 5492.

Kaye，G. W. C. and Laby，T. H. (1973) Tables of Physical and Chemical Constants，14th Edition. Longmans，London.

Stokes，Sir George G. (1891) Mathematical and Physical PaperIII. Cambridge University Press.

Transport and Road Research Laboratory. (1970) Road Note 29：A guide to the structural design for pavements for new roads. HMSO，London.

West，G. and Dumbleton，M. J. (1972) Wet sieving for the particle size distribution of soils. TRRL Report No. LR 437. Transport and Road Research Laboratory，Crowthorne，Berks.

延伸阅读

Casagrande，A. (1931) The Hydrometer Method for Mechanical Analysis of Soils and other Granular Materials. Cambridge，Mass.

Casagrande，A. (1947) Classification and identification of soils. Discussion of grain-size classifications and of methods for representing the results of mechanical analysis. Proceedings of American Society of Civil Engineers，June 1947.

第 5 章
化学试验

本章主译：寇海磊（中国海洋大学）

5.1 简介

5.1.1 概述

对于土木工程学科而言，尽管土体的详细化学成分并不重要，但某些成分的存在有时却极为关键。这些成分包括有机质、硫酸盐、碳酸盐和氯化物等。地下水的 pH 值（酸碱度）也非常重要。

土工实验室的化学试验通常是针对下列参数进行的常规测试：

（1）酸碱度（pH 值）；

（2）硫酸盐含量；

（3）有机质含量；

（4）碳酸盐含量；

（5）氯化物含量；

（6）总溶解固体（水中）。

相关试验步骤主要参考 BS 1377-3：1990，并连同一些附加条款在本章中进行了详述。本章所涉及的许多试验也包含在其他用于测试骨料和水泥的 BS 标准中，尽管试验步骤可能略有差异，但其得出的结果总体上都具备可比性。BS EN 1744-1：1998 和 BS EN 196-2：2005 是其中两个例子。

其他物质的化学试验通常在专业化学实验室进行。如果土工实验室没有相应的设施，亦可在专业化学实验室进行上述试验。事实上，目前越来越多的化学试验实验场所已由外部化学实验室转移到内部土工实验室。无论如何，都应由化学专业人士或受过化学试验培训的技术人员进行这些化学试验。在试验中观察到任何异常行为或现象，应交给专门的化学专业人士做进一步分析。

5.1.2 试验类型

本章描述的试验列在表 5.1 中，包括注意事项及其局限性的说明。

5.1.3 化学试验的相关性和准确性

在土体的定量化学分析中，最大误差来源于试样的选取。通常在试验开始前需要少量的干燥土样，而且这个土样必须有代表性，因此必须严格遵守第 1.5.5 节中所述的混合、分样和分离程序，如果这些步骤处理不当，可能会导致试验结果出现不一致。

所测定的化学试验结果主要提供了各种成分含量在数量级上的参考，仅供分类使用，而不是确定各成分的精确含量百分比。英国标准试验程序对大多数土样提供了足够准确的结果，但对于某些土（特别是热带土），其内部存在的其他成分可能对测定某种特定物质的化学反应过程产生未知影响。

然而，这并不意味着试验过程中谨慎和准确是不重要的。所有的化学试验程序都需要非常谨慎、准确和洁净的试验条件。实验室必须是无尘的，例如，研磨、筛分和混合干土的操作不应该在化学试验区进行，同时实验室禁止吸烟。

酸的萃取等过程需要使用通风柜和抽气风扇来排走有害气体和烟雾。如果无法建立单独的化学实验室，应在通风罩下单独分配一部分台架空间进行化学试验，以尽量减少烟雾的影响，并使玻璃器皿和其他精密仪器远离土工试验设备。

每次试验都应重复进行。

5.1.4　操作方面

1. 安全

萃取和使用化学药品需要非常小心，技术人员必须了解可能存在的危险。第 1.6.7 节概述了一些注意事项，在进行化学试验之前应充分了解这些注意事项。有关这一重要内容的详细信息，请参见弗里曼（Freeman）和怀特黑德（Whitehead）（1982）。

2. 批量试验

每个所列的仪器都是单次分析所需要的。在商业实验室中的许多试验，如硫酸盐和氯化物含量的测定，必须分批进行，通常一次可进行 6 批次试验。在专业化学实验室里，一批可以进行 20 项或更多试验。如果同时进行几项试验，则需要增加烧杯、漏斗和坩埚等物品数量，但不需要多个烘干箱和滴定管等主要物品。

土和地下水的化学试验（BS 是指 BS 1377：1990）　　　　　　表 5.1

章节	实验类型	步骤	参考文献	优势和应用	局限和评价
5.5	pH 值	pH 试纸 比色(库恩法)	安装文件	简单且快速,用于初步测定大概的 pH 值范围,做土的现场试验非常快速,设备可以装入一个工具包中	只给出近似值
		罗维朋比色法	制造商说明书	与标准色盘进行颜色对比,pH 值可精确至 0.2。测定范围包含 pH 试纸范围	要求与英国标准印刷的图表进行颜色比较。精确值最高只有 0.5
		测电法	BS-3:9	BS 标准的方法。pH 值可精确至 0.1 以上	尽管有价格低廉的便携式电池可供选择,需要一种特殊的电器。电极老化缓慢,应定期用缓冲溶液检查
5.6	硫酸盐含量	土中的硫酸盐总量	BS-3;5.2,5.5 特别摘要 1	如果谨慎操作并使用适当的化学测试设备,则结果准确。给出硫酸盐的总量,包括不溶于水的硫酸钙	如果测定的硫酸盐含量大于 0.5%,还应测定水溶性硫酸盐含量

续表

章节	实验类型	步骤	参考文献	优势和应用	局限和评价
5.6	硫酸盐含量	土中水溶性硫酸盐(重量法)	BS-3:5.3,5.5	精度同上，只给出可溶于水的硫酸盐的量，这些硫酸盐最容易腐蚀混凝土	
		土中水溶性硫酸盐(离子交换法)	BS-3:5.3,5.6	快速，简单	如果氯、硝酸盐或磷酸盐离子存在，则不能使用该方法。需要一种特殊的离子交换树脂，进行多次重复试验
		地下水中的硫酸盐(离子交换法)	BS-3:5.4,5.6	同上	同上
		地下水中的硫酸盐(重量法)	BS-3:5.4,5.5	适用于土中的水溶性硫酸盐	
5.7	有机质含量	过氧化物氧化		在沉降前应清除有机质，进行粒度试验	对植物残体(如根和纤维)的作用有限
		重铬酸氧化	BS-3:3	如果使用了适当的化学检测设备，则非常准确。适用于所有土。碳和碳酸盐的存在不影响结果。速度快，适合小批量生产	氯化物的存在会影响结果，但如果氯化物是单独测量的，则可以进行校正。它们的影响可以通过添加硫酸汞来克服
5.8	碳酸盐含量	快速滴定法	BS-3:6.3	适用于碳酸盐含量超过10%的测定试验	碳酸盐类的精确度最高只有1%
		重量法	BS-3:6.4 BS 1881-124	需要精密的称重和化学试验设备	该方法用于硬化混凝土的测定
		柯林钙化仪		精确，简单，能够快速测量二氧化碳的体积	是一种近似的方法，但对于大多数工程精确度足够。大气压力值必须已知
5.9	氯化物含量	沃尔哈德方法		滴定过程需要化学试验设备。用于混凝土骨料的测定	需要若干种标准试剂
		水溶性法	BS-3:7.2		
		酸溶性法	BS-3:7.3		
		莫尔滴定法	鲍利(1995)	比沃尔哈德法简单。用于混凝土骨料的测定	两种方法都需要分析天平
5.10.2	总溶解固体	蒸发	BS-3:8	步骤简单	需要非常精确地称重
5.10.3	灼烧损失	点火	BS-3:4	破坏所有有机质，适用于少量或者不含黏土或者白垩	高温分解黏土中的某些矿物质和碳酸盐，并去除结晶水
5.10.4	某些盐的浓度	试纸	厂商说明	非常简单、快捷、便宜	只给出近似值；试验并不精确。被测盐以外的盐的存在可能会影响结果

3. 浓度的解决方案

用摩尔浓度（M）和当量浓度（N）表示溶液中物质浓度的传统方法已不再适用，既不被国际单位制（SI）认可，也不被英国的标准认可。体积溶液物质浓度的国际单位制单位是摩尔每升（符号为 mol/L）。摩尔（物质量的 SI 基本单位）在附录 A.1.2.8 中有定义，而在大多数实际应用中与分子质量（克）相同。化学式必须始终与摩尔和摩尔/升的单位有关，以确定所考虑的分子种类；化学式的名字并不完全相同。公式（方括号内）前面符号 c，表示"浓度"。

浓度为 1mol/L 的溶液中所含物质的分子量（以 g 为单位）等于蒸馏水中物质的分子量，从而构成 1L 溶液。本章所述试验所用物质的 1mol/L 溶液中所需要的组分的质量列于表 5.3 中。

例如，1L 溶液中含有 40g NaOH，写作：

$$c(NaOH) = 1mol/L$$

我们用适合的参数标定不同浓度的溶液；例如，1L 溶液中含有 10g/L 的 NaOH，写作：

$$c(NaOH) = 0.25mol/L$$

单位 mol/L 在数值上与之前的摩尔浓度（M）相同；或以前的当量浓度（N）除以相关的价。

当配制 1L 标准溶液时，首先应将需要溶解的成分加入到大约四分之三的蒸馏水中，这是考虑到溶解过程可能使水的体积增加。当成分溶解后，再加入剩余的蒸馏水制成 1L 溶液。

所有参与配制的化学药品应是分析试剂（AR）级。在一些需要高精度结果的试验中，需要对标准溶液进行校准检查。

4. 滴定管的使用

容量分析通常需要使用滴定管来测量所使用溶液的体积，这比使用量筒更精确。为了获得精确的结果，必须注意下列各点：

（1）滴定管必须是洁净的；
（2）滴定管顶端不能漏水；
（3）滴定管顶端应仅用少量的润滑剂，如凡士林（不能是硅脂）；
（4）滴定管注射速度应足够小，注射速度不超过 20mL/min；
（5）滴定管必须正确地夹在滴定管支架上，使其完全垂直。

滴定管通常每隔 0.1mL 校准一次，每隔 1mL 标上数字（向下）。当读取滴定管的液位时，观察凹液面曲线的底部，如图 5.1（a）所示。眼睛必须与凹液面处于同一高度，以避免视差误差。

如图 5.1（b）所示，在滴定管上加一张白色滤纸，使液面更容易阅读。一般来说，对于土样测试，读数到最小刻度的一半（0.05mL）才足够准确。

用一个小漏斗从开口端把滴定管灌满。在进行第一次读数之前，要确保滴定管顶端和滴定管内部的空气完全排出。

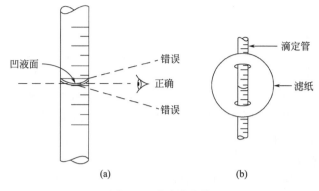

图 5.1 读取滴定管

5. 移液管

对于体积是 5mL、10mL 或 50mL 倍数的液体，用移液管来操作是非常方便、快速和准确。最常使用的是球管式移液管，但如果要精确地测量小于 1mL 或 2mL 的体积，则需要使用带刻度的窄管式移液管。酸类溶液和其他化学溶液绝不能使用嘴吸到移液管中。

6. 真空过滤

用于真空过滤的烧瓶必须用特制的厚玻璃制成，以承受外部大气压力（见第 1.6.9 节）。在使用布氏漏斗进行过滤时，需要在孔口覆盖一定直径的滤纸。漏斗的长颈应延伸至与真空管相连的侧臂水平位置以下。

不建议用装有锥形纸的锥形漏斗进行抽吸过滤。

7. 淀帚

"淀帚"是一种由橡胶套和搅拌棒组成的搅拌工具，把一根或者多根橡胶管套在搅拌棒末端就制成了淀帚。当沉淀物或固体颗粒被转移到另一个容器时，可以用淀帚来擦拭烧杯内部。淀帚是由橡胶制成的，一旦发现其有变硬的迹象，应该立即丢弃。

5.1.5 土样初步准备

通常用于化学试验的土样品尺寸非常小，用于试验的样品必须具有代表性，能代表整个土体情况（见第 5.1.3 节）。

以下所述初始制备过程除了一些参数的变化（如干燥温度）对所有化学试验都是通用的，分离过程仅适用于某些试验。

1. 试验装置

（1）天平，分度值 1g；

（2）天平，分度值 1mg 或 0.1mg（根据相关试验要求）；

（3）烘箱，可实现指定温度控制；

（4）干燥器，干燥剂；

（5）试验筛，孔径 2mm；

（6）试验筛，孔径 $425\mu m$、孔径 $63\mu m$；

（7）不同尺寸的再分盒（最小尺寸如图 1.20 所示，槽宽开口约 7mm）；

（8）杵、臼及机械破碎机；

（9）橡胶杵；

（10）称量混合土的大号金属托盘；

（11）用于烘箱干燥土的轻质耐腐蚀金属托盘；

（12）用于烘箱烘干的重质耐腐蚀容器。

2. 试验步骤

（1）从初始土样中制备具有代表性的不同类型试验土样：

细粒土 100g

中粒土 100g

粗粒土 3kg

此三类土样具体定义见第 1.5.1 节，试验土样制备参照第 1.5 节。

（2）将试验土样在指定的温度下烘干（烘箱中），然后用干燥剂冷却。重复此操作，直至土样干燥至恒质量，即将称量后的土样再次放入烘箱烘 4h，冷却，再次称量。连续称重的差值不应超过试验土样质量的 0.1%。

各物质烘干温度：

pH 值	空气干燥（室温）
硫酸盐成分	$70\sim80℃$
有机质成分	$50℃\pm2.5℃$
碳酸盐成分	$105\sim110℃$
氯化物成分	$105\sim110℃$
烧失率	$50℃\pm2.5℃$

（3）称取干燥后试验土样质量的 0.1%，记为 m_1（以 g 为单位）。

（4）用孔径 2mm 的试验筛筛分土样，必要时可使用大孔径试验筛。将除石头以外的残留颗粒碾碎，使全部土样通过 2mm 的试验筛。

（5）剔除碎小石块，将附着在石块上的细小颗粒物加到细颗粒土样组中。称量通过 2mm 试验筛的土样的 0.1% 记为 m_2。

（6）确保上述操作及后续操作中无颗粒损失。

（7）将通过 2mm 筛的土样再次进行细分，并将其放入指定再分盒中，制备成试验所用的初始试样。一般最少应制备 2 个试样。

以下筛分步骤只针对特定试验：

（8）将已经再次细分的试验土样用 $425\mu m$ 孔径试验筛进行筛分，将残留土样颗粒碾碎使其全部过筛，然后将正常过筛及碾碎过筛的土样颗粒完全混合。

（9）在上述操作及后续操作过程中，土样再分前都要将土样颗粒完全混合，以免在再分过程中发生离析。

（10）将此试样再次细分，获得各特定质量的试验试样。

（11）将各试样放到玻璃称量瓶中称重，精确至 0.001g。在指定温度下放入烘箱干燥至恒重（连续称量 4h 的差值不超过试样质量的 0.1%）。

(12) 在干燥器中冷却至室温。

(13) 称取最接近 0.001g 的重量，取差值计算干土质量。

5.2 定义及数据

5.2.1 定义

离子：带电荷的原子、分子或分子团，其移动会影响电解质溶液中的电流传输。

电解：物质在液体中溶解时分解成离子的过程。

pH 值：以 10 为底的氢离子浓度的负对数，用以测量溶液的酸碱度，其取值从 0 到 14，pH 值为 7 时，溶液呈中性。

指示剂：一种通过改变被滴定溶液的颜色来判断化学反应进程的物质。

滴定：用滴定管把一种溶液加到另一已知体积溶液中，直至两者之间化学反应完成。若一种溶液的浓度已知，另一种溶液的浓度可通过加入溶液的体积求出。

摩尔溶液：1000g 蒸馏水中所含物质的分子质量（以 g 为单位）。

摩尔：表示物质的量，用分子质量（g）表示。

5.2.2 原子质量

本节所描述的元素的原子质量及其符号等三个重要指标见表 5.2。

相对原子质量（三个重要指标）　　　　　　　　　　　　　　　表 5.2

元素	元素符号	相对原子质量	元素	元素符号	相对原子质量	元素	元素符号	相对原子质量
铝	Al	27.0	铜	Cu	63.5	氧	O	16.0
钡	Ba	137	氢	H	1.01	磷	P	31.0
溴	Br	79.9	铁	Fe	55.8	钾	K	39.1
钙	Ca	40.1	铅	Pb	207	硅	Si	28.1
碳	C	12.0	镁	Mg	24.3	银	Ag	108
氯	Cl	35.5	汞	Hg	201	钠	Na	23.0
铬	Cr	52.0	氮	N	14.0	硫	S	32.1

5.2.3 溶液

本试验中所用摩尔溶液中物质的量见表 5.3。

摩尔溶液（1L 溶液中所含物质的量）　　　　　　　　　　　　表 5.3

溶液	成分	含量(g)
盐酸	HCl	36.5
硫酸	H_2SO_4	98
硝酸	HNO_3	63

续表

溶液	成分	含量(g)
氢氧化钠	NaOH	40
硝酸银	AgNO₃	170
重铬酸钾	$K_2Cr_2O_7$	294

海水的组成成分及其溶解盐的质量百分比见表5.4。

海水主要成分　　　　　　　　　　　　　　　　　　　表 5. 4

盐溶液	化学式	质量百分数
氯化钠	NaCl	2.71
氯化镁	$MgCl_2$	0.38
硫酸镁	$MgSO_4$	0.16
硫酸钙	$CaSO_4$	0.13
硫酸钾	K_2SO_4	0.09
其他	(主要有 $CaCO_3$、$MgBr_2$)	0.02
	溶解盐总量	3.49

5.3　理论

5.3.1　酸、碱、pH 值

1. pH 值范围

所有水溶液中都至少含有两种携带电荷的自由离子（原子或原子团），即带正电荷的氢离子（H^+）和带负电荷的氢氧根离子（OH^-），它们由水分子的电离作用产生：

$$H_2O \rightleftharpoons H^+ + OH^-$$

当两种离子浓度相等时，溶液呈中性。

1L 纯净蒸馏水中含有 10^{-7}g 氢离子（H^+）及同样多的氢氧根离子（OH^-）。水溶液中加入酸性液体会增加氢离子（H^+）的浓度，降低氢氧根离子（OH^-）的浓度。水溶液发生电离反应，酸性随着氢离子（H^+）浓度的增加而增加。

水溶液中加入碱性液体则相反，碱性随氢离子（H^+）浓度的降低而增加。

在给定的温度下，氢离子（H^+）和氢氧根离子（OH^-）的浓度之积是一个常数。因此，若一个值已知，另一个可通过计算求得。pH 值通常仅指氢离子（H^+）浓度，以每升液体中电离的氢离子（H^+）的克数表示，由于此数值非常小，用对数表示更为方便。这里，p 代表幂，H 代表氢离子。pH 值是以 10 为底的氢离子（H^+）浓度对数的相反数，单位为克每升（g/L）。pH 值是氢离子（H^+）浓度以 10 的幂次表示时指数的相反数。pH 值随温度的变化而变化。

纯蒸馏水的氢离子（H^+）浓度为 10^{-7}g/L，pH 值为 7，呈中性。pH 值小于 7 的溶液是酸性溶液，pH 值大于 7 的溶液是碱性溶液。由于 pH 值用对数表示，其值减少 1 就代表 H^+ 浓度增加 10 倍，减少 2 就代表 H^+ 浓度增加 100 倍，以此类推。

上述酸度为活性酸度，可用酸度的强度来描述，而 pH 值可对此强度进行度量。总酸度为目前酸的总量，是可以用滴定法定量测量的一种不同性质。

纯蒸馏水或去离子水通常呈轻微的酸性（pH 值为 6.6～7.0），一旦暴露在空气中，会快速吸收二氧化碳，酸性物质的含量会下降到 6.0 以下，因此准确测定纯水的 pH 值是很困难的。

2. 指示剂

一些特定的试剂，可作为 pH 值指示剂，可根据溶液的酸碱度来改变颜色。此特征被用在测定 pH 值的比色法中。

石蕊试纸是最常用的 pH 值指示剂，在酸

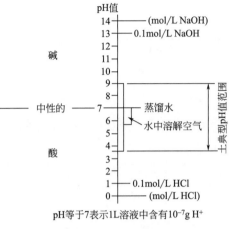

pH 等于 7 表示 1L 溶液中含有 10^{-7}g H^+

图 5.2　pH 值范围

性溶液中显红色，在碱性溶液中显蓝色，石蕊试纸对 pH 值的测量不够灵敏，因为它只在 pH 值为 4.6～8.4 的溶液中显色。用于测量 pH 值的指示剂会在 pH 值改变很小时发生完全的颜色变化。使用通用 pH 值指示剂，与标准 pH 颜色图表进行比较，此方法对 pH 值的预估误差可以精确到 0.5 以内。

罗维朋比色仪可对 pH 值进行更准确的评估，使用步骤在第 5.5.4 节中进行了描述。比测仪的颜色变化是通过与安装在可旋转塑料圆盘上的永久性玻璃颜色标准进行比较来确定的。匹配标准上标注的数字即为被测溶液的 pH 值。

不同的指示剂对应不同的 pH 值范围。指示剂必须与相应标准颜色图共同使用。个别指示剂对应的 pH 值有两个范围，需要两个不同的标准颜色图。表 5.5 列出了一些测定土样和地下水 pH 值最常用的指示剂，以及它们所对应的 pH 值范围。常用的或对应较大 pH 值范围的指示剂只是为了给出一个大致的 pH 值，以便选择合适的小范围指示剂进行更准确的评估。

土样测试指示剂和 pH 值测定指标　　　　表 5.5

目的	指示剂	pH 值范围	罗维朋比色盘
一般指示剂	石蕊-蓝色	<5	
	石蕊-红色	>8	
	溴酚蓝	2.8～4.6	
	甲基橙	2.8～4.6	
	甲基红	4.4～6.0	
	百里酚蓝	8.0～9.6	
	酚酞	8.4～10.0	
pH 试纸	全范围	1～14	
	窄范围	1～4	
		4～6	
		6～8	

目的	指示剂	pH 值范围	罗维朋比色盘
		8～10	
		10～12	
		12～14	
罗维朋比色仪	全范围 *	1～13	2/IZE
宽量程	普通的 *	4～11	2/1P
	BDH 土 *	4～8	2/1N
	BDH 9011	7～11	2/1M
	BDH 1014	10～14	2/BB
窄量程	溴酚蓝	2.8～4.4	2/1B
	溴甲酚绿	3.6～5.2	2/1C
	溴甲酚红紫	5.2～6.8	2/1G
	溴麝香草酚蓝	6.0～7.6	2/1H
	酚红	6.8～8.4	2/1J
双量程	甲酚红	1.2～2.8	2/1Y
		7.2～8.8	2/1K
	m-甲酚紫	1.0～2.7	2/1W
		7.6～9.2	2/1Z
	百里酚蓝	1.2～2.8	2/1A
		8.0～9.5	2/1L

* 适合多种用途，不需要很高的精度。

指示剂只能在其 pH 值范围内对颜色变化敏感。超过了这些限值指示剂就不会再有颜色的变化，这时就需要选择另一种指示剂。覆盖相邻范围的 pH 值指标之间存在重叠，因此可以通过与下一个指标重复试验来确认一个指标的最终读数。

3. 试纸

试纸通常以小册子形式提供，由浸渍指示剂的吸水纸条组成。有适用于大范围和小范围测量的试纸可供选择。最常见的指示范围见表 5.5。

4. 电导率

在非常稀的溶液中，氢离子（H^+）的电导率几乎是氢氧根离子（OH^-）电导率的两倍。因此，溶液的电导率可能与溶液的 pH 值相关，尽管反之会复杂得多，但此属性可在第 5.5.2 节中所述的确定 pH 值的电测法中使用。

5.3.2　硫酸盐

通常在土中发现的水溶性硫酸盐是硫酸钠（Na_2SO_4）和硫酸镁（$MgSO_4$）。硫酸钙（$CaSO_4$）通常以石膏形式出现，仅微溶于水，但易溶于稀盐酸。因此，如果需要硫酸盐的总量大，则必须用酸进行处理。

以 20℃下每升的 SO_3 表示所提到的三种盐在水中的最大溶解度的近似值，如下：

硫酸钠（芒硝）　　　　　　　　240g/L

硫酸镁（泻盐）　　　　　　　　180g/L

硫酸钙（石膏或亚硒酸盐）　　　1.2g/L

在第 5.6.5 节中描述的重量分析法中，由于在弱酸性条件下与氯化钡反应，溶解的硫酸盐沉淀为不溶的硫酸钡。与硫酸镁和硫酸钙的化学反应可用以下方程式表示：

$$\begin{Bmatrix}Mg\\Ca\end{Bmatrix}SO_4 \; + \; BaCl_2 \; \rightarrow \; BaSO_4\downarrow \; + \; \begin{Bmatrix}Mg\\Ca\end{Bmatrix}Cl_2$$

（可溶解的）（可溶解的）（不溶解的，沉淀）（可溶解的）

该反应与硫酸钠相似，但方程式为：

$$Na_2SO_4 + BaCl_2 \rightarrow BaSO_4\downarrow + NaCl$$

过滤出硫酸钡沉淀，干燥并称重。根据原子质量，原始样品中 SO_3 的等量百分比计算如下。

硫酸钡（$BaSO_4$）的分子质量：

元素	原子质量（重量）	原子数
Ba	137	×1＝137
S	32	×1＝32
O	16	×4＝64

分子质量 <u>233</u>

SO_3 的质量：

元素	原子质量（重量）	原子数
S	32	×1＝32
O	16	×3＝48

原子质量 <u>80</u>

因此，SO_3 的质量将为沉淀的硫酸钡质量的 80/233＝0.343 倍。如果沉淀物的质量为 m_4 且所用土的质量为 m_3，则 SO_3 在所用土中的百分比为：

$$\frac{m_4 \times 0.343}{m_3} \times 100\% = 34.3 \times \frac{m_4}{m_3}\%$$

如果质量 m_3 不是从原始样品中获取的，而是从通过 2mm 筛子筛选的，则计算出的百分比必须乘以 m_2/m_1 才能将其转换为原始样品的百分比，式中 m_1 为筛选之前所选样品的质量，m_2 为经过 2mm 筛后的样品质量。

在本书中，如 BS 1377 一样，硫酸盐含量以 SO_3 表示并报告。但是，在 BRE 特别摘要 1 中提供了具体的有关硫酸盐含量建议，并以 SO_4 表示。

SO_4 的质量：

元素	原子质量（重量）	原子数
S	32	×1＝32
O	16	×4＝64

原子质量＝<u>96</u>

因此，SO_4/SO_3 的比率＝96/80＝1.2，因此以 SO_4 表示的硫酸盐含量是通过将 SO_3 含量乘以 1.2 得到的。

如果存在倍半氧化物，则添加氨会使其沉淀出来，因此可以在与氯化钡反应之前将其除去。

在最后的过滤过程中，当用硝酸银溶液测试一滴洗液时，通过浑浊度表明存在剩余的可溶性氯化物：

$$CaCl_2 + 2AgNO_3 \rightarrow 2AgCl \downarrow + Ca(NO_3)_2$$
$$BaCl_2 + 2AgNO_3 \rightarrow 2AgCl \downarrow + Ba(NO_3)_2$$

（如果有氯，则为白色沉淀）

洗涤必须持续到没有浑浊迹象为止，否则最终称量物中将包含氯化物。

5.3.3　有机质

有机质含有碳，这种碳可能以复杂的链状化合物形式与氢、氧、氮和其他元素共存。试验过程中，这些化合物会以各种方式分解，具体取决于使用的步骤。

1. 燃烧测试

在燃烧试验中，碳（存在于复杂的有机化合物中）燃烧与氧气结合形成二氧化碳，然后将其排出：

$$C + O_2 \rightarrow CO_2 \uparrow$$

有机化合物的其他成分分解，大部分也以气体形式排出。

2. 过氧化物试验

在过氧化物试验中，过氧化氢（H_2O_2）释放出新生的氧气，这些氧气会剧烈氧化存在的大多数有机质：

$$H_2O_2 \rightarrow H_2O + O \uparrow$$

在每个过程中，假定存在的有机质质量等于损失的质量，该质量用土干重的百分比表示。

3. 重铬酸盐氧化

在重铬酸盐氧化法中，假定土中的有机质按质量计包含 58% 的碳，并且其中约 77% 的碳在重铬酸钾的作用下被氧化。确定有机质含量的公式中考虑了以下因素：

$$有机质比例 = \frac{0.67 \times V}{m_3}$$

其中 V 为初始质量 m_3 土中用于氧化有机质的重铬酸钾的体积。通过用硫酸亚铁滴定来测量。

V 由以下等式计算：

$$V = 10.5 \times \left(1 - \frac{y}{x}\right)$$

其中 y 为试验中使用的硫酸亚铁的总体积；x 为标准化试验中使用的体积。

如果使用的土质量是从初始质量 m_1 经过 10mm 筛的质量 m_3，则必须将计算的百分比乘以 m_3/m_1，以得出有机质含量占整个原始样品的百分比。

5.3.4　碳酸盐

当盐酸与碳酸钙（土中碳酸盐的主要形式）发生反应时，会形成氯化物并释放出二氧化碳：

$$CaCO_3 + 2HCl \rightarrow CaCl_2 + H_2O + CO_2 \uparrow$$

释放出的二氧化碳质量与试样中的碳酸盐质量有关，并且试验结果通常以二氧化碳的质量百分比表示。释放出的二氧化碳质量可由如下的直接或间接方法确定。

（1）质量法：二氧化碳被吸收在颗粒状吸收剂中，质量通过差值直接获得（第 5.8.3 节）。无需其他计算。

（2）体积法：收集二氧化碳并测定其体积，如果知道其温度和压力，就可以计算质量（第 5.8.4 节和第 5.8.5 节）。

（3）滴定法：用氢氧化钠滴定法测定过量酸的体积后，由反应中所用盐酸的量计算出二氧化碳的质量（第 5.8.2 节）。

1. 滴定法

在快速滴定过程（第 5.8.2 节）中，二氧化碳的质量由上述方程式表示的用于反应的酸量计算得出。将已知体积和浓度的盐酸溶液添加到土样中，以确保反应达到最终状态，然后通过对已知浓度的氢氧化钠溶液进行滴定来确定剩余的过量酸体积。反应中使用酸的质量通过差得到。

溶液的浓度为：

$$c(HCl) = H \quad mol/L$$

$$c(NaOH) = B \quad mol/L$$

二氧化碳的分子量：

C	12
O （16C×2）	32
CO_2	44

在试验中，将 100mL 的 HCl 溶液添加到土样中。一部分酸（原溶液的 VmL）与所有碳酸盐反应生成二氧化碳和水。因此，在总溶液体积中，未使用的 Hmol/L 的酸溶液的体积为（$100-V$）mL，溶液总体积保持不变（100mL）。由此，取 25mL 氢氧化钠滴定，使滴定部分含有 $0.25（100-V）$ mL 的 Hmol/L HCl 溶液。这是中和的测量体积 V_2（mL）的 NaOH 溶液 B（mol/L）。在反应刚刚完成时，该体积必须等于 $H/B×$（酸溶液的体积），即：

$$V_2 = \frac{H}{B} \times 0.25 （100-V）$$

因此，

$$V = 100 - \frac{4BV_2}{H} \quad mL$$

从上面给出的反应方程式可以看出，2 分子的盐酸产生 1 分子的 CO_2。这意味着需要 2L 盐酸溶液才能产生 $44H$g 的二氧化碳。因此，体积为 VmL 的盐酸溶液将产生的二氧化碳为：

$$\frac{44H}{2\times1000}\times V$$

因此，产生的二氧化碳质量等于：

$$\frac{22H}{1000}\Big(100-\frac{4BV_2}{H}\Big)$$

为表示用于试验的土样的质量百分比（以 g 计），二氧化碳的比例等于：

$$\frac{22}{1000m}(100H-4BV_2)\times100\% = \frac{8.8(2.5H-BV_2)}{m}\%$$

该方程式用于计算试验结果。

2. 体积法

用这种方法（第 5.8.4 节和第 5.8.5 节）测量体积对温度和压力的微小变化非常敏感。这种试验的实际困难之一是保持温度和压力稳定。第 5.8.4 节中描述的设备就是为满足这些条件而开发的。

在该设备中收集到的 100mL 二氧化碳，其质量取决于试验所用盐酸体积以及温度和压力。在标准条件下（20℃和 101kPa），如果使用 20mL 酸，则 100mL 二氧化碳的质量为 200mg。如果大气压力越高或温度越低，则气体质量越大，反之亦然。100mL 二氧化碳的质量 W_2 可以从表 5.7 中获得（请参阅第 5.8.4 节）。

$$W_1 = 试验的固体样品质量(g)$$
$$W_2 = 100\text{mL } CO_2 \text{ 的质量(mg)}$$
$$V_g = CO_2 \text{ 的体积(mL)}$$
$$CO_2 \text{ 的质量} = \frac{W_2}{100}\times V_g \quad \text{mg}$$
$$= \frac{W_2\times V_g}{100000} \quad \text{g}$$

表示为 W_1 的百分比，

$$CO_2 \text{ 含量} = \frac{W_2\times V_g}{100000\times W_1}\times100\%$$

或

$$\text{碳酸盐含量(以 } CO_2 \text{ 计)} = \frac{W_2\times V_g}{1000W_1}$$

在简化的操作流程中（第 5.8.5 节），首先根据当时的压力和温度条件确定所用酸的体积，因此无需进行后续校正。

5.3.5　氯化物

第 5.9 节中所述的确定氯化物含量的方法取决于溶液中硝酸银和氯化物盐之间发生的交换反应。对于氯化钠，可由等式表示：

$$NaCl \; + \; AgNO_3 \; \rightarrow \; NaNO_3 \; + \; AgCl\downarrow$$

（可溶解）（可溶解）（可溶解）（沉淀物）

1. 水溶性氯化物

在 BS 1377 水溶性氯化物的试验中（沃尔哈德法；第5.9.3节），过量的硝酸银用于沉淀氯化物，未反应部分的硝酸银的量由钾或硫氰酸钾的滴定法确定。沉淀出硫氰酸银，直到所有的银都用完。在酸溶液中，接下来的几滴硫氰酸铵与铝矾土指示剂反应，生成硫氰酸铁，硫氰酸铁呈永久棕色，表明反应已结束。

在本试验中，$c(AgNO_3) = 0.100 mol/L$

$$c(KSCN \; 或 \; NH_4SCN) = C mol/L$$

原子量：Ag 108，Cl 35.5。

将一定体积 V_2（mL）的 $AgNO_3$ 添加到水萃取物中，其中未知体积的 V（mL）与氯化物反应。然后，过量的硝酸银与体积为 V_3（mL）的硫氰酸盐（C mol/L）溶液反应，以达到最终稳定性。

1L的硫氰酸盐溶液与 108C（g）的 Ag 反应。因此，V_3（mL）的硫氰酸盐溶液与银反应，银的质量为：

$$\frac{108C}{1000} \times V_3 \quad g$$

它包含在体积为以下的 $AgNO_3$ 溶液（0.1mol/L）中：

$$\frac{1000}{10.8} \times \frac{108C}{1000} \times V_3 = 10CV_3 \quad mL$$

因此，与氯化物反应的硝酸银溶液的体积 V（mL）等于其差，即：

$$V = V_2 - 10CV_3$$

1L 硝酸银（0.1mol/L）溶液包含 10.8g 的 Ag 和 3.55g 的 Cl。

因此，V（mL）的 $AgNO_3$ 与 Cl 反应，Cl 的质量为：

$$\frac{3.55}{1000} \times V \quad g$$

即，

$$Cl \; 的质量 = \frac{3.55}{1000}(V_2 - 10CV_3)$$

在水：土萃取物为2：1时，100mL 溶液包含 50g 土中的萃取物。Cl 占的比例（以50g 土的质量百分比表示）为：

$$\frac{3.55}{1000}(V_2 - 10CV_3) \times \frac{100}{50}\% = 0.007(V_2 - 10CV_3)\%$$

在上述公式中，因为式中的原子质量已被四舍五入为三个有效数字，所以乘数因子为0.0071而不是 BS 1377 中给出的0.00709。

2. 酸溶性氯化物

规范 BS 1377 给出的酸溶性氯化物试验（第5.9.5节）中，使用较小的样品来获得酸萃取物，但化学原理与上述沃尔哈德方法概述的原理相似。

如果试样的质量为 5g，氯离子的质量百分比等于：

$$\frac{3.55}{1000}(V_2-10CV_3)\times\frac{100}{5}=0.0071(V_2-10CV_3)\%$$

3. 摩尔方法

按照第 5.9.4 节的摩尔方法，将硝酸银加入到含有氯化物和铬酸钾的中性溶液中。与氯化铬相比，银离子对氯离子的亲和力远远大于对铬酸盐的亲和力，所以上述反应会一直进行，直到所有氯离子都反应生成氯化银为止。接下来加入的硝酸银与铬酸钾反应，产生红色，这种红色即使在滴定烧瓶旋转后仍然存在，表明反应已经完成：

$$2AgNO_3+K_2CrO_4\rightarrow 2KNO_3+Ag_2CrO_4$$
$$（红色）$$

如果在试验溶液中观察到的色度与"空白"溶液中的相同，则在两个烧瓶中使用的硝酸银体积之差就是与氯化物反应所需的体积。

计算原理与沃尔哈德方法相似，但是土的质量和硝酸银的浓度不同。

在该试验中，将 100g 土样与 200mL 水混合，从其中取出 25mL 进行测试，该部分中的萃取物代表了 12.5g 土样。

硝酸银溶液： $\underline{c}(AgNO_3)=0.02mol/L$

通过差值可知与氯化物反应的该溶液的体积 VmL。

氯离子的比例以 12.5g 土的质量百分比表示，等于：

$$\frac{35.5\times0.02V}{1000}\times\frac{100}{12.5}\%=0.00568V\%$$

5.4 应用

5.4.1 pH 值

土中地下水酸碱度过高会对埋在地下的混凝土产生不利影响。即使酸度适中也会导致金属腐蚀。对地下水 pH 值的测量可预测这些潜在的危险，以便采取补救措施。

在稳定道路土时，某些树脂材料不适用于碱性土，但适用于中性或弱酸性土。

除了上述用途之外，通常在测量硫酸盐含量时就能确定 pH 值。

5.4.2 硫酸盐含量

含有溶解硫酸盐的地下水会侵蚀埋在地下或地表的混凝土和其他含有水泥的物质（如水泥稳定土）。在水泥中硫酸盐和铝酸盐化合物发生反应，使复杂化合物结晶。而结晶膨胀会使混凝土中产生内应力，从而导致混凝土裂缝的产生。

硫酸盐含量的测定可以根据潜在的硫酸盐对地面侵蚀进行分类。在施工期间可采取适当的预防措施，例如使用抗硫酸盐水泥或较浓稠的混凝土混合物。

土中的硫酸盐还会导致预制构件（如楼板和混凝土管道）产生裂缝，并导致与土接触的金属管道出现腐蚀。

可溶性硫酸盐（钠和镁）比相对不溶于水的硫酸钙对混凝土的腐蚀性更强。因此，如果土中存在的主要硫酸盐是硫酸钙，则根据萃取全硫酸盐进行的试验（第5.6.2节）可能高估硫酸盐所造成的危险。如果总硫酸盐含量超过0.5%，则应测定1：1土-水萃取物（第5.6.3节）的硫酸盐含量。由于其溶解度低（第5.3.2节），硫酸钙在水萃取液中的硫酸盐含量不超过1.2g/L（0.12%）。如果土-水萃取物中硫酸盐的含量超过该值，则表明存在其他更有害的盐。

虽然硫酸钙的溶解度很低，但是如果能不断地补充地下水，从长远来看可以溶解掉大量的硫酸钙。

关于硫酸盐在地下的影响更详细的讨论超出了本书的范围。进一步资料可在《建筑研究编制专题文摘1》（2005年修订本）查询，有关试验结果深入解读的详细信息，请参考该资料。表5.6是根据该出版物的表C1整理得到，该表给出了根据硫酸盐含量对土和地下水进行分类的方法。它只是整个表C1的一部分，表C1还考虑了其他几个因素。（注：硫酸盐溶液现在以mg/L为单位表示）

文件SD1是一份工程文件，可指导工程师在特定情况下选择试验方法并分析结果，但该文件不是实验室试验规范。

按硫酸盐含量分类的土和地下水（天然地面）的分类纲要 表5.6

硫酸盐类的等级	在2：1的水/土中萃取 SO_4（mg/L）	地下水中 SO_4（mg/L）	总硫酸盐 SO_4（%）
DS-1	<500	<400	<0.24
DS-2	500～1500	400～1400	0.24～0.6
DS-3	1600～3000	1500～3000	0.7～1.2
DS-4 *	3100～6000	3100～6000	1.3～2.4
DS-5 *	>6000	>6000	>2.4

* 对于褐土场，如果镁（Mg）浓度大于1.0g/L，可进一步分为DS-4m和DS-5m类；详细信息见《专题文摘1（2005）》的表C2。在混凝土侵蚀性化学环境（ACEC）场地分级中还考虑了其他因素。

5.4.3 有机质含量

土中的有机质源自各种各样的动植物残骸，因此有机化合物种类繁多。它们都会对土的工程特性产生不良影响，这些影响可以总结如下：

（1）降低承载能力；

（2）增加可压缩性；

（3）由于含水率的变化而引起膨胀和收缩；

（4）孔隙中气体的存在会导致较大直接沉降，并影响室内试验固结系数的推导；

（5）孔隙中气体的存在会导致在总应力试验中得出具有误导性的抗剪强度值；

（6）有机质（如泥炭）的存在通常与酸性（低pH值）有关，有时与硫酸盐有关。如果不采取预防措施，可能会对基础产生不利影响；

（7）用于加固道路的土中的有机质是有害的。

考虑到以上影响，测量土的有机质含量是必要的。

5.4.4 碳酸盐含量

了解土碳酸盐含量很有意义，原因如下：

（1）碳酸盐含量可以用作评估白垩地层作为基础材料的质量指标。碳酸盐含量高意味着黏土矿物含量低，从而表明强度较高；

（2）在胶结土和软质沉积岩中，碳酸盐含量可以反映胶结程度；

（3）在公路建设中，白垩质路基易受霜冻作用；

（4）白垩或石灰石的碳酸盐含量可用来评估其是否适用于制造水泥。

5.4.5　氯化物含量

氯化物含量常被用来表示地下水是否存在海水或者土是否受到海水的影响。在一些沿海地区，特别是在中东，地下水中氯化钠的浓度可能比海水中的高得多。没有直接与海水接触的土和渗透性较高的岩石中也可能存在高浓度的氯化钠。

氯化物水溶液会引起钢铁的腐蚀，包括混凝土结构中钢筋的腐蚀。如果氯化物的浓度已知，那么就可以在地下或水下钢筋混凝土结构的设计和施工中采取适当的预防措施。

5.4.6　金属腐蚀

不良地基条件会引起埋在地下的金属出现腐蚀，并对混凝土产生侵蚀。钢和铸铁管、钢板桩和钢拉杆是最常见的地下金属制品。此外，若周围的混凝土受到侵蚀，钢筋混凝土构件中的钢筋也会暴露在外，从而受到腐蚀。

虽然许多因素导致地下钢铁的腐蚀，但是简单的化学试验往往可以表明是否有可能发生腐蚀。酸性环境（低 pH 值）总是具有潜在的腐蚀性，但如果还存在硫酸盐还原菌，那么钢铁也可能在中性或碱性条件下发生腐蚀。这些细菌在厌氧条件下（即无氧条件下）大量繁殖，它们的存在可以通过硫化物和硫酸盐（即有氧条件下）检测来确认。即使在碱性（高 pH 值）条件下，氯化物的存在也能加速腐蚀进程。

评估土腐蚀性的其他重要方法是测量电阻率和氧化还原电位的试验（称为电化学测试）。这些试验超出了大多数土工实验室的范围，并没有在这里给出，而是包含在规范 BS 1377-3：1990 的第 10 条和第 11 条中。

除本章所述之外，如果还要进行硫化物、侵蚀性细菌和其他腐蚀性试剂的检测，还需要专业的化学实验室设备。

5.5　pH 值测试

5.5.1　试纸

要确定水的 pH 值，只需将试纸条浸入水中并将其放在白色瓷砖或类似的白色非吸水性表面上 30s，然后将其颜色与包装盒或配件盒上的色卡进行比较。与色卡最接近的颜色所对应的数字就是水的 pH 值。

如果一开始不能确定水的 pH 值，可以先使用一张通用或宽范围的试纸，然后再使用适合于所示近似值的窄范围试纸。窄范围的试纸可用来评估 0.5 单位以内的 pH 值。

如果水是混浊的，最好将一滴水放在试纸的一侧，然后在试纸的另一边观察相同的点，以便与色卡进行比较。

要测定土的 pH 值，将一定量的土放入试管中，添加蒸馏水并剧烈振摇，直到所有的土都处于悬浮状态。将试纸浸入水中（如果清澈）或者在试纸上沾上一点水，然后如上所述观察 pH 值。所用土量应使水与土体积之比为：黏土约为 5，粉土约为 3，砂土约为 2。

5.5.2 电测法（BS 1377-3：1990：9）

电测法是测定水中或地下水中土悬浮物的 pH 值最准确的方法，其直接读数为 0.05 pH 单位，有些仪器直接读数为 0.02 pH 单位。但该设备相对昂贵，并且必须将电极保持在完美的状态下才能使读数可靠。

这种仪器主要用于定期进行酸碱度试验的实验室。如果间歇使用，则应在每组试验之前彻底进行校准检查。

1. 工作原理

电测 pH 计的工作原理是将被测溶液视为原电池的电解质。其中一个电极，称为参比电极，相对于溶液保持恒定电压，不受 pH 值变化的影响，另一个电极的电压受测试溶液的电导率的影响，而间接受 pH 值的影响，可以确定 pH 和电压之间的复杂关系。在大多数仪器中，电压指示器被校准后直接以 pH 为单位读数。最常用的参比电极是饱和甘汞型。另一电极可以是各种类型的，其中玻璃类型被认为是最可靠的，它由特殊玻璃制成的薄壁玻璃球组成，其中包裹着合适的电解液和电极。

2. 仪器

（1）上述类型的电酸碱度计，pH 范围为 3.0～10.0，刻度精确至 0.05 单位。电测 pH 计如图 5.3 所示；

（2）3 个 100mL 的带有盖杯和搅拌棒的玻璃烧杯；

（3）2 个容量为 500mL 的烧瓶；

（4）洗涤瓶和蒸馏水；

（5）杵和臼；

（6）孔径 2mm 的 BS 筛；

（7）天平精确到 0.001g；

（8）托盘（镀锌钢或塑料）。

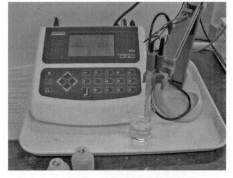

图 5.3　电测 pH 计
（照片由克兰菲尔德大学提供）

3. 试剂种类

（1）pH 值为 4.0 的缓冲溶液；

（2）pH 值为 9.2 的缓冲溶液；

它们可以按照制造商要求制成可随时溶于水的粉末形式，也可按以下方式制得：

pH 值为 4.0 的溶液：将 5.106g 邻苯二甲酸氢钾溶解在蒸馏水中，并加蒸馏水至 500mL；

pH 值为 9.2 的溶液：将 9.54g 四硼酸钠（硼砂）溶于蒸馏水中，配制至 500mL。

（3）氯化钾，饱和溶液（用于维护甘汞电极）。

4. 步骤

（1）按照第 5.1.5 节步骤（1）～（7）所述，从初始土样中制备通过 2mm 筛子的样品。在步骤（2）中，将土均匀地分散在托盘上，在常温条件下自然风干。在步骤（7）中，将材料划分为 60～70g 的代表性土样，以提供两个待测土样。

（2）从该土样中称出 30g 的土，每个土样的重量误差在 ±0.1g 之内。将每个土样放入 100mL 烧杯中。

（3）加入 75mL 蒸馏水，搅拌几分钟。

（4）静置过夜。在试验前再次搅拌。

（5）校准 pH 计（见下文）后，用蒸馏水清洗电极并将其浸入悬浮液中。

（6）当仪表达到平衡时，读取 2 或 3 次 pH 读数，每次读数之间稍微搅拌一下。这些读数差应在 ±0.05pH 单位内。达到恒定值大约需要 1min。

（7）取下电极并用蒸馏水洗涤。

（8）使用缓冲溶液重新检查校准。如果超出 0.05pH 单位的调节范围，请重置仪器并重复试验，直到获得一致的读数。

（9）不使用仪器时，将电极置于蒸馏水中。

（10）如果要测量地下水的 pH 值，请在烧杯中放入约 80mL 的试样，然后执行步骤（5）～（9）。

以上步骤只是通用指南，具体应仔细遵循制造商提供的详细说明。

5. 报告结果

报告中土悬浮液或地下水的 pH 值，精确至 0.1 pH 单位，注明使用电测法。

6. pH 计的校准

校准的详细步骤在每台仪器随附的制造商说明中给出，并且必须对温度进行控制。应定期进行校准，并且应经常检查仪器，尤其是电极。校准的主要步骤是：

（1）用蒸馏水清洗电极；

（2）按照指示设置电气控件；

（3）将电极和温度计浸入 pH 值为 4.0 的缓冲溶液中；

（4）调整电气控件，使 pH 刻度读数为 4.0。如果溶液温度不是 20℃，请使用校正表或图表确定所需的校正值；

（5）用蒸馏水清洗电极；

（6）将其浸入 pH 值为 9.2 的缓冲溶液中，检查其读数是否准确；

（7）在使用 pH 计测量土壤悬浮液或地下水样品之前，应用蒸馏水清洗电极。

5.5.3　比色法（库恩法）

此方法主要用于实地测量。使用时，将色标卡上的颜色与制造商提供的印刷色卡进行比较。这种方法最初由库恩在 1930 年提出。

1. 仪器

（1）玻璃管的两端装有橡皮塞。管长约 200mm，内径 13mm，在一端的 115mm 和 140mm 处有刻度标记（图 5.4）。

（2）木质的玻璃管架子。

（3）长 130mm、宽 10mm 的刮刀。

（4）用蒸馏水清洗过的瓶子。

（5）色卡。

2. 试剂种类

（1）液体指示剂（专门用于土的 pH 值测定）

液体指示剂可用溴百里酚蓝、甲基红、百里酚蓝和氢氧化钠配制。准确称出 0.15g 溴百里酚蓝、0.063g 甲基红和 0.013g 百里香酚蓝，并将其放入 1000mL 烧杯中，加入 500mL 蒸馏水。轻轻加热烧杯并用玻璃棒搅拌其内容物，直到完全溶解。通过添加 0.1mol/L 氢氧化钠溶液滴直至颜色与色卡上 pH 值为 7.0 的颜色大致相同。使混合物冷却，并用蒸馏水稀释至 1L。将指示器存放在带阀取样器中。

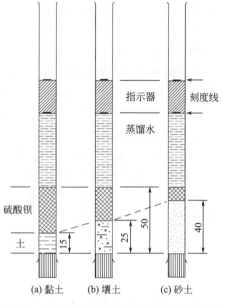

图 5.4　用于 pH 值测定的玻璃管（比色法）

（2）土测试用硫酸酸钡试剂

上述仪器和试剂是 BDH 公司的土体测试仪便携套件，可在市场上买到，如图 5.5 所示。

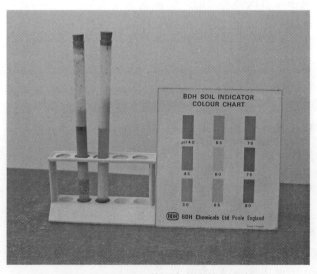

图 5.5　用于 pH 值测定的色度测定仪
（照片由克兰菲尔德大学提供）

3. 步骤

（1）准备一份 20～25g 通过 2mm 筛的干土土样，如第 5.1.5 节步骤（1）～（7）所述。

（2）将离刻度标记处最远的玻璃管末端用塞子堵上。将土样放入管中，深度为：（a）黏土 15mm；（b）壤土（粉质）25mm；（c）砂土 40mm，如图 5.4 所示。

（3）在土体表层添加硫酸钡，使土体和硫酸铵的总深度为 50mm。

（4）向玻璃管中加入蒸馏水，至第一个刻度标记处。

（5）将指示剂加到第二个刻度标记处。

（6）将玻璃管的端口用橡胶塞堵上，用力摇动玻璃管，直到所有土和硫酸钡都处于悬浮状态。

（7）将玻璃管放在架子上，让固体沉淀。硫酸钡（不溶于水）加速了黏土颗粒的沉降，或者颗粒仍保持浑浊的悬浮状态，并在沉积物上方留下颜色清晰的上清液体。

（8）将管中上清液体的颜色与颜色表进行比较。记录与颜色最匹配的颜色的 pH 值。

（9）报告 pH 值到最接近的 0.5pH 单位，使用了比色法。

如果在步骤（7）悬浮液清除速度非常缓慢，则添加的水太少。部分悬浮液可以倒出，剩余部分再用水和指示剂稀释，重新摇动玻璃管。当然，应尽可能使用足够多的土（以获得澄清溶液），因为土太少可能会使结果不可靠。

5.5.4　罗维朋比色仪

该方法可以利用宽范围的 pH 指示剂获取粗略的 pH 值，其精度可达到最近的整数单位。同样，也可以选用窄范围的 pH 指示剂，此时 pH 读数可以精确到 0.2 个单位。这种测量方法适用于有地下水或水溶液的情况。

1. 仪器设备

罗维朋比色仪由一个塑料支架构成，支架上能够安放两个小试管，并配有一个可以旋转的比色盘用于比对（图 5.6）。此外，该设备还配有专门的移液管。

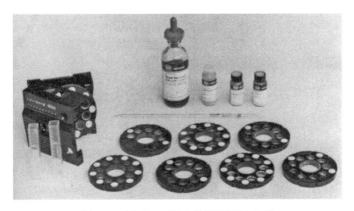

图 5.6　用于 pH 测定的罗维朋比色仪

有 30 多种不同的比色盘以及指示剂可供选择。表 5.5 列出了 16 个带有适当指标的比色盘。在大多数不需要极高精确度的情况下，符合标有星号的 3 个宽量程指标中的 1 个就足以满足要求。

2. 步骤

（1）如果待测的水或溶液中含有悬浮的固体颗粒，允许固体沉淀并在必要时进行过滤。

（2）将待测的水或溶液加注至两个试管 10mL 刻度处。

（3）使用规定的移液管，仅将适当量所选指示剂添加到右侧管中。请勿将移液管的尖端浸入液体表面下方。对于大多数指示剂使用 0.5mL，但有些需要 0.2 或 0.1mL。请遵循供应商的说明进行操作。

（4）小心地将指示剂混合到液体中，使用洁净的玻璃棒搅拌。

（5）在所带凹槽中插入适当的比色盘。握住设备，在日光或白光源（不是钨丝电灯泡）的照射下观察试管。

（6）旋转比色盘，直到样品管和比色盘之间取得最接近的颜色匹配。

（7）读取指示器凹槽中显示的 pH 值数字。

（8）如果使用宽量程或通用指标，则报告最接近的整数结果；如果使用窄量程指标，则报告最接近 0.2 个单位的结果。同时，需说明采用罗维朋比色法。

（9）使用后清洗试管和移液管。

5.6 硫酸盐含量测定

5.6.1 试验范围

本节介绍了下列测定的方法：

土中总（酸溶性）硫酸盐，以百分数表示。

土中的水溶性硫酸盐，以百分数表示。

地下水中的硫酸盐，以 g（mg）/L 表示［有些参考资料采用十万分率或百万分率（ppm）］。

在英国标准中，有两种分析方法（第二种方法比第一种更快速）用于测定土和地下水中的硫酸盐。分别为：

（1）重量法，其中硫酸盐沉淀为不溶性硫酸钡，收集并称重。

（2）离子交换法，包括对标准化氢氧化钠溶液的滴定。

对于土中的硫酸盐试验，无论是总硫酸盐还是水溶性硫酸盐，以及使用哪种试验程序，首先都是需要获得含有硫酸盐溶液的液体萃取物。无论是酸性萃取物还是水萃取物，其重量分析方法都是一样的，该方法也可用于水样分析。离子交换法可用于地下水或土中的水萃取物，但不能用于酸性萃取物。

图 5.7 显示了这些步骤之间的关系以及与所得到的结果。

这些试验中大多数实际试验的土样的尺寸都非常小，在某些情况下大约只有 2g。因此必须精确地准备试验样品，以便正确代表初始样本。

另一种测定硫酸盐含量的方法是浊度分析，通过光学方法分析沉淀的不溶性硫酸盐的密度。浊度计可以在浓度低于某一水平时校准并快速指示硫酸盐的含量。本节没有讨论这种方法，鲍利（1995）在论文中给出了进一步的细节，但该设备价格昂贵，精度远低于标准中方法的精度，不过它能够快速进行大量的试验。

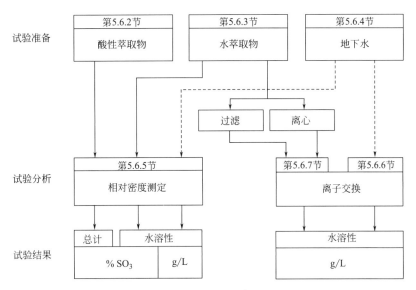

图 5.7　硫酸盐试验程序-流程图

5.6.2　土中硫酸盐总量——酸性萃取物的制备（BS 1377-3：1990：5.2）

本节介绍在土中萃取酸溶性硫酸盐溶液的步骤，适用于多数试验需求，也包括所有的天然硫酸盐。第 5.6.5 节描述了对萃取物的分析。

如果土中的硫酸盐主要是在水中溶解度较低的硫酸钙，那么酸性萃取物上确定的硫酸盐总含量可能会让人产生一种错误的观点，即硫酸盐的存在是混凝土或水泥加固材料里的不利因素。在硫酸盐总量超过 0.5% 的情况下，应确定 2：1 土-水萃取物里水溶性硫酸盐含量。如果硫酸钙是唯一存在的硫酸盐，则其低溶解度可以确保水萃取物的硫酸盐含量不超过 1.2g/L。本试验所确定的土-水萃取物或地下水中的硫酸盐含量超过此含量，因此表明存在其他更有害的硫酸盐。

该过程主要由两个部分组成：

（1）土样的制备。

（2）化学处理所制备的酸性萃取物。

1. 仪器

下列不包括分析酸性萃取物所需的装置：

（1）分析天平，精确到 0.001g 或更高。

（2）直径为 50mm 的玻璃称量瓶和瓶塞。

（3）两个 500mL 的锥形烧杯，带玻璃盖。

（4）直径为 100mm 的玻璃过滤漏斗。

（5）沃特曼 42 号滤纸，适合漏斗。

（6）干燥器和干燥剂。

（7）两根长约 200mm 的玻璃搅拌棒。

（8）洗涤瓶，包含蒸馏水。

（9）干燥箱，设置为 80℃。

（10）试验用筛，孔径 2mm 和 $425\mu m$，带接收器。

（11）小尺寸分样器，容量 $300cm^3$。

（12）研棒和研钵。

（13）＊直径 110mm 的布氏漏斗和真空过滤瓶，500mL 或 1000mL。

（14）＊真空泵和连接真空管。

（15）＊滴管。

（16）＊适合过滤漏斗的滤纸，中硬等级（例如沃特曼 540 号）和优良等级（例如沃特曼 42 号）。

（17）＊红色石蕊试纸。

（18）可控热源的电热板。

仅当土中含有过量的倍半氧化物时才需要标记＊的物品［步骤 2）中（4）～（6）］。

2. 试剂

下列不包括分析萃取物所需的试剂：

（1）稀盐酸（10％HCl）。将 100mL 浓缩盐酸（1.18g/mL）加入约 800mL 蒸馏水中稀释，然后加入蒸馏水制成 1L 溶液。

（2）＊稀氨水。取 500mL 氨水（0.880g/mL），加入蒸馏水，制成 1L 溶液。

（3）＊0.5％（m/v）硝酸银溶液。在 100mL 蒸馏水中溶解 0.5g 硝酸银。将溶液存放在琥珀色玻璃瓶中。

（4）浓硝酸（密度 $1.42g/cm^3$）。

仅当土中含有过量的倍半氧化物时才需要标记＊的物品（步骤 2）中（4）～（6））。

所有试剂必须为分析纯试剂。

3. 步骤

1）样品制备

试验样品通常根据第 5.1.5 节所述从初始样品制备。试验只使用约 2g 土，因此试验样品必须足够精确。每个试样的实际质量［下文步骤（14）］取决于硫酸盐的含量，理想情况下应产生约 0.2g 的硫酸钡沉淀。为了确定样品的合适大小，可能需要进行初步的试验。

有关步骤详情请参照第 5.1.5 节：

（1）同第 5.1.5 节中的步骤（1）。

（2）同第 5.1.5 节中的步骤（2）。这里使用干燥箱的烘干温度为 75～80℃。

（3）同第 5.1.5 节中的步骤（3）。

（4）同第 5.1.5 节中的步骤（4）。如果在 2mm 筛子上还留有石膏块，则应用手将其取出，碾碎后通过 2mm 的筛子。

（5）、（6）同第 5.1.5 节中的步骤（5）、（6）。

（7）同第 5.1.5 节中的步骤（7）。所需材料的质量约为 100g。

（8）～（13）同第 5.1.5 节中的步骤（8）～（13）。步骤（10）中获取的每个测试土样的质量应约为 10g。步骤（11）中的干燥箱的温度为 75～80℃。

（14）将称量瓶中至少两个适当质量（例如约 2g，但见上文）的代表性样块转移至两个 500mL 的锥形烧杯。

每块脱硫后称量玻璃瓶 m_3，按差值 0.001g 计算每个试样最接近的质量。

准备好试样进行处理，以获得酸性萃取物。

2）酸性萃取物的制备

（1）在 500mL 烧杯中的样品中加入 100mL 的 10％的盐酸。如果产生泡沫，需谨慎操作以确保没有物质损失。

含有硫化物的土会释放出硫化氢（H_2S），通过它的气味可以检测到酸化。如果存在硫化物，则硫化物氧化会使硫酸盐含量变高。将 100mL 的酸性溶液放入 500mL 的烧杯中，加热至沸腾。从热源中取出，在搅拌酸性溶液时，将称过重的土样撒到酸性溶液上。

（2）用玻璃盖盖住烧杯，煮沸，在通风柜中小火煮 15min。用蒸馏水反复冲洗玻璃盖和烧杯。

（3）通过沃特曼 52 号滤纸将悬浮液过滤到 500mL 的锥形烧杯中。用蒸馏水清洗第一个烧杯和残留物，直到不含氯化物，如在少量硝酸银溶液中加入一滴水时不产生浑浊。收集所有的洗涤用品。滤液与洗涤液之后可一起用于第 5.6.5 节中所述的重量分析。

然而，如果土中含有过量的倍半氧化物（例如，在某些热带地区的残留土），这些应在进行分析之前按照下面的步骤（4）～（6）沉淀。

（4）在悬浮液保持沸腾时加入几滴硝酸。

（5）缓慢地将氨溶液（最好是用滴定管）加到沸腾的悬浮液中并不断搅拌，直到产生倍半氧化物沉淀，红色石蕊变成蓝色。按照上述步骤（3）中所述进行过滤和处理。

（6）如果在步骤（5）中加入氨时形成大量倍半氧化物沉淀，则可能会留有一些硫酸盐，这些硫酸盐无法通过洗涤去除，并可能导致较低的结果。在这种情况下，建议进行第二次沉淀。小心地移动带有沉淀物的滤纸，并将其更换到原烧杯中。加入 10％的盐酸溶液，搅拌，直至沉淀物溶解（20mL 的 10％盐酸足够）。将其煮沸，并重复步骤（5）。

5.6.3　土中水溶性硫酸盐——水萃取物的制备（BS 1377-3：1990：5.3）

本节给出了从土样中获取 2:1 水土萃取物的步骤。第 5.6.5 节和第 5.6.7 节描述了测定水萃取物中硫酸盐含量的两种方法步骤。试验所需用萃取物的容量取决于所采用的方法。

该过程主要由两部分组成：

1）土样的制备。

2）水萃取物的制备。

1. 仪器

第 5.6.2 节中所列装置的第（1）～（18）项，并增加：

（19）机械摇动筛或搅拌器，能够保持 50g 土在 50mL 水中悬浮。

（20）直径为 75mm 的表面皿。

（21）约 250mL 的萃取瓶。

（22）离心机和离心管。

（23）250mL 锥形烧杯。

（24）25mL 和 50mL 移液管。

（25）滤纸，沃特曼 44 号和 50 号，或者巴查姆·格林 800 号和 975 号。

2. 步骤

1）样品制备

（1）~（7）按硫酸盐总量试验（第 5.6.2 节）的方法从初始散装土样制备土样，但在步骤 1）（7）中准备约 120g 而不是 100g 的松散土样。

（8）在表面皿上称量两个 50g 的代表性试样，并将每个样品转移到一个干净的干燥瓶中。

准备好试样进行处理，以获得水萃取物。

2）水萃取物的制备

（1）使用 50mL 的移液管将刚好 100mL 蒸馏水加到萃取瓶或离心管中并拧紧盖。放入机械摇动筛中搅拌 16h（即过夜）。

（2）最后的准备阶段（3)-(4)、（5)-(6) 或（7)-(8) 取决于采用重量法（第 5.6.5 节）或是离子交换法（第 5.6.7 节），以及后者是使用过滤还是离心。

重量法：

（3）使用布氏漏斗使土悬浮液通过沃特曼 50 号或巴查姆·格林 975 号滤纸过滤到干净、干燥的过滤瓶中，不要添加额外水。

（4）将恰好 50mL 的萃取物转移到干净、干燥的 500mL 锥形烧杯中，并加入蒸馏水使其总体积达到 300mL。该萃取物现已准备好，可用于第 5.6.5 节中描述的重量分析。

离子交换法（过滤）：

（5）在步骤（14）后，使用布氏漏斗将土悬浮液通过沃特曼 50 号或巴查姆·格林 975 号滤纸过滤到干净、干燥的过滤瓶。不要添加额外的水，也不要清洗过滤纸上剩余的土。

（6）使用 50mL 移液管将 50mL 的水萃取物完全转移到干净干燥的 250mL 锥形烧杯中。该萃取物现已准备好用于第 5.6.7 节所述的离子交换分析法。

离子交换法（离心机）：

（7）在步骤（14）对悬浮液进行离心之后，悬浮液中固体沉淀，上部留有澄清的上清液。

（8）将 50mL 的上清液吸入移液管中，移入 250mL 的锥形瓶中。瓶中的萃取物可用于第 5.6.7 节中所述的离子交换分析法。

5.6.4 地下水中硫酸盐——水样的制备（BS 1377-3：1990：5.4）

本节介绍了用于硫酸盐含量（g/L）分析的地下水样制备的简单步骤，分析方法详见第 5.6.5 节（重量法）和第 5.6.6 节（离子交换法）。

1. 仪器

（1）3 个 500mL 锥形瓶。

（2）2 个 250mL 锥形烧杯。

（3）50mL 移液管。

（4）100mL 量筒。

（5）过滤漏斗和支架。

（6）适合漏斗的滤纸，沃特曼 44 号或巴查姆·格林 800 号。

2. 步骤

（1）收集至少 500mL 的地下水样，采样方法详见 BRE 特别摘要 1（2005）中第 C4.6 节。

（2）通过沃特曼 44 号或巴查姆·格林 800 号滤纸将水样过滤到干净的干燥烧瓶中，以除去悬浮液中的所有颗粒。

根据使用的方法进行步骤（3）或步骤（4）。

重量分析法（第 5.6.5 节）：

（3）分别在两个干净、干燥的 500mL 锥形瓶中加入 50mL 过滤水样和约 100mL 蒸馏水。

离子交换法（第 5.6.6 节）：

（4）第（2）步结束后，分别在两个干净、干燥的 250mL 锥形烧杯中加入 100mL 水样。

制备好的样品用第 5.6.5 节和第 5.6.6 节中的方法进行分析。

5.6.5　样品的硫酸盐分析——重量法（BS 1377-3：1990：5.5）

重量法用于确定含水土萃取物（酸萃取物或 2:1 的水-土萃取物）和地下水样中的硫酸盐含量。在所有情形下分析都是相同的，但是根据试验目的的不同，计算方法会有差异。

1. 仪器

以下是对制备萃取物所需仪器的补充（第 5.6.2 节和第 5.6.3 节中第（1）～（25）项）：

（1）瓷质或二氧化硅点燃式坩埚，直径约 35mm，高约 40mm。

（2）可维持在 800℃±50℃ 的马弗炉。

（3）本生灯、三脚架和管状黏土三角形（如果不可行，可使用马弗炉）。

（4）带有刮除器的玻璃搅拌棒。

（5）天平，分度值 0.001g。

2. 试剂

以下是对制备萃取物所需试剂的补充［第 5.6.2 节中（1）～（4）项］：

（1）5% 氯化钡溶液。将 50g 氯化钡溶于 1L 的蒸馏水中。如有必要应在使用前进行过滤。注意：氯化钡有毒。

（2）指示剂：甲基红或蓝色石蕊试纸。

（3）5% 硝酸银溶液。

所有试剂必须是可分析试剂。

3. 试验步骤

对在锥形瓶中准备好的溶液进行试验，从上述阶段开始，如下：

第5.6.2节2) 步骤（3）得到土中总硫酸盐。

第5.6.3节2) 步骤（4）得到土中水溶性硫酸盐。

第5.6.4节步骤（3）得到地下水中的硫酸盐。

下面将试验过程分为6个部分：

① 制备沉淀物；

② 收集沉淀物；

③ 点燃沉淀物；

④ 称重；

⑤ 计算；

⑥ 报告结果。

1）沉淀物的制备

（1）用蓝色石蕊试纸测试溶液的酸度，如有必要，应加入约20滴稀盐酸使溶液呈酸性。或者向烧瓶中溶液加入两滴甲基红指示剂，然后加入稀盐酸（10%）以使其酸化（红色），可轻微过量。溶液指示剂比纸质指示剂更可取（英国标准指出），因为它更易于确保溶液彻底混合。甲基红比石蕊更加敏感。

（2）将溶液稀释至300mL（如有必要）并煮沸。

（3）搅拌溶液的同时，向烧杯中逐滴添加10mL的5%氯化钡溶液。继续缓慢煮沸直至沉淀物生成。

（4）使溶液盖住，并保持其在沸点以下至少30min。这个消解时间是为了让沉淀物形成足够大的颗粒以通过过滤。

（5）使悬浮液沉淀，并向上层清液中加入一滴或两滴氯化钡溶液。

（6）如果随着液滴的滴入会出现轻微的浑浊，则说明沉淀不完全，应重复步骤（2）～（4）。

2）沉淀物的收集

（1）将沉淀物转移至置于烧杯上方玻璃漏斗中的沃特曼42号滤纸上，进行过滤。用热蒸馏水反复洗涤直至滤液中不含氯化物。

（2）检查是否存在氯化物，应用少量硝酸盐溶液测试一滴滤液。若溶液没有浑浊，则滤液中不含氯化物。用刮除器去除烧杯壁上的硫酸钡。

（3）将滤纸和沉淀物转移至事先点燃的瓷质或二氧化硅坩埚中，称量 m_7，精确至 0.001g。

3）沉淀物的点燃

如果有马弗炉，则按照步骤（1）、（2），省略步骤（3）*、（4）*，然后进行步骤（5）。否则，从步骤（3）进行试验。

（1）将坩埚和沉淀物置于室温下的马弗炉中。

（2）将炉温缓慢升至800℃，维持15min。滤纸应缓慢烧焦，不会被点燃。

（3）* 先在小型本生灯上缓慢干燥滤纸，切勿让滤纸燃烧，而是使其缓慢烧焦。

（4）* 加热至红色使其燃烧，并维持该热量 15min。

（5）在干燥器中冷却至室温。

4）称重

（1）称量坩埚和内容物（m_8），精确至 0.001g。

（2）计算沉淀物的质量（m_4）：

$$m_4 = m_8 - m_7$$

5）计算

（1）总硫酸盐（酸的萃取步骤详见第 5.6.2 节）。根据下列公式计算在粒径小于 2mm 土样中总（酸溶性）硫酸盐（以 SO_3 表示）的百分比：

$$SO_3(\%) = \frac{34.3 m_4}{m_3}$$

（2）水溶性硫酸盐（水的萃取步骤详见第 5.6.3 节）。根据下列公式可计算在粒径小于 2mm 土样中水溶性硫酸盐（以 SO_3 表示）的百分比：

$$SO_3（\%） = 1.372 m_4$$

这是基于所用的土质量（m_3）刚好是 50g。若质量与之不同，计算的百分数应根据质量成反比调整。

（3）或者，水溶性硫酸盐也可在 2：1 水萃取液中以 g/L 来表示：

$$水萃取液中硫酸盐（SO_3）= 6.86 \times m_4 \, g/L$$

（4）地下水中的硫酸盐（第 5.6.4 节）。50mL 地下水样中硫酸盐（以 SO_3 表示）的浓度为：

$$SO_3 = 6.86 \times m_4 \, g/L$$

（5）如果每次测得的结果之差不超过 0.2%（SO_3）或者 0.2g/L，计算其平均值。否则应在两个新土样中重新进行测试。

（6）计算粒径≤2mm 原始土样的百分比，该百分比等于

$$\frac{m_2}{m_1} \times 100$$

其中 m_2 指粒径≤2mm 的土样质量；m_1 是指土样的初始干重。

6）报告结果

（1）土中硫酸盐的含量，无论是总（酸溶性）硫酸盐还是水溶性硫酸盐，SO_3 占粒径≤2mm 土样的百分比精确至 0.01%。重要的是说明这是和总硫酸盐有关还是和水溶性硫酸盐有关。地下水或水溶液中的硫酸盐含量（以 SO_3 来表示，单位为 g/L）精确至 0.01g/L。

（2）粒径≤2mm 的初始土样干重占总初始土样的百分比精确至 1%。

5.6.6　地下水中的硫酸盐——离子交换法（BS 1377-3：1990：5.6）

该方法比上述的重量法更快、更容易。但是若地下水中含有氯离子、硝酸根或者磷酸根，此方法不再适用，而应采用重量法（第 5.6.5 节）。

1. 仪器

（1）带有鹅颈弯的长 400mm，直径 10mm 的玻璃管（离子交换柱），如图 5.8（a）所示。

（2）由圆底烧瓶制成的恒压装置，如图 5.8（b）所示。

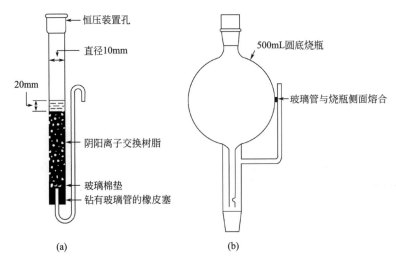

图 5.8　离子交换柱和恒压装置

若不可用，可调节滴定管上的旋塞以控制流速使其稳定流入。

（3）50mL 滴定管和滴定管架。

（4）两个 500mL 的锥形瓶。

（5）两个 250mL 的烧杯。

（6）带有塞子的琥珀色玻璃瓶。

2. 试剂

（1）一种强酸性阳离子交换树脂。如 Zeo-Karb 225 或 Amberlite IR-120。

（2）氢氧化钠溶液 $[c\ (NaOH) \approx 0.1mol/L]$。将 2g 氢氧化钠溶于 500mL 蒸馏水中。通过邻苯二甲酸氢钾标准溶液滴定法确定该溶液的确切浓度（见下文）。氢氧化钠具有强烈的腐蚀性，使用时注意保护眼睛。应将溶液保存在密封的塑料容器中。

（3）邻苯二甲酸氢钾溶液 $[c\ [KHC_6H_4(COOH)_2] = 0.1mol/L]$。称量 5.10g 邻苯二甲酸氢钾，在 105～110℃ 的烘箱中干燥 2h，溶于蒸馏水，并在容量瓶中稀释至 250mL。

邻苯二甲酸氢钾溶液比盐酸溶液更适用于氢氧化钠溶液的标准化，因为前者的浓度具有足够的准确性，无需进行标准化检查。

（4）硝酸银溶液。将 0.5g 硝酸银溶于 100mL 蒸馏水。存放在琥珀色玻璃瓶中。

（5）5%v/v 硝酸溶液。先用约 60mL 蒸馏水稀释 5mL 的浓硫酸（密度 1.42g/mL），然后添加蒸馏水至 100mL。

（6）指示剂溶液，例如经过筛选的甲基橙，在 pH 值 4～5 范围内会明显地发生颜色变化。

（7）指示剂溶液（如有必要）：酚酞或麝香草酚蓝。

（8）盐酸 $[c\ (HCl) = 4mol/L]$。用蒸馏水将 360mL 浓盐酸（1.18g/mL）稀释至 1L。

3. 试验步骤

（1）确定氢氧化钠的浓度。

（2）准备离子交换柱。

（3）制备地下水样。

（4）通过离子交换柱。

（5）添加指示剂。

（6）滴定。

（7）计算。

（8）报告结果。

4．试验过程

1）氢氧化钠溶液浓度的确定

氢氧化钠溶液的精确浓度 B（名义上为 0.1mol/L）是通过酚酞或麝香草酚蓝作为指示剂，对上述制备的邻苯二甲酸氢钾溶液进行滴定而获得的。滴定细节详见沃格尔（1961）。

也可以用标准的氢氧化钠溶液，根据制造商的说明从而制备指定浓度的氢氧化钠溶液。

2）离子交换柱的准备

取足够量的离子交换树脂以填充试管的一半，首先将其放入烧杯中，加入蒸馏水搅拌。将树脂悬浮液倒入管内，树脂沉淀后，将多余的水排出，使水位保持在树脂上方约 20mm 处［图 5.8（a）］。要始终保持水位高于树脂。

先用 100mL 盐酸浸润，然后用蒸馏水洗涤来活化树脂。若使用恒压装置（图 5.8b），则将酸放入圆底烧瓶中，移走塞子使酸穿过管柱。然后用蒸馏水冲洗烧瓶，使水透过管柱对树脂进行洗涤，直到向洗涤液中滴入约 1mL 用硝酸酸化的硝酸银溶液，洗涤液没有变浑浊时，停止冲洗。

若没有恒压头装置，则逐步添加酸和水，但是在进行下一次添加时要将上次添加的量排干。也可以用滴定管来代替恒压装置。

在连续进行 4 次硫酸盐含量测量之后，必须如上重新活化树脂。

3）样品的制备

如第 5.6.4 节所述。

4）离子交换柱的使用

将 500mL 锥形瓶放在离子交换柱出口下方。使水通过管柱，然后用两份 75mL 增量的蒸馏水冲洗。将水和洗涤液收集在锥形瓶中。

5）指示剂的添加

将指示剂添加到收集的液体中使其变色以检测滴定终点。

6）滴定

用标准氢氧化钠溶液进行滴定。记录将液体中和所需的氢氧化钠溶液体积（V），精确至 0.05mL。当晃动烧瓶溶液保持黄色时，即已中和。

7）计算

硫酸盐的含量以地下水中 SO_3 来表征，计算公式如下：

$$SO_3 = 0.4BV \text{ g/L}$$

其中 B 为氢氧化钠溶液的浓度（mol/L）［见步骤（1）］；V 为所用氢氧化钠溶液的

体积（mL）。若每次计算结果相差不超过 0.2g/L（SO_3），取平均值。否则，应在两个过滤后的 100mL 地下水样中重新试验。

8）结果

用离子交换法测定地下水中硫酸盐的含量，以 SO_3 表征，单位是 g/L，测量结果精确至 0.01g/L。

5.6.7　含水土萃取物中的硫酸盐——离子交换法（BS 1377-3：1990：5.6）

该方法相对密度量法更快、更容易，但是如果土中含有氯离子、硝酸根离子、磷酸根离子或其他阴离子，此方法不再适用。

试验过程与第 5.6.6 节所述的地下水样类似，不同的是须先按照第 5.6.3 节中的说明制备 2：1 的水-土萃取物。这两部分都需要相同的设备和试剂。

步骤：

（1）测定氢氧化钠溶液的浓度。详见第 5.6.6 节步骤（1）。

（2）准备离子交换柱。详见第 5.6.6 节步骤（2）。

（3）制备含水萃取物。详见第 5.6.3 节。向步骤 6 或 8 2）量程为 250mL 量杯中的 50mL 的含水萃取物加入蒸馏水至 100mL。

（4）～（6）详见第 5.6.6 节步骤（4）～（6）。

（7）计算。土-水萃取物中硫盐酸的含量以 SO_3 表示，计算公式如下：

$$SO_3 = 0.8BV\text{g/L}$$

其中 B 为氢氧化钠溶液的浓度（mol/L）。若每次计算结果之差不超过 0.2g/L（SO_3），取平均值。否则，应选取新的土样重新进行试验。

（8）结果。用离子交换法测定土-水萃取物中硫酸盐的含量，以 SO_3 表示，单位为 g/L，测量结果精确至 0.01g/L。粒径≤2mm 的原始土样的百分比精确至 1%。

5.7　有机质含量试验

5.7.1　试验范围

给出了两种测定土有机质含量的方法：过氧化氢氧化法；重铬酸盐氧化法。

重铬酸盐氯化法是 BS 1377-3：1990 中给出的一种测定土有机含量的标准方法。过氧化氢氧化法对未分解的植物残渣的作用有限，例如：根和纤维。

5.7.2　重铬酸盐氧化法（BS 1377-3：1990：3.4）

此方法由沃克利和布莱克于 1934 年首次提出，该方法可重复使用。这种方法的精确度不高，但对于大多数工程目的而言已经足够。

通过该方法，含有硫化物或氯化物的土会有很好的效果。如果土中存在这些物质，可以按照方法中所述，通过适当的化学处理方法在样品制备阶段除去，包括检查其存在性的方法。

1. 仪器

（1）天平，分度值 0.001g。

（2）两个 1L 容量瓶。

（3）2 个 25mL 滴定管，分度值 0.1mL，并放置滴定管。

（4）10mL 带有橡胶嘴的移液管。

（5）1mL 带有橡胶嘴的移液管。

（6）两个 500mL 锥形瓶。

（7）250mL 和 20mL 刻度量筒。

（8）玻璃称量瓶，直径 25mm。

（9）筛网，孔径 2.425mm。

（10）杵和臼。

（11）用蒸馏水冲洗。

（12）温度为 50℃±2.5℃的烘箱。

（13）干燥器和干燥剂。

（14）小方盒（300cm^3）。

（15）玻璃沸腾管。

（16）直径约为 110mm 的过滤漏斗。

（17）与漏斗对应的过滤纸，中等孔径（例如沃特曼 40 号）和细孔径（例如沃特曼 42 号）。

（18）蓝色石蕊试纸。

2. 试剂种类

（1）重铬酸钾 $[c(K_2Cr_2O_7)＝0.167mol/L]$。将 49.035g 重铬酸钾溶解在蒸馏水中，制成 1L 溶液。

（2）盐酸，25％浓度溶液。用蒸馏水稀释 250mL 浓盐酸（浓度 1.18g/mL）制成 1 L 溶液。

（3）浓硫酸（浓度 1.84g/mL）。

（4）硫酸溶液 $[c(H_2SO_4)＝1mol/L]$。将 53mL 浓硫酸添加到约 500mL 蒸馏水中，然后加蒸馏水至 1L。

（5）硫酸亚铁溶液。将 140g 硫酸亚铁溶解在硫酸溶液中 $[c(H_2SO_4)＝0.25mol/L]$ 制成 1L 溶液。该溶液在空气中不稳定，应用塞子堵住容器。每周对重铬酸盐溶液进行标准化测量。将 14mL 浓硫酸添加到约 800mL 蒸馏水中来制备硫酸溶液，后添加蒸馏水至 1L。注意：请勿在浓酸中加水，记录溶液的制备日期。

（6）正磷酸，85％浓度溶液，密度 1.70～1.75g/mL。

（7）指标解决方案。将 0.25g 二苯胺磺酸钠溶于 100mL 蒸馏水中。

（8）乙酸铅纸，已浸在乙酸铅溶液中的滤纸。

3. 程序阶段
该程序分为：

（1）标准化硫酸亚铁溶液；

（2）准备样品；

（3）测试硫化物；

（4）消除硫化物；

（5）检查氯化物；

（6）消除氯化物；

（7）测试有机质；

（8）计算；

（9）报告结果。

4. 测试步骤

1）硫酸亚铁溶液的标准化

（1）将滴定管内 10mL 重铬酸钾溶液倒入 500mL 锥形瓶中。

（2）小心加入 20mL 浓硫酸，会产生热量。旋转混合物，放在隔热操作台或垫子上使其冷却。防风。

（3）小心添加 200mL 蒸馏水。

（4）加入 10mL 正磷酸和 1mL 指示剂，并充分混合。

（5）从滴定管中以 0.5mL 的增量添加硫酸亚铁，旋转烧瓶，直到颜色从蓝色变为绿色。

（6）再添加 0.5mL 重铬酸钾，将颜色变回蓝色。

（7）逐滴缓慢滴加硫酸亚铁，并不断旋转，直到加入一滴后溶液的颜色从蓝色变为绿色。记录使用的硫酸亚铁的总体积 x，精确至 0.05mL。

2）试样制备

通常按照第 5.1.5 节中的描述，从原始土样中制备试样。详细过程：

（1）按照第 5.1.5 节的步骤（1）。

（2）按照第 5.1.5 节的步骤（2），但使用 50℃±2.5℃的烘箱干燥温度。

（3）按照第 5.1.5 节的步骤（3）。

（4）按照第 5.1.5 节的步骤（4）。如果发现保留在 2mL 筛子上的材料包含有机质，除去有机质碎片，将其压碎以通过 2mL 筛子，加到过筛的部分。

（5）～（6）按照第 5.1.5 节的步骤（5）～（6）。

（7）按照第 5.1.5 节的步骤（7）。所需材料的质量为 100g。

（8）～（9）按照第 5.1.5 节的步骤（8）和步骤（9）。

（10）快速细分该样品以获得以下测试样品。

① 如果已知没有硫化物和氯化物：两个试样，每个约 5g。

② 确定是否存在硫化物：测试约 5g 的样品。

③ 确定是否存在氯化物：测试约 50g 的样品。

④ 如果存在硫化物和/或氯化物：测试约 50g 的样品。

（11）～（13）按照第 5.1.5 节的步骤（11）～（13）。步骤（10）中的烘箱干燥温度为 50℃±2.5℃。

3）对硫化物的定性检查

以下步骤可以验证土中硫化物的存在：

（1）将 5g 检查样品（无需称重）放入沸腾管中，加入约 20mL 25％的盐酸溶液。

（2）煮沸并通过气味检查是否释放出硫化氢。如果有，则土中含有硫化物。

（3）通过将一张浸在 10％乙酸铅溶液中的滤纸保持在蒸气中检查硫化氢。如果存在硫化氢，它将变成黑色。

（4）如果表明存在硫化物，则应在进行有机质分析之前按照下面 4）所述将其从试样中除去，否则结果偏高。

（5）如果未表明存在硫化物，则省略步骤 4）。

4）消除硫化物

从测试样品中消除硫化物的步骤是：

（1）在干燥器中冷却至室温后，称量约 50g 土且精确至 0.01g，并将其放入 500mL 锥形瓶中。

（2）加入硫酸 $[c(H_2SO_4)=1.0mol/L]$，直到硫化氢不再释放，用乙酸铅纸测试进行检查。

（3）在中等滤纸上过滤锥形瓶中的内容物，注意保留所有固体颗粒，用蓝色石蕊试纸洗涤，用热蒸馏水洗涤数次，直到洗涤液未显示酸度。

（4）将残留在滤纸上的土在 50℃±2.5℃的温度下干燥至恒重，然后在干燥器中冷却。

（5）小心地从滤纸上清除所有污垢，并确定其质量为 0.01g。

（6）按照步骤 2）（10）①细分处理试样，并将每个试样放在 50℃±2.5℃的烘箱中按照第 5.1.5 节的步骤（11）～（13）干燥和冷却。

5）氯化物的定性检查

确定土中氯化物的存在可以按照第 5.9.2 节步骤进行验证。

如果表明存在氯化物，则应在进行有机质分析之前，按照下面的步骤 6）所述从试样中将其除去，否则结果偏高。

或者，通过使用溶解有硫酸银的浓硫酸溶液替代浓硫酸，可以部分消除氯化物对有机质测定的影响。如果碳与氯化物的比例不超过 1，则每升硫酸加入 25 g 硫酸银足以沉淀氯化物。

如果同时存在硫化物和氯化物，则应在确定有机含量之前对土样进行步骤 4）和步骤 5）。

如果不存在氯化物，则省略步骤 6）。

6）消除氯化物

从测试样品中消除氯化物的步骤如下：

（1）在干燥器中冷却至室温后，称重约 50g 土。

（2）将土放在漏斗中的中等孔径滤纸（例如沃特曼 40 号）上，并用蒸馏水洗涤。

（3）继续洗涤，直到用硝酸银溶液测试洗涤水不再看到浑浊为止。

（4）将残留在滤纸上的土在 50℃±2.5℃的温度下干燥至恒重，然后在干燥器中冷却。

（5）小心地从滤纸上清除所有污垢，并确定其质量，精确至 0.01 g。

（6）按照步骤 2）（10）①细分处理样品，并将每个试样放在 50℃±2.5℃烘箱中，按照第 5.1.5 节的步骤（11）～（13）干燥和冷却。

7）有机质分析

（1）称量每个按步骤 2）、4）或 6）所述获得的装有准备好土的称量瓶，精确至 0.001g。

（2）从称量瓶中取出至少两个适当质量具有代表性的土样（通常为 0.2～5g，具体取决于有机质含量）到单独的 500mL 干燥锥形瓶中，取出各部分后称量瓶子的重量，并通过差值（m_3）计算每个土样的质量，精确到 0.001g。

用于分析的样品大小取决于土中有机质的含量。对于有机质含量低的土，可能需要多达 5g 的水；对于非常肥沃的土，可能仅需要 0.2g。经过大量试验之后，根据经验选择最合适的样本量。否则，应测试一系列不同大小的样品，并且应确定重铬酸钾溶液总体积减小了 5～8mL，才能得出正确的结果。

（3）从滴定管中将 10mL 重铬酸钾溶液倒入锥形瓶中，并从量筒中加入 20mL 浓硫酸。搅拌混合物约 1min，然后隔热静置 30min，使有机质继续氧化。在此期间，应保护烧瓶免受冷空气和通风的影响。

（4）向溶液中加入 200mL 的蒸馏水，然后加入 10mL 的正磷酸和 1mL 的指示剂，并将混合物彻底摇匀。如果指示剂被土吸收，则再添加 1mL 指示剂。

（5）以 0.5mL 的增量从第二个滴定管中加入硫酸亚铁溶液，并摇动烧瓶中的内容物，直到溶液的颜色从蓝色变为绿色。

（6）再加入 0.5mL 重铬酸钾溶液，将颜色变回蓝色。

（7）缓慢滴加硫酸亚铁溶液，并不断搅拌，直到加入一滴后溶液的颜色从蓝色变为绿色。

（8）记录使用的硫酸亚铁溶液的总体积 y，精确至 0.05mL。

8）计算

（1）根据方程式计算用于氧化土样中有机质重铬酸钾溶液的总体积 V：

$$V=10.5\ (1-y/x)$$

式中，y 为试样中使用的硫酸亚铁溶液的总体积（mL）；x 为标准化试样中使用的硫酸亚铁溶液的总体积（mL）。

（2）根据公式计算通过 2mm BS 试样筛原始土样的百分比：

$$试样粒径小于 2mm 百分比=\frac{m_2}{m_1}\times100\%$$

式中，m_1 为样品的初始干燥质量（g）；m_2 为通过 2mm 筛的样品质量（g）。

（3）根据方程式，对于每次测定，计算小于 2mm 的土样中所含有机质百分比：

$$有机质含量百分比=\frac{0.67V}{m_3}\%$$

式中，m_3 为试样中使用的土质量。

（4）该试样方法基于土有机质的氧化，并假设土有机质中平均含有 58% 的碳。所采用的方法氧化了有机质中约 77% 的碳，这些因素包括在上式中，仅对于包含天然有机质的土，这些因素才能给出正确的结果。

如果各个结果的有机质差异不超过 2%，则计算平均结果。否则，从两个新的土试样部分开始重复试样。

9）结果

（1）报告通过 2mm BS 试样筛土组分中存在的有机质平均含量的百分比，精确至 0.1%。

（2）报告通过 2mm 筛网原始样品的干质量百分比，精确至 1%。

（3）如果在土中发现了硫化物或氯化物，请在报告中适当的说明。

5.7.3　过氧化物氧化法

在进行细粒度分析之前，该方法被用作土预处理的一部分，以消除胶质有机质（第 4.8.1 节）。

1. 仪器

（1）天平，分度值 0.001g；

（2）直径 150mm 的陶瓷蒸发皿；

（3）玻璃搅拌棒；

（4）温度计，0～100℃；

（5）布氏漏斗和滤瓶；

（6）真空容器；

（7）滤纸，沃特曼 50 号；

（8）400mL 的烧杯；

（9）烘干箱和干燥器。

2. 试剂

过氧化氢，浓度 6%（20mL）溶液。

3. 步骤

（1）按照第 5.1.5 节的步骤（1）～（7）的说明，准备一个样品，在 50℃±2.5℃ 的烘箱中干燥，并通过 2mm 筛子，将 50～100g 的土样通过 2mm 筛子筛选，称量样品精确至 0.01g（质量为 m_1），然后放入干净干燥的广口锥形瓶中。

（2）加入 150mL 过氧化氢，并用玻璃棒轻轻搅拌。封盖放置过夜。

（3）加热至约 60℃，搅拌以释放气泡，避免起泡。

（4）让反应继续进行，直到不再以极快的速度放出气体为止。

（5）煮沸混合物以减少体积至约 50mL，并分解过量的过氧化物。

（6）冷却后，如有必要，添加更多的过氧化物以完成氧化，然后重复步骤（4）～（5）。对于有机质含量高的土，此过程可能需要 1～2d。

（7）使用布氏漏斗和真空烧瓶，通过沃特曼 50 号滤纸过滤，用蒸馏水彻底清洗。

（8）将土称重并转移到干燥的玻璃蒸发皿中（质量为 m_2）。

（9）在 105～110℃ 的烘箱中将蒸发皿和内含物干燥至恒定质量。

（10）称量蒸发皿和内容物（质量为 m_3）。

（11）根据公式计算过氧化氢处理造成的损失：

$$过氧化氢损失 = \frac{m_3 - m_2}{m_1} \times 100\%$$

（12）结果为通过过氧化氢处理确定的精确至 0.1% 的有机质含量。

5.8 碳酸盐含量试验

5.8.1 试验范围

介绍四种测定土碳酸盐含量的试验方法。全部取决于碳酸盐与盐酸之间的反应，该反应释放出二氧化碳。除第一种方法外，其余各法都测量了产生的二氧化碳量。在所有情况下，试验结果均以 CO_2 的百分比表示。对于所有试验，土样的初始准备步骤均相同，并在第 5.1.5 节中进行了描述。

第 1 步（第 5.8.2 节）是一种快速滴定法，其中与碳酸盐反应后残留的过量盐酸是通过用氢氧化钠滴定来测量的。当碳酸盐含量超过约 10％的土仅需进行近似估算时，此方法适用。

第 2 步（第 5.8.3 节）是一种重量分析法，其中吸收并称出释放出的二氧化碳。它基于 BS 1881-124：1988 中给出的硬化混凝土中碳酸盐含量的测定程序。此方法最适合专业化学实验室。

在第 3 步中，使用柯林斯碳酸计按体积测量二氧化碳的量。第 4 种方法是第 3 种方法的简单版本。如果组装了必要的设备，两者都相对容易实施，并且结果对于大多数工程目的而言都足够准确（第 5.8.4 节和第 5.8.5 节）。

在 ASTM D 4373 中，土的碳酸钙含量是通过测量与盐酸反应而放出的二氧化碳所产生的压力确定的。需要使用专业的密闭压力容器（快速碳酸盐分析仪）。首先使用一系列已知质量的纯碳酸钙进行校准试验。此试验不在此处介绍。

5.8.2 快速滴定法（BS 1377-3：6.3）

这是一种在样品已准备好且酸溶液已标准化的条件下进行的快速试验，适用于精度约为 1％的情况。

1. 仪器

（1）250mL 高型烧杯和表面皿；

（2）两个 100mL 滴定管，分度值 0.1mL；

（3）25mL 移液管；

（4）250mL 锥形瓶；

（5）1L 容量瓶。

2. 试剂种类

（1）盐酸 $[c\,(HCl)=1mol/L]$。将 88mL 浓盐酸溶解在蒸馏水中制成 1L 溶液。

（2）氢氧化钠溶液 $[c\,(NaOH)=1mol/L]$。将约 20g 氢氧化钠溶于 500mL 蒸馏水中，并储存在密封的塑料容器中。注意：氢氧化钠具有强烈的腐蚀性，应使用护眼装置。

（3）筛选的甲基橙指示剂。与未筛选的指示剂相比，已筛选的甲基橙具有更高的终点，但如果需要，可以使用后者。甲基红或溴甲酚绿也适用。

3. 试验程序

1）氢氧化钠溶液的标准化

2）盐酸溶液的标准化

3）试样的准备

4）碳酸盐试样分析

5）计算

6）报告结果

4. 试验步骤

1）氢氧化钠溶液的标准化

（1）使用移液管将 25mL 氢氧化钠溶液转移到 250mL 容量瓶中。

（2）用蒸馏水稀释至 250mL。如果原始溶液的浓度为 B mol/L，则该稀释溶液的浓度为 $0.1B$ mol/L。

（3）使用第 5.6.6 节步骤（1）中给出的方法确定稀释溶液的浓度（0.1 B）。

（4）将该值乘以 10 得到浓缩液的浓度（B）。

2）盐酸溶液的标准化

（1）使用移液管将 25mL 盐酸放入 250mL 锥形瓶中。

（2）将锥形瓶放在白色背景上，然后从滴定管中缓慢加入氢氧化钠溶液。在此操作期间，用一只手不断旋转烧瓶，同时用另一只手控制滴定管上的旋塞。

（3）继续添加氢氧化钠直至达到终点并中和盐酸。

（4）记录所用氢氧化钠的体积。

（5）使用另外两份 25mL 的酸性溶液重复步骤（1）和（4）。每次滴定使用的氢氧化钠体积相差不应超过 0.1mL。

（6）计算所用氢氧化钠的平均体积 V_1（mL），并用下式计算盐酸溶液的浓度 H（mol/ L）：

$$H = \frac{V_1}{25} B$$

其中 B 是氢氧化钠溶液的浓度（mol/L）。

3）试样的准备

按照第 5.1.5 节步骤（1）～（7）中所述，从原始土样中制备待测的初始样品。步骤（2）中的烘箱干燥温度为 105～110℃，步骤（7）中所需的材料质量约为 50g。

按照第 5.1.5 节的步骤（8）～（13）中所述准备试样。提供两个试样的步骤（10）中所需的质量约为 12g。

每个试样取约 5 g 干燥土，并记录每个样品的质量（m），精确至 0.001g。

4）碳酸盐试样分析

每个试样的分析如下：

（1）将称量的试样放入 250mL 大烧杯中。

（2）从滴定管中缓慢加入 100mL 盐酸溶液。

（3）用表面皿盖住烧杯，静置 1h，不时搅拌。

（4）最终搅拌土沉降后，用移液管除去 25mL 上清液，并转移至锥形烧瓶中。

（5）按照步骤 2）（3）的说明，添加 6 滴指示剂溶液，并用氢氧化钠溶液滴定，直到发生与标准化程序中观察到的相同颜色变化。记录所用氢氧化钠溶液的体积 V_2，精确至 0.1mL。

5）计算

土体的碳酸盐含量以 CO_2 的百分比表示，计算公式如下：

$$碳酸盐（以 CO_2 计）= \frac{8.8(25H - BV_2)}{m}\%$$

式中，H 为盐酸溶液的浓度（mol/L）；B 为氢氧化钠溶液的浓度（mol/L）；m 为土样的质量（g）；V_2 为所用氢氧化钠的体积（mL）。

如果各个 CO_2 结果的差异不超过 2%，可计算平均结果。否则，取两个新的土样重复测试。

6）结果

（1）将土样的平均碳酸盐含量以二氧化碳的百分比表示。

（2）计算通过 2mm 筛子的原始样品的干质量百分比，精确至 1%。

5.8.3 重量法（BS 1377-3：1990：6.4）

该方法参考 BS 1881-124：1988 中给出的硬化混凝土中碳酸盐含量的测定方法。其在土中的应用描述如下：

1. 仪器

（1）分析天平，分度值为 0.0001g（即 0.1mg）。

（2）马弗炉，可提供 925℃±25℃ 和 1200℃±50℃ 的受控温度。

（3）带干燥剂的干燥器。

（4）吸收法测定二氧化碳的装置。设备如图 5.9 所示，它由以下组件组成：

① 两个反应瓶，每个反应瓶装有一个分液漏斗连接到水冷冷凝器（需要 2 个）。

② Drechsel 瓶起泡器。

③ 2 个吸收管，用于去除大气中的二氧化碳。

④ 2 个可称重的吸收管，用于吸收二氧化碳。

（5）护管装置，用于从空气流中除去二氧化碳，即提供不含二氧化碳的气体源。

2. 试剂种类

（1）浓硫酸。

（2）浮岩涂有无水硫酸铜。

（3）干高氯酸镁。

（4）粒状二氧化碳吸收剂。

（5）浓正磷酸，密度 1.7g/mL。

（6）苏打石灰（氢氧化钠和氢氧化钙），用于吸收空气流中的二氧化碳。

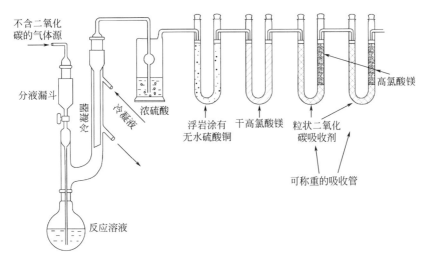

图 5.9 二氧化碳吸收装置的布置

3. 试验程序

1）制备试样；

2）准备仪器；

3）"空白"测量的确定；

4）分析；

5）计算；

6）报告。

4. 试验步骤

1）制备试样

（1）试样的制备和称重按照第 5.8.2 节 4.3）所述，但试验所需的质量取决于土中碳酸盐的含量。对于纯石灰石或白垩，干质量 m 约为 0.2g，相对于无钙质土体，干质量 m 约为 1g。如有疑问，请通过进行初步试验确定合适的数量。

（2）首先将要试验的土样放入反应瓶中。将随后的标本保存在密封的容器中，例如玻璃称量瓶，需要时取出。

2）准备仪器

（1）组装如图 5.9 所示的设备，但没有可称重的吸收管。确保分液漏斗不含酸。

（2）将不含二氧化碳的气体源连接到空反应烧瓶的出料漏斗中，并用该气体吹扫设备 15min，并通过 Drechsel 烧瓶以每秒约 3 个气泡的流速流动。

（3）称重两个吸收管，精确到 0.0001g，然后将它们连接到设备上。

3）"空白"测量的确定

（1）断开进气口，将 30mL 浓正磷酸放入水龙头漏斗中，并关闭水龙头。

（2）打开水龙头，重新连接进气口，以使气压迫使酸进入反应瓶。

（3）慢慢将烧瓶中内容物的温度升至沸腾并煮沸 5min。

（4）在保持气流的同时，冷却 15min。

（5）冷却后，断开吸收管并中断气体流动。

（6）称重吸收管，精确至 0.0001g。

（7）计算上述操作前后吸收管的质量之差 m_0（g），称为设备的"空白"，应小于 1mg。

（8）如果空白大于 1mg，请检查接头并确保没有泄漏，然后重复空白确定。如果空白仍超过 1mg，请更换吸收剂并重复整个过程。

4）分析

（1）组装设备，并按上述 2）（1）和（2）所述，用不含二氧化碳的气体冲洗。

（2）用装有测试样品的反应瓶替换空的反应瓶，并继续通入无二氧化碳的气体。

（3）称重两个吸收管，精确至 0.0001g，然后将它们连接到设备上。

（4）断开进气口，将 30mL 浓正磷酸放入水龙头漏斗中，并关闭水龙头。

（5）打开水龙头，重新连接进气口，以使气压迫使酸进入反应瓶。

（6）慢慢将烧瓶中内容物的温度升至沸腾，然后煮沸 5min。

（7）在保持气流的同时冷却 15min。

（8）冷却后，断开吸收管并中断气体流动。

（9）称重吸收管，精确至 0.0001g。

5）计算

（1）计算测试期间吸收管中质量增加 m_1（g），精确至 0.0001g。

（2）算碳酸盐含量（以 CO_2 计），用下式计算，精确至 0.1%。

$$CO_2 = \frac{m_1 - m_0}{m} \times 100\%$$

式中，m_1 为测试期间吸收管质量的增加（g）；m_0 为在"毛重"测定期间吸收管的质量增加（g）；m 为测试样品的质量（g）。

（3）根据两个或多个独立的确定计算平均二氧化碳百分比。

6）报告

（1）土样的平均碳酸盐含量以二氧化碳的百分比表示。

（2）计算通过 2mm 筛子的原始样品干质量百分比，精确至 1%。

5.8.4 柯林斯碳酸计——标准方法

这种测量土体碳酸盐含量的方法由柯林斯于 1906 年首次发表。以他的名字命名的仪器是由最初称为沙伊布勒的设备开发而成。

在该测试中，用盐酸处理一定量的土体。测量释放出的二氧化碳体积，并针对温度和大气压进行校正。土体碳酸盐含量是根据校正后二氧化碳量计算得出。

1. 仪器

（1）柯林斯碳酸计。由透明的有机玻璃储罐中的几个组件（下面列出）组成，可以装满水，是为了在整个测试过程中保持所有组件的温度均匀。结果对温度非常敏感。该设备在图 5.10 中进行说明，并在图 5.11 中进行图解说明。该设备不再在市场上出售，但可以通过以下方式构造。

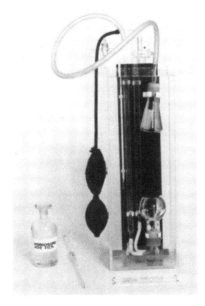

图 5.10 柯林斯碳酸计，用于碳酸盐含量测试

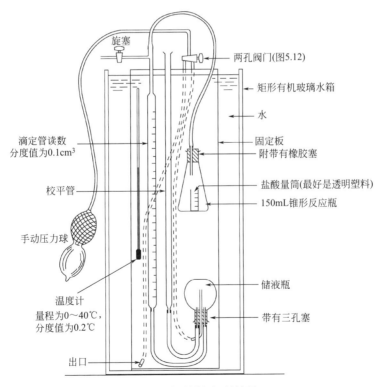

图 5.11 柯林斯碳酸计图解

（2）气压计，或其他能确定局部气压的设备。

（3）分度值为 0.001g 的天平。

（4）干燥箱。

2. 试剂

盐酸溶液，浓度 25％v/v。每一体积的浓盐酸需用三体积的蒸馏水进行稀释，自压力球处进入。

自压力球处进入

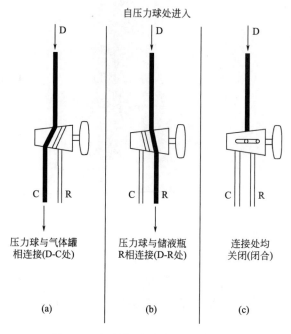

图 5.12 柯林斯碳酸计上的两孔阀门

3. 试验程序

（1）准备试样；

（2）放入烧瓶；

（3）准备测量器；

（4）加入盐酸；

（5）连接反应瓶；

（6）搅动水箱中的水；

（7）调整滴定管至零刻度线；

（8）混合盐酸和土；

（9）再次搅动水箱中的水；

（10）平衡滴定管；

（11）重复程序（7）～（10），直至读数稳定；

（12）读取大气压；

（13）计算；

（14）报告结果。

4. 试验步骤

（1）试样制备

按照第 5.8.2 节 4 3）中所述的方法制备试样并称重，不同之处在于试验所需的质量取决于土样中碳酸盐的含量。对于纯石灰石或白垩，干质量 m 为 0.2g 左右；对于相对非钙质土样，干质量 m 为 20g 左右。如有疑问，应进行初步试验以确定合适的质量。

（2）放入烧瓶

首先将要测试的样品放入锥形瓶中，将随后进行试验的试样保存在密封的容器，如玻璃称量瓶中，以便之后使用。

（3）柯林斯测量器的准备

在室温下用水填充有机玻璃水箱 T 至距顶部约 25mm 以内的位置。如果当地的水质很硬，则应使用开水或蒸馏水代替。在使用手动压力球 D 并将阀门 G 打开联通大气之前，应使用漏斗将水倒入调平管 F 中，以便储液瓶 R 装有半瓶水。

（4）盐酸的倒入

用移液管或滴定管向量筒 A 中添加盐酸（25％v/v），然后小心地将其倒入锥形瓶 B 中。需要盐酸 10（低钙质土）～15mL（高钙质土）。注意不要将盐酸溅到土样上。

（5）反应瓶的连接

插入橡胶塞 S，将锥形瓶连接到设备上。将烧瓶放在水箱的液面以下，并用固定板上的弹簧夹将其固定。

（6）水的搅动

设置阀门 H 于手动压力球和导管 C 的连接处（D-C 处，图 5.12a）。挤压手动压力球，轻轻地将空气通入水箱的水中，以获得均匀的温度。当温度稳定后，记录此时的温度 T_1℃。

（7）滴定管的调整

打开阀门 G 并将阀门 H 设置于 D-R 处 ［图 5.12 （b）］。用一只手轻轻地挤压压力球，直到滴定管 E 中的水位与零刻度线完全持平，然后用另一只手关闭阀门 G。此时，管 F 中的水位应与 E 中的水位相同。松开压力球，管 F 中的水位将下降，E 中的液面也会略有下降。

（8）混合酸和土体

小心地将锥形瓶 B 从水中取出，使其保持与滴定管 E 的连接。倾斜烧瓶，使量筒 A 中的盐酸滴到土样上。充分摇晃锥形瓶（注意不要使量筒 A 破裂），并将其放在水中。

（9）水的再次搅动

将阀门 H 设置在 D-C 处，然后将空气缓慢通入水箱的水中，直至得到稳定的温度 T_2℃。

（10）平衡水位

将阀门 H 设置在 D-R 处。轻轻挤压压力球，直至管 E 和 F 中的水位相等。然后关闭阀门 H ［图 5.12 （c）］，读取滴定管 E 中指示的体积。

（11）检查反应的完成情况

在不断开锥形瓶 B 连接的情况下将其移开并进行摇晃，然后重新放回水浴中，并调节 E 和 F 管中的液面（7～10 级）。不断重复此过程，直至滴定管 E 指示的体积不再增加为止。记录随着 CO_2 的体积 V_1（mL）变化而变化的最终读数。

（12）读取大气压

读取进行试验时的大气压。如果没有准确的气压值，则可使用当地气象局提供的信息，或根据当天的天气预报大致估算出该信息。

（13）计算

① 如果试验结束时的温度 T_2℃与试验开始时的温度 T_1℃相差超过 0.2℃，则必须对测量体积进行校正。根据公式计算出校正量 δV_1：

$$\delta V_1 = \frac{T_1 - T_2}{2}$$

如果温度从 T_1 至 T_2 为温度降低，则 δV_1 为正；如果为温度升高，则 δV_1 为负。

该校正基于以下事实：对于 0.2℃的温度升高，136mL 空气膨胀约 0.1mL。锥形瓶 B 中的空气体积等于 150mL 减去酸的体积（10～15mL），即 135～140mL。

② 根据公式计算测试期间的平均温度 T_m（℃）：

$$T_m = \frac{1}{2}(T_1 + T_2)$$

③ 根据盐酸的用量 V_a（mL），从表 5.7（a）中确定平均温度 T_m（℃）下的设备中测量 100mL 的气体所需二氧化碳的质量 m_2（mg）。

④ 根据表 5.7（b）确定大气压的体积校正量 δV_2。

⑤ 根据表 5.7（c）确定所测气体 V_1 的校正量 δV_3。

⑥ 根据公式计算校正后的二氧化碳量 V_g：

$$V_g = V_1 + \delta V_1 + \delta V_2 + \delta V_3$$

⑦ 根据公式计算土样中的碳酸盐百分比，以 CO_2 表示：

$$碳酸盐含量\%（以 CO_2 计）= \frac{m_2 V_g}{1000m}\%$$

⑧ 从两个或更多个单独的确定值计算平均百分比 CO_2。

（14）报告结果

① 土样的平均碳酸盐含量应以 CO_2 的百分比表示，保留两位有效数字。

② 计算通过 2mm 筛子的原始样品的干质量百分比表示，精确至 1%。

5.8.5 柯林斯碳酸计——简化方法

该方法的精度比上述标准方法低，但无需任何计算即可直接读取碳酸盐含量。通过读取水浴器的温度并观察大气压来实现。试验所需盐酸（25%v/v）的体积取决于从表 5.8（a）中读出的这两个读数。将这部分酸放入量筒中（图 5.11 中 A）。石灰石或白垩所使用的土样质量应为 0.2g，碳酸盐含量很少的土样为 20.0g，中间材料的质量应为 2.0g。

柯林斯碳酸计试验数据 表 5.7

(a) 质量 m_2（未校正） 盐酸用量 V_a(mL)								(b) 气压校正 δV_2(mmHg 或 mbar)					(c) 校正体积 V_g(mL)(δV_3)			
T_m (℃)	10	12	14	16	18	20	30	40	740 987	750 1000	760 1013	770 1027	780 1040	0～9	10～19	20～29	30～40
12	198	201	204	208	211	214	230	249	−6	−3	0	+3	+6	+1	0	0	−1

(a) 质量 m_2（未校正）盐酸用量 V_a（mL）								(b) 气压校正 δV_2（mmHg 或 mbar）					(c) 校正体积 V_g（mL）（δV_3）			
14	196	199	202	204	207	210	226	244	−5	−3	0	+3	+5	+1	0	0	−1
16	193	196	198	201	203	206	221	238	−5	−3	0	+3	+5	+2	0	0	−2
18	191	193	196	198	201	203	216	233	−5	−3	0	+3	+5	+2	+1	−1	−2
20	188	190	193	195	198	200	212	228	−5	−3	0	+3	+5	+3	+1	−1	−3
22	186	188	190	192	194	196	208	223	−5	−3	0	+3	+5	+3	+1	−1	−3
24	183	185	187	189	191	193	204	218	−5	−3	0	+3	+5	+5	+3	−3	−5
26	181	183	185	186	188	190	200	213	−5	−3	0	+3	+5	+8	+4	−4	−8
28	178	180	182	183	185	187	196	208	−5	−3	0	+3	+5				
30	176	178	179	181	182	184	192	203	−5	−3	0	+3	+5				

1. 数据对于 150mL 反应瓶 B 有效。

2. 该表的第一部分是根据在 760mmHg 压力和 12～30℃ 的平均温度下测得的 20mL CO_2 的体积，得出的 100mL CO_2（mg）的质量（T_m）。

3. 校正部分显示对于不同压力和测量体积的 CO_2 所要增加或减少的值。

例如 V_a＝20mL，T_m＝22℃，气压计读数 750mmHg，V_g＝10mL。则 100mL CO_2 的重量 m_2（mg）为 196−3＋1＝194mg。如果所用样品的干质量 m_1（g）为 2.51g

$$碳酸钙含量\%=\frac{194\times10}{1000\times2.51}=0.77\%$$

4. 1mmHg＝133.3Pa＝1.333mbar。

柯林斯碳酸计试验简化数据 表 5.8

(a) 所用盐酸的体积 (mL)

温度（℃）	大气压（mmHg）						
	730	740	750	760	770	780	790
12	19	17	15	13	11	9	7
14	21	19	17	15	13	11	9
16	23	21	19	17	15	13	11
18	25	23	21	19	17	15	13
20	27	25	23	21	19	17	15
22	29	27	25	23	21	19	17

注意：如果指示的酸量超过 15mL，则应将规定量一半的 50%（v/v）HCl 放入试管 A，并在锥形瓶 B 中加入与样品相同量的蒸馏水。

(b) 碳酸盐的转换量

土体质量（g）	每立方厘米（cm³）CO_2 的碳酸盐含量（%）
0.2	1.0
2.0	0.1
20.0	0.01

按照第 5.8.4 节中的描述进行测试。从滴定管 E 上读取排出的二氧化碳量，如表 5.8
（b）所示，将其转换为土样的碳酸盐含量（%）。

如果表 5.8（a）中的盐酸用量超过 15mL，则应在量筒 A 中使用规定量的 50%（v/v）
盐酸（而不是 25%HCl）的一半，并在锥形瓶 B 中加入与样品相同量的蒸馏水。

5.9　氯化物含量试验

5.9.1　试验范围

土体氯化物含量测定试验包括快速检查是否存在氯化物（第 5.9.2 节）、两次水溶性
氯化物试验和一次酸溶性氯化物试验。

在测定水溶性氯化物含量的试验中，BS 1377-3：1990 给出了第一个试验（沃尔哈德
法的基础上提出，第 5.9.3 节）。第二种方法（称为摩尔法，第 5.9.4 节）可能更简单，
但这两种方法都需要仔细观察和精确称重。

酸萃取法（以沃尔哈德法为基础，第 5.9.6 节）列入 BS 1377-3：1990。

5.9.2　氯化物的定性检查（BS 1377-3：1990：7.2.3.3）

以下是一个快速检查，以确认土体中是否存在氯化物。使用的试剂为第 5.9.3 节 2 条
（1）款和（3）款。

1. 制备试样

按照第 5.1.5 节中步骤，从原始土样中准备用于试验的样品，步骤 1～7。步骤 2 中的
烘干箱温度为 105～110℃，试验所需的土体质量约为 50g。

此检查样品也可作为第 5.9.3 节和第 5.9.4 节中所述任一试验的准备样品。

将样品放在 105～110℃烘干箱中烘干至恒定质量，并在干燥器中冷却至室温。

2. 检查测试

（1）将 50g 样品放入 500mL 锥形瓶中，并在其中加入约等质量的蒸馏水。

（2）间歇地搅拌内容物 4h，使其沉降并将部分上清液倒入烧杯中。

（3）如有必要，可用中等等级滤纸（例如沃特曼 40 号）过滤溶液，直到获得约 25mL
的澄清溶液。

（4）用硝酸溶液酸化液体，加入约 5 滴硝酸银溶液，静置 10min。

如果 10min 后溶液未出现明显的混浊现象，则土中的可溶性氯离子含量可以忽略不
计，不需要进行氯化物含量测试。应报告说明其观察结果。

5.9.3　氯化物含量（BS 1377-3：1990：7.2）

此方法使用的原理由沃尔哈德提出，在酸化的氯化物溶液中加入过量的硝酸银溶液，
并将未反应部分用硫氰酸钾滴定，以铁矾作为指示剂。

1. 仪器

（1）天平，分度值为 0.001g。

（2）两个 1000mL 容量瓶。

（3）刻度量筒，规格 10mL 和 500mL。

（4）移液管，规格 100mL 和 25mL。

（5）两个 50mL 滴定管和滴定管架。

（6）至少四个锥形瓶，规格 250mL。

（7）洗瓶和蒸馏水。

（8）琥珀色玻璃试剂瓶。

（9）三个宽口塑料瓶，带有不漏水的螺旋盖，容量为 2L。

（10）过滤漏斗，直径约 100mm。

（11）滤纸，适合中等等级漏斗（例如沃特曼 40 号）和细等级漏斗（例如沃特曼 42 号）。

（12）机械振动器，振动型或者转速 30～60r/min 的旋转水密容器型。

（13）烘干箱，控制温度为 105℃±5℃ 和 105℃±5℃。

（14）干燥剂。

（15）500mL 容量瓶。

（16）两个烧杯，容量约 250mL。

2. 试剂

（1）硝酸银 $[c(AgNO_3)=0.100mol/L]$。将约 20 g 硝酸银放入 110℃ 的烘干箱中干燥 1～2h，然后在干燥器中冷却。称取 16.987 g 的干燥硝酸银，溶于蒸馏水中，并用蒸馏水在容量瓶中精确配制至 1000mL。将溶液置于琥珀色玻璃瓶中避光存放。

（2）硫氰酸盐溶液。硫氰酸钾 $[c(KSCN)=约 0.1mol/L]$ 或硫氰酸铵 $[c(NH_4SCN)=约 0.1mol/L]$ 均可使用。将 10.5g 硫氰酸钾或 8.5g 硫氰酸铵溶于蒸馏水中，并在容量瓶中加至 1000mL。该溶液将稍大于 0.1N（当量浓度），可按照下述步骤 4 条 1 款（1）～（5）项中所述确定该溶液准确的当量浓度。

（3）硝酸 $[c(HNO_3)≈6mol/L]$。用蒸馏水将 100mL 硝酸（密度 1.42g/mL）稀释至 250mL，并煮沸至无色。

（4）3,5,5-三甲基己烷-1-醇指示剂。

（5）铁矾指示剂溶液。向 75g 硫酸铁铵中加入 60g 水，加热至溶解，并加入 10mL 硝酸 [见第（3）项]。冷却后放入玻璃瓶中。

3. 试验流程

下述过程分为 6 个主要部分：

1）标准化硫氰酸盐溶液；

2）制备样品；

3）配置溶液并滴定；

4）分析萃取物；

5）计算；

6）报告结果。

255

4. 试验步骤

1) 标准化硫氰酸盐溶液

(1) 用移液管将 25mL 硝酸银溶液放入 250mL 锥形瓶中。

(2) 加入 5mL 硝酸溶液和 1mL 铁矾指示剂溶液。

(3) 用滴定管滴加硫氰酸盐溶液，直至溶液颜色变为粉红色。

(4) 记录所用硫氰酸盐溶液的体积 V_1 mL。

(5) 根据方程式计算硫氰酸盐溶液的浓度 T：

$$T = \frac{2.5}{V_1} \text{ mol/L}$$

2) 制备试样

按第 5.9.2 节 1 条所述准备试验样品，每份试样所需的土体质量约为 500g。

3) 水溶性氯化物萃取物的制备

水溶性氯化物萃取物可通过下述各试验环节获得：

(1) 称重一个洁净干燥的螺口瓶，精确至 1g，并记录其质量。

(2) 将干燥的试样放入瓶中，称量瓶子和试样的总质量，精确至 1g。

(3) 用差值法计算土样质量。

(4) 向瓶中加入两倍试样质量的蒸馏水。也可使用一份为硫酸盐分析（见第 5.6.3 节）所制备的相同的 2∶1 水-土萃取物。但是对于无黏性土，制备 1∶1 萃取物更方便，在这种情况下，使用不同的系数进行计算。拧紧不透水瓶盖。

(5) 将瓶子固定在振动装置上，振动至少 16h。方便时，土可以在夜间振动。

(6) 将水通过中级滤纸过滤到干净的烧杯中，直到收集到至少 100mL 的澄清滤液。如果滤液不完全澄清，则用精细级滤纸过滤。如果固体快速沉降并且上清液澄清，可以小心倾倒出上清液，而不用过滤。

4) 萃取物分析

每份水萃取物样品的分析如下：

(1) 用移液管取 100mL 过滤后的萃取物，转移至 250mL 锥形瓶中。

(2) 向烧瓶中加入 5mL 硝酸溶液，然后用滴定管滴加硝酸银溶液，直到所有氯化物都沉淀，再加入少量多余的硝酸银。

(3) 记录加入的硝酸银溶液的总体积 V_2（mL）。

(4) 加入 2mL 3,5,5 三甲基己烷-1-醇，剧烈摇动烧瓶使沉淀物凝结。

(5) 小心地松开塞子，避免溶液损失，用蒸馏水冲洗，并将洗涤液加入溶液中。

(6) 加入 5mL 铁矾指示剂溶液，然后用滴定管滴加标准硫氰酸盐溶液直至出现第一个永久性颜色变化，即变为粉红色，并且与上面 1 款中所述的标准化过程中所用的颜色深度相同。

(7) 记录加入的硫氰酸盐溶液的体积 V_3（mL）。

5) 计算

根据方程式计算每份水萃取物中氯离子的含量，以土干质量的百分比表示

$$\text{氯离子含量} = 0.007092(V_2 - 10TV_3)\%$$

式中，V_2 为加入的硝酸银溶液的体积（mL）；V_3 为加入的标准硫氰酸盐溶液的体积（mL）；T 为标准硫氰酸盐溶液的摩尔浓度。

如果水土比是 1∶1 而不是 2∶1（见上面的步骤 3）、4），请将上式中的常数 0.007092 替换为 0.003546。

如果有多个试样，并且各个试样结果的氯离子含量相差不超 0.1%，则计算平均值。如果相差超过 0.1%，则选取新试样重复上述试验。

6）报告

（1）计算土样中氯离子的平均百分比含量，精确至 0.01%。

（2）计算用于制备可溶性萃取物的水土比。

5.9.4　氯化物含量——摩尔法

这种测定土中水溶性氯化物的方法基于摩尔法，由鲍利（1995）提出，供比较的试验溶液和空白对照溶液分别用硝酸银溶液滴定，铬酸钾用作指示剂。

1. 仪器

（1）分析天平，精确到 0.0001g。

（2）3 个锥形瓶，规格 250mL。

（3）滴定管，规格 50mL 和滴定管架。

（4）过滤漏斗。

（5）滤纸，沃特曼 541 号和 44 号。

（6）无灰片剂。

（7）玻璃瓶，容量约 500mL，带塞子。

（8）移液管，规格 25mL。

（9）烘干箱，干燥器。

（10）干燥剂。

2. 试剂

（1）硫酸溶液 $[c(H_2SO_4)=0.005mol/L]$。

（2）硝酸银溶液 $[c(AgNO_3)=0.02mol/L]$。

（3）铬酸钾饱和溶液。

（4）试纸，窄范围（pH 6.0～7.0）。

3. 试验程序

下述过程分为 5 个主要部分：

1）制备试样

2）制备溶液

3）滴定

4）计算

5）报告结果

4. 试验步骤

1）制备试样

（1）样品的初始制备如第 5.9.2 节 1 条所述，但所需的土质量约为 1kg。

（2）在 425μm 的筛子上对样品进行筛分，并粉碎所有残余颗粒使其通过筛子。将粉碎的试样与原先已通过的试样充分混合。

（3）将样品在 105～110℃ 的烘干箱中烘干至恒定质量，然后在干燥器中冷却。

（4）每份试样称取 100g±0.01g 的干燥土，并放入 500mL 的瓶子中。

2）制备溶液

（1）向土样中加入 200mL 蒸馏水。插入塞子并在 24h 内频繁摇动，以溶解所有水溶性氯化物。请勿加热。

（2）过滤一部分液体以除去悬浮液中的所有固体，然后用移液管将 25mL 溶液转移到 250mL 的锥形瓶中。

（3）用硫酸溶液酸化，使其 pH 值在 6～7 之间，用窄范围 pH 试纸检测。

（4）加入两滴饱和铬酸钾溶液。将相同且等量的溶液加入两个相同的锥形瓶中，每个烧瓶装有 25mL 蒸馏水，用于颜色对比和空白测定。

3）滴定

（1）用硝酸银溶液滴定空白组，直到溶液变为血红色且不褪色。记录所用硝酸银溶液的体积 V_1（mL）。

（2）以相同的方式滴定测试溶液，直到获得与（1）项中相同的颜色。记录所使用的硝酸银溶液的体积 V_2（mL）。与氯化物反应所需的硝酸盐溶液的体积 V（mL）是两组测量体积之间的差值，即 $V=(V_2-V_1)$ mL。

4）计算

根据方程式，计算水萃取物中可溶性氯离子的含量，相当于氯化钠，以土干重的百分比表示：

$$氯离子含量=0.00568V\%$$

如果干燥土的质量是 m g 而不是 100g，则公式变为：

$$氯离子含量=\frac{0.568V}{m}\%$$

① 如果氯化物含量很高，则在步骤 3）中使用浓度更高的硝酸银溶液 [c（AgNO$_3$＝0.1mol/L）] 更为方便。

对于土质量为 100g，以上公式将变为：

$$氯离子含量=0.0284V\%$$

对于土质量为 m（g）：

$$氯离子含量=\frac{2.84V}{m}\%$$

② 在步骤 2）（2）中，用于滴定分析的水萃取物的体积为 25mL，但这仅在氯化物浓度相当低时才适用。如果浓度很高，应使用较少的量，例如 5mL（用移液管精确量取），并用蒸馏水稀释至 25mL。目的是在使用过程中使用大约 10mL 硝酸银溶液滴定。超过此

量将造成浪费，而使用得很少（例如少于 5mL）会降低用滴定管测量的准确性。

如果使用 5mL 萃取物，则氯化物含量必须修正为 5 倍，所以：

$$氯离子含量 = 0.0284V\%$$

或者：

$$氯离子含量 = \frac{2.84V}{m}\%$$

同样，如果使用其他体积 x（mL）的萃取物，则计算必须通过乘以系数 $25/x$ 进行比例调整。

5）报告结果

报告的结果应为可溶性氯离子含量的百分比，保留两位有效数字。

5.9.5　酸溶性氯化物含量（BS 1377-3：1990：7.3）

基于 Volhard 方法，用于测定土中的酸溶性氯化物，包括未经水萃取的氯化物。氯化物用稀硝酸从干燥的土中萃取。

1. 仪器

(1) 天平，分度值 0.001g。

(2) 1000mL 容量瓶。

(3) 10mL 带刻度的玻璃量筒。

(4) 50mL 带刻度的玻璃量筒。

(5) 15mL 移液管。

(6) 500mL 烧杯。

(7) 两个 50mL 滴定管。

(8) 至少两个带塞子的锥形瓶，容量为 250mL。

(9) 直径约 100mL 的过滤漏斗。

(10) 直径适合于漏斗尺寸的粗级滤纸（例如沃特曼 541 号）。

(11) 过滤漏斗支架（例如滴定管架）。

2. 试剂

所需的试剂已在第 5.9.4 节中列出。

3. 试验流程

下述过程分为 6 个主要部分：

1）标准化硫氰酸盐溶液；

2）制备试样品；

3）制备酸萃取物；

4）分析萃取物；

5）计算；

6）报告结果。

4. 试验步骤

1）标准化硫氰酸盐溶液

步骤与第 5.9.3 节中给出的相同。

2）制备试样

(1) 测试土的初始准备如第 5.1.5 节第 1 步和第 2 步所述。烘箱干燥温度为 105～110℃。

(2) 使用 150μm BS 测试筛（条件允许，用大孔径筛保护）筛分干燥后的样品。

(3) 压碎所有残留颗粒，使其通过 150μm 筛子，并与已经通过筛子的物料充分混合。

(4) 通过连续离心将物料分开，产生代表性的样品，每个样品约 10g。

(5) 将样品置于 105～110℃ 的烘箱中烘干，并在干燥器中冷却。

3）酸萃取物的制备

从每个制备的样品中获得酸溶性氯化物萃取物，如下所示：

(1) 称取 5g（精确至 0.005g）试样，并将其置于 500mL 烧杯中。

(2) 加入 50mL 蒸馏水以分散颗粒，然后加入 15mL 硝酸。

(3) 加热至接近沸点，保温 10～15min。

(4) 用粗级滤纸将溶液过滤至锥形瓶中，用热水洗涤并收集洗涤液和滤液，允许滤液浑浊，而后冷却。

4）分析萃取物

(1) 用滴定管向萃取物溶液中加入硝酸银溶液，直到所有氯化物沉淀，然后加入少许多余的硝酸银。

(2) 记录添加的硝酸银溶液总体积 V_2（mL）。

(3) 加入 2mL 3,5,5 三甲基己烷-1-醇，放入塞子，用力摇动锥形瓶，使沉淀物凝固。

(4) 小心地松开塞子，避免溶液损失，用蒸馏水冲洗，并将洗涤液收集在溶液中。

(5) 加入 5mL 铁矾指示剂溶液，然后用滴定管向溶液中加入标准化硫氰酸盐溶液，直到出现粉红色。

(6) 记录添加的硫氰酸盐溶液的体积 V_3（mL）。

5）计算

根据公式计算土中的氯化物含量（以土干重百分比表示）：

$$氯化物含量 = 0.07092(V_2 - 10TV_3)\%$$

式中，V_2 为添加的硝酸银溶液的体积（mL）；V_3 为添加的标准硫氰酸盐溶液的体积（mL）；T 为标准硫氰酸盐溶液的摩尔浓度。

如果测试了一个以上的试样，且氯化物含量的结果相差不超过的 0.1%，则计算平均结果。如果相差超过 0.1%，则用两个新试样开始重复试验。

6）报告

(1) 计算土样中氯化物的百分比，精确至 0.01%。

(2) 使用了酸萃取法。

5.10　杂项试验

5.10.1　范围

以下描述的试验是前述各节中没有涉及的程序。第一个是测定溶解在地下水中总固体含量的试验，与实际物质无关。第二个是在特定温度下测定点燃土之后损失的质量。第三个是概述使用指示剂纸来评估某些溶解盐近似浓度。

5.10.2　总溶解固体（BS 1377-3：1990：8.3）

该试验能够测定水样品（如地下水）中溶解固体的总量。

用这种方法得到的结果可能不精确，特别是在存在铵盐的情况下，但在实际需要指示溶解的盐量情况下，它是足够准确的。

1. 仪器

需要以下设备：

（1）直径约 100mm 的布氏漏斗。

（2）容量约为 500mL 的真空抽滤瓶，用于承接漏斗。

（3）真空泵和真空管。

（4）适合漏斗的滤纸，例如沃特曼 40 号。

（5）蒸发皿。

（6）能够保持 180℃±10℃温度的干燥箱。

（7）带干燥剂的干燥器。

（8）体积要求，其大小适合每次试验测定所需的水量。

（9）分度值 0.5mg 的天平。

（10）电炉，本生灯和三脚架。

（11）用于盛沸水的浅容器，用作沸水浴。

（12）装有蒸馏水的洗涤瓶。

2. 试验程序

（1）使用布氏漏斗和抽滤器过滤地下水样品，以去除所有悬浮固体。

（2）在每个容量瓶中收集已知体积的 V（mL）滤液。测试的溶液应能产出 2.5～1000mg 的固体。

（3）每次测定时，将蒸发皿加热至 180℃并持续 30min，在干燥器中冷却并称重 m_1（g），精确至 0.5mg。

（4）将一部分滤液样品倒入蒸发皿中，在本生灯（或电炉）所加热的沸水浴中蒸发，且必须在洁净的环境中进行，以防止空气中的固体污染。

（5）随着蒸发的进行，将更多的水样加入蒸发皿中。直至烧瓶倒空，用 10mL 蒸馏水冲洗两次，并将冲洗液加入蒸发皿中。

（6）使蒸发皿蒸发至干燥，并擦干蒸发皿的外部。

（7）在 180℃ 的烘箱中加热蒸发皿和内含物 1h。

（8）在干燥器中冷却后称重 m_2（g），精确至 0.5mg。

（9）重复步骤（7）和（8），但仅加热 30min，直到连续称重之间的差值不超过 1mg。

3. 计算

计算每个样品中的总溶解固体（TDS），公式：

$$TDS = \frac{m_2 - m_1}{V} \times 10^6$$

式中，m_1 为干燥蒸发皿的质量（g）；m_2 为在 180℃ 下干燥后溶解固体和蒸发皿的质量（g）；V 为所用水样的测量体积（mL）。

如果试验了多个试样，则计算各个结果的平均值。如果它们相差超过平均值的 10%，则从两个新水样开始重复试验。

4. 报告结果

以百万分率（ppm）表示的结果报告给两个重要的图表，即在 180℃ 下干燥时水样中的总溶解固体。

如果无法过滤样品中的所有浑浊物质，则应报告此事实。

5.10.3　燃烧损失（BS 1377-3：1990：4.3）

土在点燃时损失的质量与土的有机质含量有关，例如含少量或不含黏土的砂质土、白垩质材料以及泥炭和黏土含有 10% 以上的有机质。然而，在一些土中，有机质以外的物质在点燃时的质量损失中占很大比例。

1. 仪器

（1）天平，分度值 0.001g。

（2）容量约为 30mL 的石英、瓷坩埚或类似容器。

（3）能够保持 440℃±25℃ 温度的电隔焰炉。

（4）梅克尔燃气灯、三角管和三脚架。

（5）能够保持 50℃±2.5℃ 温度的干燥箱。

（6）带干燥剂的干燥器。

2. 试验程序

1）准备坩埚；

2）制备试样；

3）点燃；

4）计算；

5）报告。

3. 试验步骤

1）准备坩埚

（1）在开始每一系列试验之前，将坩埚放在未加热的隔焰炉中，加热至 440℃±25℃，或在梅克尔灯上加热至红热。

（2）保持 440℃±25℃ 温度 1h。

（3）将坩埚从隔焰炉或燃烧器中取出，并在干燥器中冷却至室温。

（4）称量坩埚，精确至 0.001g。

（5）重复 1～4 次，以证实坩埚前后质量变化恒定在 0.01g 以内。否则，重复操作直到达到恒定质量。

（6）记录坩埚质量 m_c，精确至 0.001g。

2）制备试样

样品的初始制备如第 5.1.5 节所述。详细信息如下：

步骤（1）～（6）参照 5.1.5 节步骤（1）～（6）。步骤（2）中烘箱的干燥温度为 50℃±2.5℃。

步骤（7）参照第 5.1.5 节的步骤（7）。两次测定需要约 20g 制备样品。

步骤（8）～（10）参照第 5.1.5 节的步骤（8）～（10）。每个试样的质量应为 5g 左右。

（11）将每个试样放入准备好的坩埚中，在 50℃±2.5℃ 的烘箱中干燥至恒定质量，并在干燥器中冷却。

（12）称量坩埚所含物 m_3，精确至 0.001g。

3）点燃土

每个试样按如下方式点燃：

（1）将装有土的坩埚放入未加热的隔焰炉中，加热至 440℃±25℃，并保持该温度不少于 3h 或者直到达到恒定质量。点火所需的时间段将随土类型和样品大小而变化。

（2）从炉中取出坩埚和内含物，并在干燥器中冷却至室温。

（3）称量坩埚和内容物 m_4，精确至 0.001g。

4）计算

（1）根据方程式计算点燃损失（LOI），即通过 2mm BS 试验筛的土干重的百分率：

$$LOI = \frac{m_3 - m_4}{m_3 - m_c} \times 100\%$$

式中，m_3 为坩埚和烘干土试样的质量（g）；m_4 为坩埚和点火后试样的质量（g）；m_c 为准备坩埚的质量（g）。

（2）根据每次测定结果计算平均 LOI。

（3）根据公式计算原始土样通过 2mm BS 试验筛得百分比：

$$小于 2mm 的占比 = \frac{m_2}{m_1} \times 100\%$$

式中，m_1 为样品的原始干质量（g）；m_2 为通过 2mm 筛的样品质量（g）。

5）报告

（1）将通过 2mm BS 试验筛的土平均点燃损失百分比绘制两个重要图表。

（2）统计炉温和燃烧时长。

（3）计算通过 2mm 筛子的原始样品的干质量百分比，精确至 1%。

5.10.4 试纸的使用

蓝色和红色石蕊试纸是化学试验中最常见的试纸类型，用于指示酸度或碱度。第5.5.1节描述了测量 pH 值的试纸。近年来，一种更复杂类型的感光纸已成为快速定量测定水中多种物质的有效手段，特别是土中最重要的硫酸盐和氯化物的含量。其中一个品牌被称为"Quantab"的试纸，在密封的瓶子里有50条试纸。试纸上有标有0～10的刻度，刻度的顶端是一条浅色的水平条纹（图5.13）。将试纸浸入待测溶液中，并保持几秒钟，直到水平指示条变色。这证明了水通过毛细作用到达试纸条的顶部，从而使试纸条的整个长度都被润湿。浸润30s后，试纸从底部向上变色的长度取决于溶液中物质的浓度。变色结束处的读数参考试纸附带的表格，从中可以读出百分比（例如硫酸盐），商家提供完整使用说明。BS 812-117 和 118 中也描述了如何使用"Quantab"试验条测定氯离子和硫酸盐离子。测纸不会代替化学分析，但可提供近似识别，可评估是否需要全面分析。

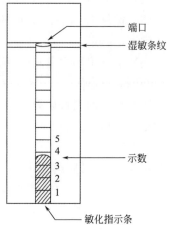

图5.13　典型指示条

参考文献

ASTM D 4373-02 Standard test method for rapid determination of carbonate content of soil.

Bowley，M. J. （1995）Sulphate and acid attack on concrete in the ground：recommended procedures for soil analysis. Building Research Establishment Report. BRE，Garston，Watford，Herts.

BRE Special Digest 1 （2005）Concrete in aggressive ground，Part 1：Assessing the aggressive chemical environment. Construction Research Communications，London.

BS 812：Part 117 （1988）Testing aggregates-Methods for determination of water-soluble chloride salts. British Standards Institution，London.

BS 812：Part 118 （1988）Testing aggregates：Methods for determination of sulphate content. British Standards Institution，London.

BS 1881：Part 124 （1988）Testing concrete-Methods for analysis of hardened concrete. British Standards Institution，London.

BS EN 1744-1 （1988）Tests for chemical properties of aggregates：Chemical analysis. British Standards Institution，London.

BS EN 196-2 （2005）Methods of testing cement：Chemical analysis of cement. British Standards Institution，London.

Collins，S. H. （1906）Scheibler's apparatus for the determination of carbonic acid in carbonates：an improved construction and use for accurate analysis. Journal of the Society for Chemical Industry，Vol. 25.

Freeman N. T. and Whitehead，J.（1982）Introduction to safety in the chemical laboratory. The Academic Press，London.

Kuhn，S.（1930）Eine neue kolorimetrische Schnellmethode zur Bestimmung des pH von Boden. Z. Pflernahr. Dung. ，Vol. 18A.

Vogel，A. I.（1961）A Textbook of Qualitative Inorganic Analysis，3rd edition. Longmans，London.

Walkley，A. and Black，I. A.（1934）An examination of the Degtjareff method of determining soil organic matter，and a proposed modification of the chromic acid titration method'. Soil Science，Vol. 371.

延伸阅读

BS EN ISO 3696（1995）Water for analytical laboratory use：Specification and test methods. British Standards Institution，London.

Wilson，C. L. and Wilson，D. W.（1959）Comprehensive Analytical Chemistry. Elsevier，Amsterdam.

第 6 章
击实试验

本章主译：卞夏（河海大学）

6.1 简介

6.1.1 适用范畴

许多土木工程项目都需要使用土体作为填充材料。每当将土体作为工程填料填筑时，通常需要将其击实到密实状态，以获得令人满意的工程性能，而填土过于松散时则无法满足这些工程性能。现场击实通常通过机械方式进行，如碾压、夯实或振动。为了以合理的成本获得令人满意的结果，有必要对击实度进行控制。室内击实试验为现场击实度的控制提供了依据。

通过击实试验可以获取如下基本实验数据：

（1）在一定击实功下，干密度与含水率之间的关系；

（2）最优含水率，即在一定的击实功下达到最大干密度时的含水率；

（3）最大干密度。

第（1）项表达的是干密度和含水率的关系曲线，从第（1）项中可以得出第（2）项和第（3）项。后两项为含水率和干密度标准。通过现场测量的含水率和干密度，可以根据该标准判断击实情况。

目前，实验室中有几种不同的击实试验标准，可根据工程性质、土体类别以及现场使用的击实设备类型进行试验方法的选择。本章介绍了一种在英国被采用为实践标准的试验方法以及两种源于美国具有特殊应用的试验方法。

本节将不再对确定击实填料的密度和其他特性进行的现场试验作过多阐述。

6.1.2 试验步骤的发展

1933 年，美国的普罗克特（Proctor）首次进行了确定土体击实特性参数的试验，以确定大坝施工中使用的土体的压实状态，并提供一种在施工期间控制击实度的方法。该试验使用手动击锤和体积为 943.9cm³ 的圆柱形模具进行，后来被称为标准普氏击实试验（Proctor，1933；Taylor，1948）。尽管所使用的设备在某些细节上有所不同，但现在与英国标准轻型击实试验非常相似。

在当时，人们认为普罗克特室内击实试验代表了现场可能实现的击实状态。但随着重型设备和压实机械的引入，特别是在大型水坝的建设中，实际可以获得更高的密度。为了再现这些较高的击实密度，需要采取更大的击实功进行室内试验，因此引入了相同的模具，但采取了的更重的击锤进行试验，这种强化过程被称为改进普罗克特试验。它与英国标准的重型击实试验相似。ASTM 标准中使用的"普罗克特"模具体积是 $944cm^3$。1975年，当英国标准更改为国际单位制时，模具的体积被四舍五入至 $1000cm^3$，被称为 1L 击实模具。同时将击锤的尺寸和质量合理化为公制单位。必须认识到，尽管 BS 和 ASTM 标准试验在原理上相似，但它们需要不同的仪器和试验步骤，在某些细节上有所不同。

表 6.1 总结了 BS 和 ASTM 标准下击实模具的详细信息，表 6.2 显示了击锤的相关参数。

击实模具的详细信息：内部尺寸　　　　　　　　　　　　　　表 6.1

模具类型	直径 (mm)	英寸 (in)	高度 (mm)	内部体积	
				cm³	立方英尺
BS 1L	105		115.5	1000	
CBR	152		127	2305	
ASTM 4 英寸(in)	101.6	(4)	116.4	944	(1/30)
6 英寸(in)	152.4	(6)	116.4	2124	(0.075)

击实步骤　　　　　　　　　　　　　　　　　　　　　　　表 6.2

试验类型	模具	击锤		层数	每层击实次数	参照章节
		重量(kg)	落距(mm)			
BS 轻型	1L	2.5	300	3	27	6.5.3
	CBR	2.5	300	3	62	6.5.5
ASTM(2.5kg)	4 英寸	2.49	305	3	25	
	6 英寸	2.49	305	3	56	6.5.7
BS 重型	1L	4.5	450	5	27	6.5.4
	CBR	4.5	450	5	62	6.5.5
ASTM(4.5kg)	4 英寸	4.54	457	5	25	
	6 英寸	4.54	457	5	56	6.5.7
BS 振动锤	CBR	32～41 *		3	(1min)	6.5.9

注意：施加向下的力。

粒状土，尤其是砾石，可以通过振动实现最有效击实。1967 年，使用振动锤进行的实验室试验被引入英国标准，以确立上述条件下的击实特性。由于在试验需要使颗粒尺寸中尽可能接近粗砾石尺寸，因此使用了较大的模具（CBR 模具），该试验在英国国被称为英国标准振动锤击实试验。

在原位击实土上测量的干密度通常表示为特定击实程度下与最大干密度的百分比，这个百分比称为土的相对击实度。当现场要求的干密度大于 BS 轻型最大干密度时，现场密度通常与 BS 重型最大干密度相关，而不是引用超过 100% 的相对击实度值。

6.2 定义

击实

指通过碾压或机械方式使土体颗粒更紧密地堆积在一起的过程，提高了土体的干密度。

最优含水率（OMC）

最优含水率是指在一定的击实功下，达到最大干密度时对应的土体含水率。

最大干密度

在一定击实功下，最大干密度与最优含水率相互对应。

相对击实度

在一定的击实功下，土体干密度与其最大击实干密度的百分比。

击实曲线

当施加指定的击实功时，土体的干密度与含水率之间的关系。

含气孔隙（V_a）

土体中的空气孔隙体积与土体总体积的百分比。

含气孔隙线

在含气孔隙恒定的情况下表示的土体干密度与含水率之间的关系曲线。

饱和线（含气孔隙为 0）

不含空气孔隙的土体的干密度-含水率关系曲线。

6.3 理论

6.3.1 击实步骤

击实土体是通过机械手段将土颗粒更紧密地堆积在一起的过程，从而增加了土体干密度（Markwick，1944）。这是通过减少土体中的空气体积实现的，此时土体含水率基本保持不变。此过程不能与固结混淆，固结是在持续的静荷载作用下将水排出的过程。空气孔隙不能完全通过击实来排出，但可通过适当的方法将其减少到最小。击实时细粒土中存在的水量对其压实特性的影响将在下面讨论。

在含水率较低的情况下，土颗粒被薄薄的水层包围，即使在击实时，土颗粒也倾向于保持分离［图 6.1（a）］。土颗粒越细，这种作用越显著。如果增加含水率，则额外的水可使土颗粒更容易压实在一起［图 6.1（b）］。当部分空气被排出后，干密度将不断增加。因而，在击实过程中，添加更多的水可以排出更多的空气，土颗粒将尽可能紧密地堆积在一起（即达到最大干密度）［图 6.1（c）］。当含水率超过达到此条件所需的量时，过

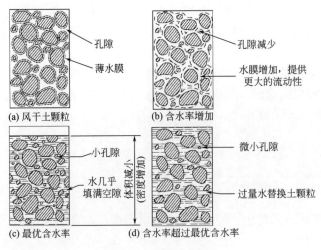

图 6.1 土颗粒的压实图

第6章 击实试验

量的水开始将颗粒挤开［图 6.1（d）］，从而降低了干密度。在较高的含水率下，很少或几乎没有空气通过击实而被排出，此时干密度值继续减小。

如果在每个阶段都计算出击实干密度，并将其和含水率之间的关系作图，则可获得类似于图 6.2 中的曲线 A，对给定击实功下，达到最大干密度的含水率是最优含水率（OMC），相应的干密度是最大干密度。在此含水率下和给定的击实功下，土体可以最有效地被击实。体积（湿）密度和含水率之间的关系由图 6.2 中的虚线 W 表示。但通常不会绘制该曲线，除非在测量含水率之前的击实试验中作为引导。

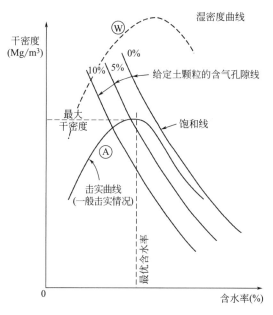

图 6.2 土体的干密度和含水率之间的关系曲线

从英国标准轻型击实试验（第 6.5.3 节）获得的典型击实曲线如图 6.3 曲线 A 所示。如果在每个含水率下采用与 BS 重型击实试验（第 6.5.4 节）相对应的较大的击实功，则将获得更高的密度值，因此获得更高的干密度值。所产生的含水率-干密度的关系如图 6.3

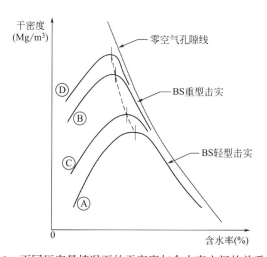

图 6.3 不同压实量情况下的干密度与含水率之间的关系曲线

曲线B所示。此时最大干密度更大，最优含水率更低。

对于给定的土体，不同的击实功会产生不同的击实曲线，每条击实曲线都具有唯一的最优含水率和最大干密度。例如，对于轻型击实试验而言，当每层50击而不是27击，对于重型击实试验而言，若击实次数增加，则得到的曲线类似于曲线D。由此可以看出，增加击实功会增加最大干密度，但会降低最优含水率。

6.3.2　含气孔隙线

如果不添加含气孔隙线，则击实曲线是不完整的。含气孔隙线是一条曲线，显示了在恒定含气孔隙情况下土体的干密度与含水率之间的关系。如果已知土颗粒密度，则可以从计算的数据中绘制出一系列的含气孔隙线，如图6.2中3条曲线所示。对于含气孔隙V_a一定的土体而言，干密度与含水率相关联的公式的推导如下。

请注意，V_a是土体中空气孔隙的体积，用占土体总体积的百分比表示；如BS 1377-1：1990：2.2.37，而不是用与总孔隙的百分比表示。V_a与（100−S）不同，其中S是饱和度，表示为总孔隙的百分比。

如果排出了所有的空气，从而使固体颗粒之间的孔隙充满水，土体将达到完全饱和状态。通过将V_a设置为零，可以得出饱和土体的干密度与含水率之间相关联的方程，由此可以得到饱和线。

该符号与第3.3.2节中使用的符号相同，并带有一些附加符号：

固体体积＝1；

空气体积＝a；

水体积＝b；

总体积＝$V=1+a+b$；

土体的质量＝$\rho_s \cdot 1$＝土颗粒密度；

空气质量＝$a \cdot 0=0$；

总干土质量＝ρ_s

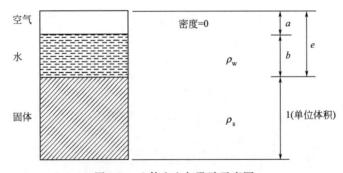

图6.4　土体和空气孔隙示意图

通过含水率获得水的质量＝$\dfrac{w}{100} \times \rho_s$

因此，

$$V_a = \frac{w\rho_s}{100\rho_w} = b \tag{6.1}$$

V_a 表示含气孔隙，以占总体积的百分比表示：

$$V_a = \frac{a}{V} \times 100 = \frac{100a}{1+a+b} \tag{6.2}$$

因此，

$$a = \frac{V_a(1+b)}{100-V_a}$$

因此，

$$
\begin{aligned}
V &= 1 + \frac{V_a(1+b)}{100-V_a} + b \\
&= \frac{(1+b)(100-V_a) + V_b(1+b)}{100-V_a} \\
&= \frac{100(1+b)}{100-V_a}
\end{aligned}
\tag{6.3}
$$

将公式（6.1）中的 b 代入得出：

$$
\begin{aligned}
V &= \frac{100\left(1+\dfrac{w\rho_s}{100\rho_w}\right)}{100-V_a} \\
&= \frac{1+\dfrac{w\rho_s}{100\rho_w}}{1-\dfrac{V_a}{100}}
\end{aligned}
\tag{6.4}
$$

干密度 ρ_D：

$$
\begin{aligned}
\rho_D &= \frac{\rho_s}{V} \\
&= \rho_s \times \frac{1-\dfrac{V_a}{100}}{1+\dfrac{w\rho_s}{100\rho_w}} \\
&= \frac{\left(1-\dfrac{V_a}{100}\right)\rho_w}{\dfrac{\rho_w}{\rho_s}+\dfrac{w}{100}}
\end{aligned}
\tag{6.5}
$$

使用国际单位制，将 $\rho_w = 1\text{g/cm}^3$ 代入，可得：

$$\rho_D = \frac{100-\dfrac{V_a}{100}}{\dfrac{1}{\rho_s}+\dfrac{w}{100}} \quad \text{Mg/m}^3 \tag{6.6}$$

在完全饱和的情况下，$V_a = 0$，因此：

$$\rho_{D(sat)} = \frac{1}{\dfrac{1}{\rho_s}+\dfrac{w}{100}}\rho_w \quad \text{Mg/m}^3 \tag{6.7}$$

该式定义了饱和线。无论施加何种程度的击实功，击实曲线上的一点（就干密度而言）都不可能位于该线的右侧。

图 6.2 中显示了含气孔隙为 0%、5% 和 10%（即 $V_a=0\%$、5% 和 10%）的击实曲线。这些曲线仅由土颗粒密度定义。可以为各种颗粒密度绘制一组标准曲线，以便使用表 6.3 中给出的数据或直接从式（6.6）和式（6.7）中选择适用于特定土的一组。孔隙线不适用于图 6.2 中的湿密度曲线 W。

6.3.3　击实度

表 6.2 总结了用于各种类型的 BS 和 ASTM 标准下击实试验的步骤。

下面推导并比较了每种 BS 试验中施加的机械能，即在操作击锤时所做的功

1. BS 轻型击实试验

$$(2.5\text{kg}) \times \frac{(300\text{mm})}{1000} \times 27 \times 3 = 60.75\text{kg} \cdot \text{m}$$
$$= 60.75 \times 9.81\text{N} \cdot \text{m} = 596\text{J}$$
$$(\text{kg} \cdot \text{m} \times 9.81 = \text{N} \cdot \text{m} = \text{J})$$

使用的土体体积 $=1000\text{cm}^3=0.001\text{m}^3$

$$\text{每单位土体积所做的功} = \frac{596}{1000}\text{J/cm}^3 = 596\text{kJ/m}^3$$

2. BS 重型击实试验

$$4.5 \times \frac{450}{1000} \times 27 \times 5 \times 9.81 = 2682\text{J}，\text{或}\ 2682\text{kJ/m}^3$$

含气孔隙线合成数据　　　　　　　　　　　　　　　　表 6.3

含水率 w(%)	含气孔隙 V_a(%)	颗粒密度($\times 10^3 \text{kg/m}^3$)				
		2.60	2.65	2.70	2.75	2.80
0	0	2.60	2.65	2.70	2.75	2.80
	5	2.47	2.52	2.57	2.61	2.66
	10	2.34	2.39	2.43	2.48	2.52
5	0	2.30	2.34	2.38	2.42	2.46
	5	2.19	2.22	2.26	2.30	2.33
	10	2.07	2.11	2.14	2.18	2.21
10	0	2.06	2.09	2.13	2.16	2.19
	5	1.96	1.99	2.02	2.05	2.08
	10	1.86	1.89	1.91	1.94	1.97
15	0	1.87	1.90	1.92	1.95	1.97
	5	1.78	1.80	1.83	1.85	1.87
	10	1.68	1.71	1.73	1.75	1.77
20	0	1.71	1.73	1.75	1.77	1.79
	5	1.63	1.65	1.67	1.69	1.71
	10	1.54	1.56	1.58	1.60	1.62

续表

含水率 w(%)	含气孔隙 V_a(%)	颗粒密度($\times 10^3$ kg/m³)				
		2.60	2.65	2.70	2.75	2.80
25	0	1.58	1.59	1.61	1.63	1.65
	5	1.50	1.51	1.53	1.55	1.56
	10	1.42	1.43	1.45	1.47	1.48
30	0	1.46	1.48	1.49	1.51	1.52
	5	1.39	1.40	1.42	1.43	1.45
	10	1.31	1.33	1.34	1.36	1.37
35	0	1.36	1.37	1.39	1.40	1.41
	5	1.29	1.31	1.32	1.33	1.34
	10	1.23	1.24	1.25	1.26	1.27

＊不同土颗粒密度的土体对应于不同含水率的干密度（$\times 10^3$ kg/m³）。

3. 在 CBR 模具中进行轻型击实试验

体积＝2305cm³

$$2.5 \times 0.3 \times 62 \times 3 \times 9.81 = 1368J$$

$$\frac{1368}{2305} \times 1000 = 594 \text{kg/m}^3$$

4. 在 CBR 模具中进行重型击实试验

$$4.5 \times 0.45 \times 62 \times 5 \times 9.81 = 6158J$$

$$\frac{6158}{2300} \times 1000 = 2672 \text{kg/m}^3$$

计算结果证明，对于轻型击实试验（无论是使用 1L 模具还是 CBR 模具），每单位体积土体的击实功大致相同。

对于重型击实试验，两种方法的能量相近。在重型击实试验中，每单位体积所施加的击实功是轻型击实试验中所使用的击实功的 4.5 倍（2682/596 ＝4.5）。

振动锤击实试验请参阅第 6.5.9 节。

假设有一台 600W 的电动机，并将 50％的电能转换为机械能，其中一半被土体吸收（另一半主要由电动机吸收），然后土体吸收的能量为：

$$600 \times \frac{1}{2} \times \frac{1}{2} \times 60 \times 3J = 27000J$$

$$\frac{27000}{2300} \times 1000 = 11739 \text{kg/m}^3$$

振动锤施加的计算能量与重型击实试验所施加的计算能量之比为 11739/2672＝4.39，这与重型击实试验与轻型击实试验击实功之比（4.5）的数量级相同。

6.3.4　含石量的影响

在使用 1L 模具的实验室击实试验中，先将土体通过 20mm 筛。试验前去除的大于

20mm 的颗粒可能含有砾石、碎石块、页岩、砖块或其他硬质材料，以下统称为石块。实际进行试验的土体称为"基质"材料。

　　现场获得的总土体密度不能直接与仅对基质材料进行室内击实试验的结果进行比较。如果将基质材料击实以达到特定的密度，则石块的存在将使总材料具有更高的密度，因为石块的密度大于其所取代的基质材料的密度。可以从下面得出的方程式中计算出原始土体的密度，但有两个前提：（1）已知石块在整个材料中所占的比例；（2）该比例不大（大约不超过总干质量的 25%），即石块在基质中不相互接触（Maddison，1944；McLeod，1970）。

　　实际上，由于石块的存在，需要额外的击实功才能达到单独击实基质材料时相同的击实度。但是，对于少量的石块，此效果并不理想，并且不会影响这些计算。如果石块的百分比很大，则可能没有足够的基质材料完全填充石块之间的空隙，这对于许多工程而言可能不是令人满意的填土。

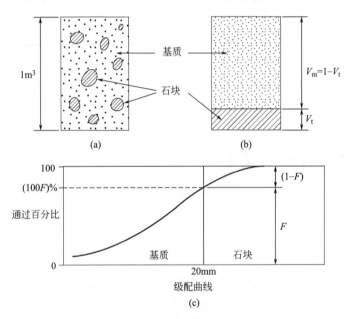

图 6.5　含有石块的土体

　　图 6.5（a）表示单位体积土体中含有的石块，这些石块可视为融合在一起，体积为 V_t，如图 6.5（b）所示。整个土体的理想级配曲线如图 6.5（c）所示。粒径小于 20mm 的材料比例，用小数表示，用符号 F 表示。

　　表 6.4 中总结了以下公式中使用的符号。四个关系可以公式的形式表示，如下所示。

石块含量的方程符号　　　　　　　　　　　　　　　　　　　　　　表 6.4

土性质	基质材料	石块	总体材料
干密度	ρ_{mD}		
颗粒密度	ρ_s	ρ_t	

土性质	基质材料	石块	总体材料
体积	V_{m}	V_{t}	1
单位体积土质量	m_{m}	m_{t}	$(m_{\mathrm{m}} + m_{\mathrm{t}})$

单位体积的干土质量

$$\rho_{\mathrm{D}} = m_{\mathrm{m}} + m_{\mathrm{t}} \tag{6.8}$$

基质材料的质量为基质材料密度乘以其体积

$$m_{\mathrm{m}} = (1 - V_{\mathrm{t}}) \rho_{\mathrm{mD}} \tag{6.9}$$

石块的质量为石块的体积乘以其密度

$$m_{\mathrm{t}} = V_{\mathrm{t}} \rho_{\mathrm{t}} \tag{6.10}$$

从级配曲线来看，基质材料占整体的比例等于基质材料干质量与总干质量之比，即

$$F = \frac{m_{\mathrm{m}}}{m_{\mathrm{m}} + m_{\mathrm{t}}} \tag{6.11}$$

从这些公式中可以得出含石块材料的干密度 ρ_{D} 与实验室测量的基质材料的干密度 ρ_{mD} 之间的关系，如下：

$$\rho_{\mathrm{D}} = \frac{\rho_{\mathrm{t}}}{(1 - F) + F\left(\dfrac{\rho_{\mathrm{t}}}{\rho_{\mathrm{mD}}}\right)} \tag{6.12}$$

使用常用的国际单位制并设定 $\rho_{\mathrm{t}} = 1\mathrm{g/cm^3}$，该公式变为

$$\rho_{\mathrm{D}} = \left[\frac{\rho_{\mathrm{t}}}{(1 - F)\rho_{\mathrm{mD}} + F\rho_{\mathrm{t}}}\right] \rho_{\mathrm{mD}} \tag{6.13}$$

上式原位材料的理论干密度值是根据室内试验测量的基质材料的干密度 ρ_{mD} 推导得到。

由于石块的存在，全部土体的总含水率与基质材料的总含水率不同。石块本身可能吸收一定量的水分，这些水分将通过烘干法去除。令 w_{m} 为基质材料的含水率，w_{t} 为石块的含水率（吸收的水分）。值得注意的是，石块吸收的水分后体积不变。含水率以小数表示，其他符号与前文保持一致。

基质材料中含水率 $= w_{\mathrm{m}} m_{\mathrm{m}} = w_{\mathrm{m}} F(m_{\mathrm{m}} + m_{\mathrm{t}}) = w_{\mathrm{m}} F \rho_{\mathrm{D}}$

石块中含水率 $= w_{\mathrm{t}} m_{\mathrm{t}} = w_{\mathrm{t}}(1 - F) \rho_{\mathrm{D}}$

因此，单位体积混合土体中的总含水率：

$$W = w_{\mathrm{m}} F + w_{\mathrm{t}}(1 - F) \rho_{\mathrm{D}}$$

混合材料的含水率：

$$w = \frac{W}{m_{\mathrm{m}} + m_{\mathrm{t}}} = \frac{W}{\rho_{\mathrm{D}}}$$

因此，

$$w = F w_{\mathrm{m}} + (1 - F) w_{\mathrm{t}} \tag{6.14}$$

如果石块不包含吸收的水（如碎石由石英、碎石块组成时），则 w_{t} 的值为零，而 w 仅等于 $F \times w_{\mathrm{m}}$。

ASTM 标准 D 4718 中有与上述相似的内容。

6.4　应用

6.4.1　适当击实的目的

土作为填充材料有多种用途，最常见的是：

（1）回填基坑或邻近结构的空隙（如挡土墙后面）。

（2）提供填土以支撑结构。

（3）作为道路、铁路或机场跑道的底基层。

（4）作为建筑物本身，例如路堤或土坝，包括加筋土。

击实是通过增加土体密度从而改善其工程性质的重要手段。表 6.5 总结了土体击实后所具有的显著改善效果及其对整个填充料的影响。

适当击实土体的效果 表 6.5

改善效果	填充料的影响
抗剪强度提高	稳定性提高
压缩性降低	静载荷下沉降减小
CBR 值增大	重复载荷作用下变形减小
渗透性降低	吸水性降低
霜冻敏感性降低	霜冻可能性降低

6.4.2　施工控制

通过室内击实试验建立的土体干密度和含水率之间的关系，为土体作为填料的规范和控制提供了参考依据。在许多项目中，室内击实试验是用于实际施工击实功和击实设备（Williams，1949）的现场击实试验的补充。

有时，有必要将土体的天然含水率调整到某一值，使土体获得最大击实效果或最高强度。对于所需的含水率和要达到的干密度，可以根据对取土区的试样进行室内击实试验得出的干密度与含水率之间的关系进行评估。

虽然原位击实必须达到足够的程度才能获得所需的密度，但不要过度击实细粒土。击实过度之所以应该避免，不仅因为浪费精力，还因为击实过度的土体（如果不受覆盖层限制）很容易吸收水分，导致膨胀，从而使剪切强度变低、压缩性变大。路堤的顶部和侧面对这种影响特别敏感。

6.4.3　设计参数

当土体的击实特性已知时，可以根据现场击实试验后获得的干密度和含水率进行室内试样的制备。通过室内试验，可以确定其抗剪强度、压缩性和其他工程性能。此外，室内试验中得出的设计参数还可用于评估填充土体的稳定性、变形和其他特性，为路堤或土坝的初始设计提供参考。

可以对击实试样进行更精细的试验，以测量由于应力条件的变化而引起的孔压的变化。在施工过程中，可以监测孔压，以确保它们在任何时候都不会超过试验确定的某些极限值。

在标准中，击实填料可能需要在规定的含水率范围内达到一定的相对击实度（以干密度衡量）。通常，标准定义了在所需干密度范围内的击实土体中允许的最大空气孔隙。因此，必须确定土颗粒的密度，以便将孔隙线添加到击实曲线图中。

6.4.4　击实曲线的类型

5 个典型材料的击实曲线形式如图 6.6 所示。为了便于比较，通过控制土体干密度一致，使其与饱和线相关联起来。上述击实曲线与 BS 或 ASTM 标准中施加的轻型击实功大小密切相关。

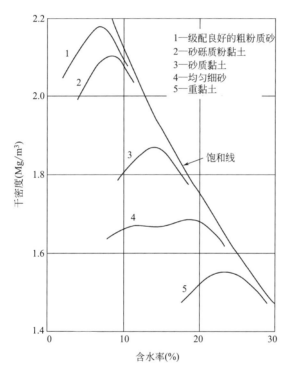

图 6.6　一些典型土体的击实曲线

通常，黏土和级配良好的砂土或粉质土在击实曲线上存在明显峰值。级配良好的自由排水土体（粒径范围窄），具有相对平缓的击实曲线从中很难确定最优含水率及最大干密度。通常而言，级配良好的细砂击实曲线呈现双峰。对于此类材料而言，要确定最优含水率并不容易。因此室内试验的结果可能毫无意义，甚至产生误导作用并不能很好地指导现场击实。通常可以在现场通过最大密度试验（第 3.7.2 或 3.7.4 节）获得较高的干密度，以此寻求最优含水率可能更合适。

6.4.5　白垩地层的压实

白垩是一种性质多变的材料，它在自然状态下是饱和的多孔岩石。进行挖掘和击实后，其性质和性能可能会在岩石和土体之间，具体取决于由天然材料分解后形成白垩的比例（请参阅第 2.4.3 节）。

如果白垩的比例足够高到能够控制材料的性质，则填土将变得脆弱而不稳定，并且可能很难击实。

可以根据白垩破碎值（CCV）评估土方工程施工过程中白垩分解的程度。当其他针对土体和岩石的试验方法无法测定白垩的破碎敏感性时，TRL 便研发了获得此值的试验。通过白垩破碎值和饱和含水率（请参阅第 2.4.3 节和第 2.5.4 节）可以对白垩进行分类，以确定其是否适合用作填土，若合适，则评估其使用的施工方法是否合适（Ingoldby 和 Parsons，1977）。

6.5 击实试验步骤

6.5.1 试验类型

以下描述的试验是 BS 1377-4：1990 中给出的用于确定土体含水率与密度关系的公认试验。除振动锤法外，ASTM 标准中也阐述了相似的试验方法，并且概述了它们的不同功能：

（1）轻型击实试验：第 6.5.3 节（BS 第 3.3 节）和第 6.5.5～6.5.7 节（ASTM D 698）。

（2）重型击实试验：第 6.5.4 节（BS 第 3.5 节）和第 6.5.7 节（ASTM D 1577）。

（3）在 CBR 模具中击实粗粒土：第 6.5.5 节（BS 第 3.4、3.6 节以及 ASTM D 698 和 D 1577）。

（4）使用振动锤击实：第 6.5.9 节（BS 第 3.7 节）。

英国标准在"干密度/含水率关系的测定"一节中描述了这些试验。ASTM 标准则对应于"含水率与密度的关系"一节。

BS 和 ASTM 标准下试的土样制备分别见第 6.5.2 节和第 6.5.6 节。

包括使用自动击实设备替代手动击实（第 6.5.8 节）。

在撰写报告或描述试验时，要完整引用试验名称及说明参考了英国标准还是 ASTM 标准。

6.5.2 准备用于 BS 击实试验的试样

1. 概况

从原始土样中制备试样的方法取决于：

（1）原始土样中存在的最大土颗粒的大小；

（2）在击实过程中，土颗粒是否容易破碎。

准则（1）是通过检验或将土体通过砾石粒径大小范围的筛来进行评估。粗颗粒的数量决定了要使用的模具尺寸，即使用 1L（4 英寸）模具还是 CBR 模具（6 英寸）。

有时可以通过检查和处理来评估准则（2），但可能需要进行击实试验，并在击实之前和击实之后对土体进行筛分试验，以确定在该过程中是否有任何土颗粒的破裂。颗粒的分解会导致土体特性发生变化，如果将同一批试样重复击实多次，土体特性变化在每次击实过程中是渐进的。每次测定击实干密度时都要单独测定一批敏感土体；因此，需要更多的土样。

在调整击实土体含水率之前，需要将黏性土体分解成小块。这些土体不应先干燥，而应在天然含水率情况下使用刀或刨丝器切碎。切碎的程度应保持一致，因为击实试验的结果取决于碎块的大小。在任何情况下，室内试验结果不一定与现场试验结果有关，因为原位土分解的程度与室内试验分解的程度完全不同。典型的方法是将土体切成小块以通过20mm 筛或切碎以通过 5mm 筛同时应记录所使用的方法。

2. 分级标准

为了进行击实试验，根据 20mm 和 37.5mm 筛上保留土粒的百分比，将土体在分级表上分为 6 个区域。6 个区域的命名和定义如下。

1 区：没有土粒保留在 20mm 筛上（即 100％通过）；

2 区：100％通过 37.5mm 筛，保留在 20mm 筛上不超过 5％；

3 区：100％通过 37.5mm 筛，而 5％～30％之间的土粒保留在 20mm 筛上；

4 区：100％通过 63mm 筛，保留在 37.5mm 筛上的土粒不超过 5％，在 20mm 筛上保留的土粒不超过 30％；

5 区：100％通过 63mm 的筛，而 5％～10％的土粒保留在 37.5mm 筛上，保留在20mm 筛上的比例不超过 30％。

X 区：保留在 37.5mm 筛上的土粒超过 10％，或保留在 20mm 筛上的土粒超过 30％。

BS 击实试验的分级标准　　　　　　　表 6.6

分区	筛上存留量(%)		最小质量要求		使用模型	每组具体质量
	37.5mm	20mm	(a)	(b)		
1	0	0	6kg	15kg	1L	2.5kg
2	0	0～5				
3	0	5～30	15kg	40kg	CBR	6kg
4	0～5	0～30				
5	5～10	5～30				
X	>10 或者	>30	试验不适用			

（a）单批-不易破碎的土粒

（b）多批次-易破碎的土粒

表 6.6 总结了 BS 击实试验的分级标准（以保留在每个筛上土粒的百分比计）。这些区域也如图 6.7 所示，代表了粒径分布图的相关部分。如果渐变曲线通过多个区域，则编号最高的区域适用。如果曲线通过 X 区，则除非去除粗料，否则这些试验不适用于该土体。

如果土体适合做击实试验，通常将 1、2 分区的土体放入 1L 模具中进行击实。若土样足够多，就可以在 CBR 模具中击实。当要在一定湿度范围内对击实的土体进行 CBR 试验（请参阅第 2 卷）时，这种处理方法比较方便。

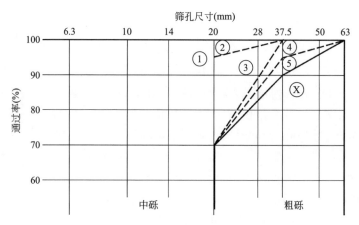

图 6.7 土体分级区域总结

3. **制备方法**（BS 1377-4：1990：3.2）

1）分级区域

将土体过 37.5mm 和 20mm 的筛，确定土体所属的分级区域。使用未干燥的土体进行评估，并根据土体的含水率确定通过 20mm 筛的土体干重。

用于初步筛分的土质量应不少于如表 4.5 所示的质量。如果有足够的土体，则可以单独使用一个代表性土体进行筛分，如果该部分不用于击实试验，则可以将其烘干。

根据试样的分级区域，对试样进行如下处理。

1 区：可在 1L 模具中击实；

2 区：去除保留在 20mm 筛上的土粒，将剩下的土在 1L 模具或 CBR 模具中击实；

3 区：在 CBR 模具中击实；

4 区：去除保留在 37.5mm 筛上的土粒，将剩下的土在 CBR 模具中击实；

5 区：将保留在 37.5mm 筛上的土体取出并称重。这部分土用通过 37.5mm 筛并保留在 20mm 筛上的相同质量的土体进行替代，并在 CBR 模具中击实；

X 区：不适用于这些试验。

除去的粗料应称重并记录质量。

2）易碎性

试验前需评估土粒在一定击实功下是否易于破碎。易碎土体一般含有较软的颗粒状物质，例如：软的石灰石、砂岩、白垩或其他可能被击实分解的矿物。如有必要，通过适当的方法击实一部分土体。如不确定土体的易碎性，则假设土粒易碎。

击实试验中的含水率（注：w_P 是细颗粒含量小于 425μm 的塑限）　　　　表 6.7

土类型	建议最小值		后续阶段增量
	2.5kg 试验	4.5kg 试验	
砂砾土	4～6	3～5	1～2
黏土	(w_P-10)–(w_P-8)	大约(w_P-15)	2～4

在切实可行的情况下，所有土体均应遵循上述的规定。

3）试样质量

当确定了分级区域和易碎性时，可从表6.6中获得准备用于试验的土体质量。如果颗粒易碎，则需要较多的原始土样。按照第1.5.5节中所述，通过分土器法或四分法从原始土样中获得所需的代表性质量（如有必要，应除去粗料）。

4）含水率的调整

应根据经验判断试验含水率范围的下限，以及各阶段适当的含水率增量。表6.7中给出了常见的数值范围。

5）单批土体（BS 1377-4：1990：3.2.4和3.2.5）

通常以原始土样的天然含水率对土体进行首次试验。为了进行后续确定，请按照以下步骤调整含水率。

（1）获得较低的含水率，使土体部分风干至要击实的含水率。不要让土体干燥过度，并经常搅拌以防止局部过度干燥。通过检查或间隔称重估计含水率。

（2）获得更高的含水率，请按照以下第6条所述添加适量的水并充分与土体混合。

如果不立即使用土样，请将其放在密封的容器中。对于黏土，请将其置于容器中至少24h，以使水均匀分布在样品中。

6）多批次土体（BS 1377-4：1990：3.2.6和3.2.7）

当土粒易碎时，必须进行多批处理。将准备好的土样细分为5个或更多个代表性样品进行试验。对于 1L 模具，每个试样质量约为 2.5kg，对于 CBR 模具，应为 6kg（表6.6）。

向每个试样中加入不同量的水，以覆盖所需含水率范围（参见表6.7）。该含水率范围应在最优含水率两侧都至少提供两个值。与水充分混合对于黏土尤为重要。混合后，应将黏土在密封容器中熟化至少24h。

6.5.3 轻型击实试验（2.5kg 夯锤法）BS 1377-4：1990：3.3

该试验适用于粒径不大于20mm的土。具体步骤取决于粒状土在击实过程中是否易碎。如果不易碎，则使用步骤（1），如果可能发生颗粒破碎，则使用步骤（2）。

如果土颗粒的粒径大于20mm，请参阅第6.5.5节。

1. 试验仪器

（1）圆柱形金属模具，内部尺寸为直径105mm，高115.5mm。体积为1000cm^3。模具装有可拆卸的底板和可拆卸的延长套环（图6.8）。

（2）直径为50mm的金属击锤，重2.5kg，可在导筒中自由滑动，该管将下落高度控制为300mm（图6.9）。

（3）容量200mL或500mL量筒（塑料）。

（4）直径20mm BS 标准筛和底盘。

（5）大金属托盘，例如 600mm×600mm×60mm（长×宽×深）。

（6）天平，称量为10kg，分度值为1g。

（7）试样推出器，用于从模具中取出击实土样。

（8）小型工具：土工刀，300mm 长钢直尺，钢尺，铲子。

（9）烘干箱和用于含水率测定的其他设备。

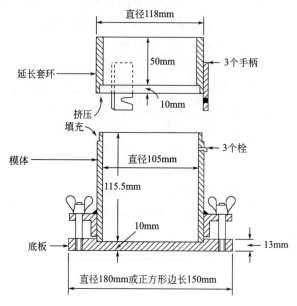

图 6.8　BS 标准 1L 压实模具

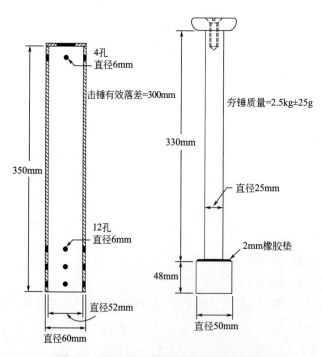

图 6.9　用于 BS "轻型"击实试验的击锤

击实试验设备如图 6.10 所示。如果有机械击实设备，请参阅第 6.5.8 节。无论是通过手动击实还是机械击实，以下描述的步骤在原理上都是相同的。

图 6.10　击实试验设备

2. 试验程序

（1）准备仪器；

（2）准备一个或多个土体试样；

（3）将土体放入模具中；

（4）将土体在模具中击实；

（5）刮平；

（6）称重；

（7）将土体从模具中取出；

（8）测量含水率；

（9）①破碎试样以便重新使用或②丢弃；

（10）①在将更多的水与土体混合后重复步骤（3）～（8）和（9）①，或者②使用下一批重复步骤（3）～（8）和（9）②；在这两种情况下，总共至少要击实 5 次；

（11）计算；

（12）绘图；

（13）读取最佳值；

（14）撰写试验报告。

3. 测试步骤（1）——不易破碎的颗粒（BS 1377-4：1990：3.3.4.1）

（1）准备仪器

确认所使用的模具，底板，延伸套环和击锤符合 BS 1377。检验模具，延伸套环和底板是否清洁干燥。称重模具主体 m_1，精确至 1g；使用游标卡尺在多个位置测量其内径 D（mm）和长度 L（mm），精确至 0.1mm，并计算平均尺寸。根据公式计算模具的内部体积 V（cm³）。

$$V = \frac{\pi \times D^2 \times L}{4000}$$

模具的设计体积为 $V=1000$cm³，但由于磨损可能会略有变化。

检查凸耳或夹具是否将延伸轴环和底板牢固地固定在模具上，然后将它们组装在一起。为方便取出击实后的土样，可用一块油布擦拭模具内表面，同时在底板上放置一张薄滤纸。

检查击锤，确保其通过正确的落差高度自由下落，并确保提升旋钮处于安全状态。

（2）试样准备

如第 6.5.2 节所述准备土体，每组试样质量约 6kg［步骤（3）］，并将含水率调节至所需的起始值［步骤（5）］。

（3）将土体放入模具中

由于弹性底座可能导致击实不充分，故将模具组件稳置于刚性基础上，例如水泥地板、柱基础或混凝土块上。

向模具中添加疏松的土体，以便在击实后达到模具体积三分之一。

（4）将土在模具中击实

施加 27 击，使击锤从 300mm 的高度自由下落，从而击实土体（图 6.11）。

图 6.11　将土体压入模具

释放击锤前请确保其已正确安装到位，握住导筒的手必须远离击锤的提手。在击锤停止工作之前，请勿尝试触碰提升旋钮。注意，若手指或拇指夹在旋钮和导筒之间可能会造成严重伤害。

击锤的最初几次击实应以分散均匀的方式施加到土体上，以确保获得最有效的击实效果和最大的可重复性。对于前四次击打，应遵循图 6.12（a）所示的顺序，以便脱模。之后，应围绕模具边缘不断移动，击实土体，以使击锤均匀分布在整个区域，如图 6.12（b）所示。切勿让土体积聚在导管内部，以防击锤的自由下落受阻。在释放击锤之前，请确保导管末端置于土体表面并且没有卡在模具的边缘。导管必须垂直固定且轻放在土体表面，确保是土体受击锤击实而非导管。

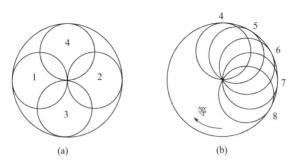

图 6.12　使用手动击锤的落锤顺序

如果土体用量正确，则击实后土体的高度应约为模具高度的三分之一，即在模具顶部下方约 77mm 处，或在延伸套环顶部下方 127mm 处。如果此高度偏差较大（相差超过 5mm），则清除土体，将其粉碎，将其与剩余的准备好的土体混合，然后重新开始该阶段测试。

用刮铲的尖端或小刀的尖端轻轻地划松击实土体的表面。然后在模具中倒入第二层土，土层质量与第一层相当，用 27 击进行击实。对第三层进行重复操作，然后将延伸轴环中的击实表面抬高到模具体水平上方不超过 6mm（图 6.13）。如果土体表面高于此水平，则结果将不准确，因此应将土体清除，破碎并重新混合，然后重复试验，每层土体要少一点。

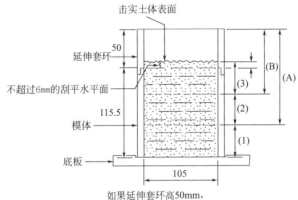

图 6.13　击实后模具中的试样

（5）修平

小心拆下延长轴环。切掉多余土体，使其与模具顶部相平并用直尺检查。由于去除表面石块而产生的空隙应用细料填充并充分压实。

（6）称重

小心移开底板，必要时刮平模具下端土体。称重土体和模具 m_2，精确到 1g。

在 BS 标准步骤中，不要求在称重之前卸下底板。如果土体是粒状土且黏性不好，则最好保留底板。在这种情况下，m_1 是指带有底板的模具的质量。如果土体黏性较好，则最好不要在称量中包括底板，因为带有底板的模具的重量比其所容纳的土体重得多。

（7）去除土体

将模具置于试样推出器上，并用千斤顶顶出土体（图6.14）。另外，也可以用手去除土体，但是这对于含有黏土的砾石很难。土体取出之后在托盘上进行破碎。

图6.14 将土体顶出模具

（8）测量含水率

使用第2.5.2节中描述的标准步骤，从容器内抽取3个代表性试样测量含水率。注意，需在土体开始变干之前测量其含水率，最终含水率取三者的平均值，用 $w\%$ 表示。或者，当土体被放置在模具中进行击实时，可以从每层中选取一个试样进行含水率的测定。

（9）破碎并混合均匀

将托盘上的试样进行破碎，必要时搓碎并过20mm的筛，并与剩余的准备好的试样混合。所需加水量如下所述：

砂质和砾石质土体：1%～2%（5kg 土体中加入 50～100mL 水）。

黏土：2%～4%（5kg 土体中加入 100～200mL 水）。

将土样与水混合均匀。

（10）重复加水

每次加水均匀混合后重复步骤（3）～（9），并至少击实5次。含水率的范围应使得最优含水率（最大干密度）位于该范围的中间。如果有必要明确定义最佳值，在合适的含水率范围内进行一项或多项其他测试。绘制干密度与含水率的变化关系曲线以确定最优含水率及最大干密度。

高于一定的含水率，材料可能很难击实。例如，粒状土体可能含有过量的自由水，或者黏土可能非常柔软和黏稠。无论哪种情况，没有继续进行下去的必要。

4. 试验步骤（2）——易碎颗粒（BS 1377-4：1990：3.3.4.2）

（1）和上述步骤（1）一致。

（2）试样制备

如第 6.5.2 节所述准备土体，以提供约 15kg 的试样［步骤（3）］，从中获得每组约 2.5kg 的试样（一共 5 组或更多），将每组试样配置成不同含水率［步骤（6）］。

（3）～（8）按照前述步骤（3）～（8）处理第一批试样。如果不需要进行其他试验，则可直接进行含水率测定。

（9）丢弃不再代表原始试样的材料。如果要保留在仓库中，则应明确标明其名称，并记录所进行的试验和日期。

（10）依次对每个批次重复步骤（3）～（9）。如有必要，制备下一批次或多个批次的试样，并进行击实试验。

以下步骤适用于上述两类试验过程：

（11）计算

根据公式计算每个击实试样的密度

$$\rho = \frac{m_2 - m_1}{1000} \quad \mathrm{Mg/cm^3}$$

其中 m_1 为模具的质量（如果底板上有残留土体，则该质量包括底板的质量）；m_2 为土和模具的质量（若有底物则包括底基）。如果模具的体积不是 1000cm³，而是 V（cm³），则

$$\rho = \frac{m_2 - m_1}{V} \quad \mathrm{Mg/cm^3}$$

计算每个击实试样的平均含水率 w（%）。

根据公式计算相应的干密度：

$$\rho_D = \left(\frac{100}{100+w}\right)\rho \quad \mathrm{Mg/cm^3}$$

图 6.15 给出了典型的密度和含水率数据及计算结果。

计算保留在 20mm 筛上石块的百分比。

击实试验工作表

D.S.1377			地点：	Easthampstead			位置编号 1998	
层数：	3	击锤 2.5 kg	土体描述：	棕色砂质黏土，带有少许细砾石			样品编号 27/4	
每层击打次数： 27		落距 300 mm	样品类型：	散装袋	实验员 C.B.A.		开始日期 1978-03-10	
手动/机械击实			样品制备：		风干并翻转			
1L/CBR模具编号			每组的数量		特殊工艺:使用单独批次			
密度		圆筒容积 (V) 1002 cm³						

试验编号		(1)	(2)	(3)	(4)	(5)
圆筒和土	A g	3786	3907	3999	3962	3908
圆筒	B g	1917	1917	1917	1917	1917
湿土	$A-B$ g	1869	1990	2082	2045	1991
湿密度	ρ Mg/m³	1.865	1.986	2.078	2.041	1.987

含水率

容器编号		64	44	18					
湿土和容器	g	104.12	97.48	89.67	$\rho = \dfrac{A-B}{V}$				
干土和容器	g	96.02	90.42	82.76					
容器	g	9.36	16.58	9.51					
干土	g	88.66	73.84	73.25	$W = \dfrac{W_1+W_2+W_3}{3}$		$\rho_D = \rho \times \dfrac{100}{100+W}$		
水分流失	g	8.10	7.06	6.91					
含水率 $w_{1,2,3}$	%	9.35	9.56	9.44					
平均含水率	%		9.45		12.55	15.95	18.71	21.47	
干密度 ρ_D Mg/m³			1.704		1.765	1.792	1.719	1.636	

图 6.15 击实试验数据和计算结果（BS 1377-4：1990：3.3）

（12）绘图

绘制每个干密度 ρ_D 与对应的含水率 w 数据点。通过这些点绘制一条平滑曲线。也可

287

以绘制 0、5％和 10％孔隙率的曲线。

图 6.16 显示了一个典型的干密度与含水率曲线图，其中包括三条含气孔线。

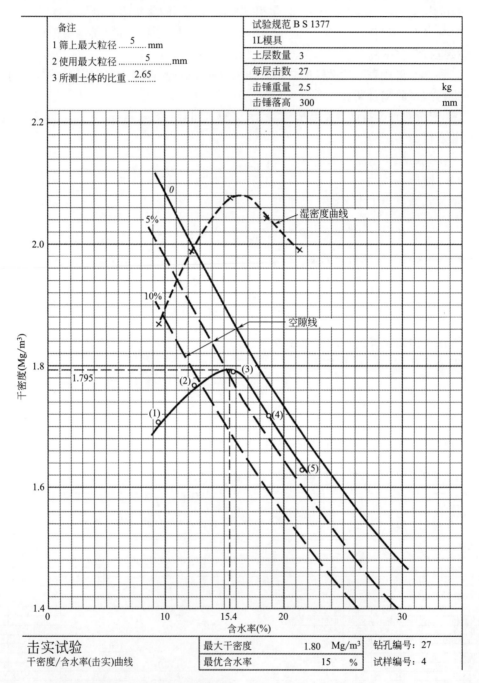

图 6.16　干密度-含水率试验结果的关系曲线图（湿密度曲线未作图）（BS 1377-4：1990：3.3）

（13）读取最佳值

在该曲线上确定最大干密度点，并读出最大干密度值。最大值可能位于两个绘制的点之间，但绘制曲线时不应过度放大峰值。然后读取相应的含水率，这是该击实功下的最优含水率。

（14）试验报告

报告应说明该试验是依据 BS 1377-4：1990：3.3 节，并且应包括以下内容：

① 绘制的图表，显示试验数据点并对土体进行描述。

② 试样的制备方法，以及使用的是单个试样还是单独的批次，以及黏土分解成土粒的大小。

③ 土料保留在 20mm 和 37.5mm 筛上土颗粒的干重百分比（精确到 1%）。

④ 所用击实功下的最大干密度，精确到 $0.01Mg/m^3$。

⑤ 最优含水率，精确值保留两位有效数字。

⑥ 用于合成含气孔隙线的颗粒密度，说明该值是测量值（若测量，说明其测量方法）还是假设值。

6.5.4　重型击实试验（4.5kg 击锤法）——BS 1377-4：1990：3.5

该试验给出了在与轻型击实试验相同的模具中，分 5 层，每层 27 击，每次采用 4.5kg 重的击锤从 450mm 自由落下，然后得到击实土体的干密度与含水率之间的关系。所施加的总击实功是轻型击实试验的 4.5 倍。根据击实曲线，从而可以确定重型击实功下的最优含水率和最大干密度。

与轻型击实试验一样，此试验适用于颗粒粒径不大于 20mm 的土体，其关键取决于颗粒是否易碎。如果土体中的颗粒粒径大于 20mm，请参阅第 6.5.5 节。

1. 仪器

（1）模具，如轻型击实试验（第 6.5.3 节）。

（2）金属击锤，其直径为 50mm，重 4.5kg，可控制下降高度为 450mm（图 6.17）。否则，它类似于第 6.5.3 节第（2）项。

（3）～（9）与轻型击实试验一致（第 6.5.3 节）。

2. 试验程序

这些程序与第 6.5.3 节中给出的轻型击实试验相似。

3. 试验步骤

除了以下提及的详细修改，该过程与第 6.5.3 节中描述的过程相似。如第 6.5.3 节所述，根据土体性质，可以对单个试样（a）或对不同批次的试样（b）进行击实试验。

（1）～（2）制备试样

对于轻型击实试验，取决于土颗粒是否易碎。最初或第一批试样中要添加的水量比轻型击实试验的要少（表 6.7）。

（3）～（4）击实

分 5 层，每层 27 击进行，使用 4.5kg 击锤自由下落 450mm 进行击实，每层 27 击。使用此击锤时要格外小心，以确保在释放前将其正确安装到位。参见第 6.5.3 节的步骤（4）。

如果首层土体用量正确，击实结束后，击实土体表面的高度应约为模具主体高度的 1/5，即模具主体顶部下方约 92mm，或模具顶部下方延伸 142mm。若与上述存在明显差异，清除土体并重复该试验。

如前所述，再将 4 层等量的土体依次压入模具中。击实结束后，击实土体表面在模具主体顶部上方不超过 6mm 的位置（图 6.13）。若高于此值，则清除土体，将其破碎，则应清除土体后将其破碎，然后减少每层土体用量并重复此过程。每层中使用的土体要少一些。

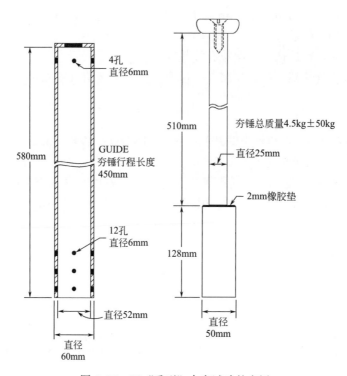

图 6.17　BS "重型" 击实试验的夯锤

（5）～（10）与第 6.5.3 节中一致。增加含水率与步骤（9）中建议的相似。

（11）～（13）计算，绘图和撰写报告

所撰写的试验报告除符合 BS 1377-4：1990：3.5 的规定外，还应与第 6.5.3 节所述保持一致。

6.5.5　击实石质土

对于含有粒径大于 20mm 的砾石碎片的土体，可以对最大干密度进行计算校正，以估计相应的最大干密度。该原理在第 6.3.4 节中进行了说明，但仅在石块含量不超过 25％时适用。

对于包含较大比例粗料的土体，可以在更大的容器中进行试验以研究其击实特性，目的是适用更大的土粒粒径。为此，使用振动锤试验（第 6.5.9 节）中使用的 CBR 模具。该模具的标称体积为 2305cm³，但由于磨损可能会略有变化，应按照第 6.5.3 节中的说明检查尺寸。当此模具用于击实试验时，试样中最多有 30％的土颗粒留在 20mm 的筛上。验证了 BS 模具的适用性。

可以使用 CBR 模具进行等效轻型击实试验或等效重型击实试验。需要通过 37.5mm 筛的试样总量为 25kg，如果颗粒易于破碎，则分为 5 层，每层 8kg。除了每层需要 62 击而不是 27 击，步骤与第 6.5.3 节和第 6.5.4 节中所述的步骤相同。这是因为与较小的模具相比，土体体积增加了（请参见表 6.2）。称重精确至 5g 而不是 1g。

锤击的前几次击打应分散均匀，但由于尺寸较大，与 1L 模具所用的模式有所不同。前两次击打应在边缘处进行，接下来的两击在 1 和 2 的中间，第 5 次击打应处于试样中心（图 6.18）。接下来的 4 个（编号为 6、7、8、9）位于已经击打的位置之间。之后，围绕模具和整个试样中心系统地进行工作，以使整个区域均匀击实。

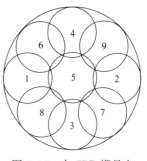

图 6.18　在 CBR 模具中使用手动夯的打击顺序

试验报告应说明该程序符合 BS 1377-4：1990：3.4 或 3.6 的规定（视情况而定）。

6.5.6　ASTM 标准击实试验试样的制备

在 ASTM 中试验名称 D 698（5.5 磅锤击法）和 D 1557（4.54kg 锤击法）中，根据初始准备后残留的最大颗粒大小，可识别三类土体。这些类别涉及以下试验方法。

方法 A：如果在 4.75mm 筛上保留的土粒质量小于 20%，则使用该方法。如果未指定方法 A，则可以使用方法 B 或 C 对该土样进行试验。

方法 B：如果在 4.75mm 筛上保留的土粒质量大于 20% 且保留在 9.5mm 筛上的土粒质量不大于 20%，则使用该方法。如果未指定方法 B，则可以使用方法 C 对该土样进行试验。

方法 C：如果在 9.5mm 筛上保留的土粒质量大于 20%，而保留在 19.0mm 筛上的质量小于 30%，则使用该方法。

如果在 19.0mm 筛上保留的土粒质量分数超过 5%，并且不包含在试样中，则必须按照 ASTM D 4718 中的规定对干密度和含水率进行校正。

如果保留在 10.0mm 筛上的土粒质量不小于 30%，则确定最大干密度或最优含水率的试验方法不适用。

对于方法 A 和方法 B，使用 4 英寸（1L）击实模具，并且需要约 11kg 的试样。对于方法 C，使用 6 英寸模具，并且需要约 23kg 的试样。在上述情况下，将试样至少分为四个部分进行击实，每部分的含水率都不同，以便获得最优含水率。否则，试样准备方法与第 6.5.2 节中所述的方法类似。

6.5.7　ASTM 标准击实试验步骤（ASTM D 698 和 D 1557）

在原理上，ASTM 击实试验步骤与第 6.5.3、6.5.4 和 6.5.5 节中所述的 BS 标准步骤相似。

无论使用的是 4 英寸模具还是 6 英寸模具，均需要验证模具、底板、延伸套环和击锤是否符合 ASTM D 698 或 D 1557 标准。

在试验名称 D698 中，使用了 5.5 磅（2.49kg）击锤，其自由落高为 15 英寸（305mm）。将方法 A 或方法 B（第 6.5.6 节）制备的土样击实成 3 层，放入直径 101.6mm 的模具（944cm^3）中，每层 25 击。通过方法 C 制备的土体需要直径 152.4mm

的模具（2124cm³），分 3 层击实，每层 56 击。

在试验名称 D 1557 中，10 磅（4.54kg）击锤，其自由下落高度为 457mm。将方法 A 或方法 B（第 6.5.6 节）制备的土样在直径 101.6mm 的模具（944cm³）中分 5 层击实，每层 25 击。用方法 C 制备的土体需要直径 152.4mm 的模具（2124cm³），分 5 层击实，每层 56 击。

所有这些试验，都可以使用第 6.5.8 节中所述的自动击实设备，它经适当设计后可满足 ASTM 试验所需的击实功，从而代替手动锤击。

在所有情况下，如果土体具有高渗透性，则从模具中取出的整个击实试样都应测量含水率，以防含水率在整个试样中分布不均匀。

计算、绘图和试验报告同样应符合 BS 试验的要求。

6.5.8　自动击实仪的使用

自动击实设备消除了进行击实试验所需的大量体力工作。然而，研究发现，通过机器击实获得的干密度通常小于通过手动击实获得的干密度。部分原因是击打方式与第 6.5.3 和 6.5.5 节中建议不同，还有部分原因是在使用 CBR 模具时，为使整个区域被击锤覆盖，底座不仅需要旋转，而且需要水平运动，以使整个区域被夯锤覆盖。这导致模具支撑的刚度小于混凝土基座。

图 6.19　自动击实仪（照片由 ELE International 提供）

图 6.19 中所示的自动击实仪具有以下特性：

（1）击打方式严格遵循建议的方式，先采取间距间隔较大的击打使土体表面平整，然后再重叠击打。

（2）通过移动击锤组件的位置而不是移动底板来均匀覆盖 CBR 模具内的试样区区域。

（3）旋转基座刚性基础支撑，该刚性基础提供了较大面积的机加工环形表面，从而提供了非常坚固的支撑。

为 BS 和 ASTM 击实试验专门设计了单独的机器，并且所使用的机器必须符合规范要求。

自动击实仪的性能可以通过使用手动击锤对平行样品进行平行试验来评估，如果通过机器获得的干密度在使用手动锤击获得干密度的±2%范围内，则符合 BS 1377 的要求。

6.5.9　振动击实（BS 1377-4：1990：3.7）

该试验适用于土粒粒径小于 37.5mm 的土体。它不适用于黏土。该原理与击锤步骤的原理类似，不同之处在于，使用振动锤代替击锤，并且需要更大的模具（标准 CBR 模具）。

1. 仪器

（1）圆柱形金属模具（CBR）内部尺寸，直径 152mm，高 127mm。模具可以安装延伸套环和底板。图 6.20 和图 6.21 中给出了两种模具的详细信息（注：图 6.21 展示的模具不能与 116.4mm 高的 ASTM 击实模具混淆）。

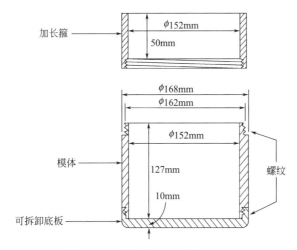

图 6.20　螺旋型 CBR 模具（BS）

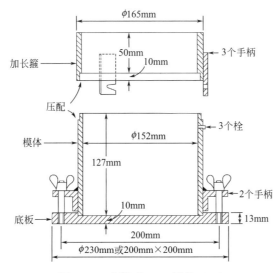

图 6.21　夹紧型 CBR 模具（BS）

（2）电动振动锤，功率 600～800W，工作频率 25～60Hz。为保证试验安全，电动振动锤应在 110V 电压下工作，并且在电源和电动振动锤之间的线路中应包括一个漏电断路器（ELCB）。下面介绍检查测试，以验证电动振动锤是否符合英国标准。可以使用电锤特殊支撑架来简化操作电动振动锤，如图 6.22 所示。

图 6.22　支撑架中的电动振动锤

可以使用除上述以外的电动振动锤，条件是可以证明它们符合 BS 1377-4：1990：3.7.3 中规定的校准要求。

（3）连接振动锤的钢制击实仪器，其圆形支脚的直径为 145mm（图 6.23）。

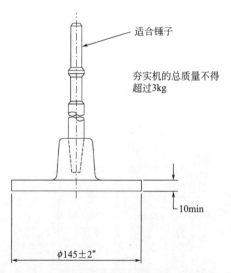

适合锤子

夯实机的总质量不得超过3kg

10min

$\phi 145 \pm 2^*$

图 6.23　振动锤的夯实机（伦敦 BSI 提供）

（4）37.5mmBS 标准筛和底盘。

（5）深度计或钢尺精确至 0.5mm。

（6）实验室停表，精确至1s。

还需要第6.5.3节中列出的第（3）～（9）项，但需要更大称量的天平，其分度值为5g。

2. 试验程序

①适用于含不易碎颗粒的土体；②适用于含易碎颗粒的土体。

（1）准备仪器；

（2）制备一个或多个试样；

（3）将土体放入模具中；

（4）分层压实；

（5）测量高度；

（6）称重；

（7）将土从模具中推出；

（8）测量含水率；

（9）①破碎土体以便再次使用，或②丢弃土体；

（10）①将更多的水与土体混合后重复步骤（3）～（8）和（9）①，或者②使用下一批重复步骤（3）～（8）和（9）②；在这两种情况下，总共至少要击实5次；

（11）计算；

（12）绘图；

（13）读取最佳值；

（14）撰写试验报告。

3. 试验步骤①——不易碎颗粒（BS 1377-4：1990：3.7.5.1）

1）准备仪器

确保模具的组成部分清洁干燥，将模具、底板和延伸套环进行组装并称重（m_1），精确至5g。测量组件的内部尺寸并计算内部体积，如第6.5.3节所述。模具的标称尺寸，面积18146mm^{2}和体积2304.5 cm^3，但这些值可能随磨损而略有变化。带凸缘的模具的内部高度记录为h_1（mm）。

第6.5.3节中给出的关于模具准备的阐述同样适用于CBR模具。特别重要的是要确保将模具组件固定在一起的栓和夹具牢固并处于安全状态，以防振荡脱落。如果模具上有螺纹接头（图6.20），则必须保持螺纹清洁且完好无损。在安装底板和延长套环避免交叉螺纹并确保螺纹拧紧且不外露。在拧紧之前，应在螺钉的螺纹表面上涂少量润滑油。

确保振动锤按照制造商的说明正常工作。确认已正确连接电源，并且连接电缆处于良好状态。支撑架（如果使用）必须能自由移动而不会卡住。锤应按照以下说明进行验证。

击实杆必须正确装入锤头适配器，并且支脚必须在CBR模具内并留有必要的间隙（3.5mm）。

2）制备试样

如第6.5.2节所述准备土样，以提供约15kg的单个试样［步骤（3）］，并将含水率调节至所需的起始值［步骤（5）］。砂砾土的典型含水率约为3％～5％，但实际值应根据经验判断。

3）放入模具

将模具组件放在坚固底座上，例如混凝土地板或底座上。在室外进行试验需要注意噪声和振动问题，可将模具放置在铺设有混凝土的区域上，而不是未铺设的地面或薄柏油路面上，这是因为任何基础弹性都会导致击实不充分。

向模具中添加适量的土体，以便在击实后土体占模具的三分之一。为确定土量，需要进行初步试验。可以将直径等于模具内径的聚乙烯片盘放在土体的顶部。这将有助于防止砂粒向上移动到击锤和模具之间的环形间隙内。

4）击实成型

通过振动锤施加竖直向下的恒定压力，持续击实60s。其中，击锤的重量所产生的力为300～400N，足以防止击锤在土体上下弹跳。可以通过以下式确定该力的大小：将击锤平稳地放在台秤上，然后向下压直到显示30～40kg。以判断要施加的压力，但需要检查台秤是否正常工作。如果使用支撑架，应仔细检查，所需的手压力减小较多。

对第2、3层土体重复上述击实步骤。击实试样的最终厚度应在127～133mm；如果不是，移除土体并重复试验。

5）测量高度

击实后，清除试样表面的松动土体，使其达到平整状态。清洁延伸套环的上边缘。将直边放置在套环顶部，并用钢尺或深度计向下测量试样表面，精度为0.5mm。取四个距离模具侧面15mm并且均匀分布的点进行读数。计算平均深度h_2（mm）。击实试样的平均高度h为：

$$h = (h_1 - h_2) \, \text{mm}$$

6）称重

称重含有击实土体、延伸套环和底板的模具质量（m_2），精确至5g。

7）移除土体

从模具上移除土体，然后放在托盘上。如果有适合CBR模具的配件，则可利用试样推出器将其移出。砂质和砾石（非黏性土体）无法用手破碎和清除。

8）测量含水率

在具有较大含水率土体的容器内采集两个代表性试样，测量含水率。从模具中取出后，在土体变干之前，进行测量。所测试样应足够多，以便得出代表土体最大粒径的结果（第2.5.2节）。两次含水率测定的平均值用w（％）表示。

9）破碎并混合

粉碎托盘上的土体，必要时可以将其过30mm或37.5mm筛，并与其余试样混合。添加一定量的水，以使含水率增加1％或2％（对于15kg土体，需要150～300mL水）。越接近最优含水率，含水率的增加量越小。

10）重复加水

每次增加水量后，重复步骤（3）～（9）。至少应击实5次，含水率的范围应使最优含水率处于该范围内如有必要，在适当的含水率下进行一次或多次附加试验。

含水率较高时，土体中可能含有过量的自由水，这表明该含水率已经高于最优含水率。

4. 试验步骤②——易碎土颗粒（BS 1377-4：1990：3.7.5.2）

1）与前述步骤 1）一致。

2）按第 6.5.2 节所述准备土样，以提供约 40kg 的试样 [步骤 3]，从中获得 5 组（或更多）每组约 8kg 的单独试样，并配置成不同含水率 [步骤 6]。

3）～8）按照前述步骤 3）～8）处理第一批土样。

9）丢弃不再代表原始试样的土样。如果仍需保留，则应明确标明其名称，并附上试验记录和日期。

10）依次对每批土体重复步骤 3）～9）。如果需要额外的点来确定击实曲线的最佳条件，配置适当含水率情况下的 8kg 试样，按照上述方式进行分批击实。

以下步骤适用于上述两个过程：

11）计算

根据公式计算每个击实试样的堆积密度：

$$\rho = \frac{m_2 - m_1}{18.15 \times h} \quad \mathrm{Mg/m^3}$$

式中，m_1 为模具、轴环和底板的质量；m_2 为带有土体的模具，延伸套环和底板的质量；h 为压实土体试样的高度，$h = h_1 - h_2$。

仅当模具的平均直径为 152mm 时，以上公式才适用。如果不是，则在公式中使用横截面面积 A 表示，D（mm）为平均直径。

$$A = \frac{\pi \times D^2}{4}$$

$$\rho = \frac{m_2 - m_1}{A \times h} \times 100 \quad \mathrm{Mg/m^3}$$

通过下述方程根据每个对应的含水率计算干密度：

$$\rho_\mathrm{D} = \frac{100}{100 + w} \times \rho \quad \mathrm{Mg/m^3}$$

计算保留在 37.5mm 筛上的粗料百分比。

12）绘图

绘制干密度 ρ_D 和含水率 w 的数据点，并通过这些点绘制一条平滑曲线。也可以绘制孔隙率为 0%、5% 和 10% 的三条曲线。

13）读取最优值

从击实曲线中读取最大干密度和与之对应的最优含水率。

14）撰写试验报告

报告应说明该试验是根据 BS 1377-4：1990：3.7 进行的，并且应包括以下内容：

（1）曲线图，显示试验数据点并对土体进行描述。

（2）样品的制备方法，以及使用的是单个试样还是单独的批次。

（3）原样土中保留在 37.5mm 筛上的土粒干重百分比（精确至 1%）。

（4）所用击实功下的最大干密度，精确至 0.01mg/m³。

（5）最优含水率，精确至两位有效数字。

（6）用于合成孔隙线的颗粒密度，说明其是测量值还是假定值。

15. 振动锤的检验（BS 1377-4：1990：3.7.3）

使用以下步骤确定用于上述试验的振动锤是否符合 BS 1377：1990 的要求，并且其工作性能是否良好。

需要从莱顿巴扎德（Leighton Buzzard）地区下格林桑德（Lower Greensand）的沃本（Woburn）河床中取出约 5kg 未使用的干净、干燥的石英砂试样。级配要求：100％通过850μm 筛，至少75％通过600μm 筛，至少75％通过425μm，以及100％通过300μm 筛。砂必须是干燥且不含浮屑、粉土、黏土和有机质。

通过600μm 筛对砂进行筛分，并丢弃残留的材料。将水加到过筛的砂中，使含水率达到2.5％（5kg 土体中加入125mL 水）。将砂和水充分混合并测量实际含水率，该含水率与规定值相差不得超过0.5％。

如上述试验步骤第4阶段所述，用振动锤将砂子压成3层，放入 CBR 模具中。如上所述，测量击实试样的高度，称重并确定击实干密度（精确至0.002mg/m³）。对同一砂样重复2次，总共进行3次试验。

如果干密度值的范围超过0.01Mg/m³，请重复上述步骤。如果获得的平均干密度超过1.74Mg/m³，则振动锤对于振动击实试验符合要求。

该试验仅对上面指定的砂有效。其他类型的砂会产生不同的结果。

6.5.10 哈佛击实法

ASTM STP 479（Wilson，1970）中给出了哈佛（Harvard）击实试验步骤，在土体含量较少时，可以用其，确定细粒土的击实特性。该设备的作用与常规击实试验的落锤原理不同，土体要经过捏合而不是受到冲击。哈佛击实法的试验结果与 BS 或 ASTM 试验无法直接比较，也不能替代它们。

这种小型实验设备可在实验室中用于制备小型再击实试样，用于其他试样中。由于其提供的击实功可控，所以产生的结果比手动击实方法获得的结果更可靠。

1. 仪器

击实装置包括一个手持式弹簧夯锤和特殊模具，如图6.24所示。弹簧通过调节螺母压缩具有40磅（18.2kg或178N）的压缩力，因此，增加超过该值的很小力将进一步压缩弹簧。可以用不同刚度的弹簧替换。金属防拆杆的直径为12.7mm。

所用模具的内径33.34mm、高度71.5mm、体积62.4cm³。选择该体积是因为土体质量（g）等于其密度（磅/立方英尺）。可以在模具上增加一个约38mm 高的延伸套环，两者都可以安装到可拆卸的底板上。

图6.24 哈佛击实仪
（照片由 ELE International 提供）

可以对哈佛击实试验装置进行改良，以提供不同的击实功但对特定的土样而言，只能通过试验确定其与 BS 或 ASTM 标准下击实功之间的相互关系，但只能通过试验确定特定土体与 BS 或 ASTM 击实作用的关系。

哈佛击实仪具有一个特殊设计的夹具（套环拆卸器），通过其可以使击实土体在拆卸延伸套环时在原位保持完整。

试样推出器可以快速、轻松地从模具中取出击实试样。

本设备适用于粒径不大于 2mm 的土体，同时应遵循规范中细分、筛分、混合和养护等常规步骤的要求。

如果要获得完整的含水率与干密度的关系曲线，应针对每种含水率使用单独批次的土体，并且已经击实的试样不得重新混合和重复使用。

2. 击实顺序

通过将柱塞放在土体表面上并用手柄向下压，直到感觉到弹簧开始压缩，然后松开并移动到下一个位置进行击实。首先在与模具边缘接触的相对象限中进行 4 个击实，然后在试样中心处击实 1 次（图 6.25）。接下来的 4 个应该以相似的方式排列，但间隔在前 4 个之间，然后在中心处击实。重复此顺序，每 1.5s 击实一次，直到达到所需的击实功要求。

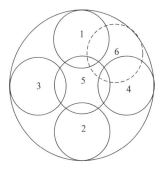

图 6.25　哈佛击实仪的击实顺序

对于 40 磅（178N）的弹簧，分 3 层击实、每层 25 击的压实度，大致相当于 BS 轻型击实试验，但二者之间并不具有确定的关系，可作为一定参考。

干密度和含水率的测量和计算与上述击实试验相同的方式进行。干密度-含水率关系的试验结果应包括试验类型、模具尺寸和压缩弹簧型号。

除了用于确定含水率与干密度的关系外，哈佛击实仪还提供了一种便捷的方法来制备可再击实的小型试样，以用于抗剪强度试验和在击实土体上进行其他试验。

6.6　含水率试验

6.6.1　范围

1. 试验目的

TRL 开发了一种确定土体水分条件值（MCV）的试验，是一种使用含水率或强度的特定极限来评估土是否适用于土方工程施工的快速方法，参见 TRL 报告（Parsons，1976；Parsons 和 Boden，1979；Parsons 和 Toombs，1987；Matheson 和 Winter，1997；Winter，2001）。由于在典型的土方工程施工现场遇到的土体的可变性，通常不可能分配唯一的土体参数值，例如含水率、塑限和最优含水率。这使得土方工程质量控制困难，而 MCV 试验正是要克服这些困难。

MCV 试验的优点可以概括为：

（1）提供即时结果，而不必等待含水率或其他参数的确定。

（2）该试验适用于广泛的土体类型，通常不适用不含粉土的粒状土。

（3）在给定土体类型内的某些变化并不重要。

（4）可以使用相同大小的试样在现场或室内进行试验，并且只要使用相同的试验数据处理方法，试验结果是兼容的。

（5）试验结果显示出良好的可重复性。

（6）操作者错误的可能性很小。

（7）由于样本数量大，与样本相关的可变性不大。

（8）试验可为工程质量和土体特性的某些方面提供有用指示。

可能会得出 MCV 与实验室测量的土体参数（如不排水的抗剪强度和 CBR 值）以及土体分类之间的关系。

MCV、CBR 和含水率是相互关联的。MCV 也可能与土方设备的性能有关，并指明较难实现高击实度的地方，或因过度击实而可能产生过大的孔隙水压力。

2. 试验类型

BS 1377-4：1990：5 中给出的程序包括以下内容。

（1）在已知含水率下测定土体的 MCV（第 6.6.3 节）。

（2）确定 MCV 和含水率之间的关系，称为湿度条件校准（MCC）（第 6.6.4 节）。

（3）通过与先前确定的标准进行比较，快速评估试样是否击实（第 6.6.5 节）。

在 MCV 试验中，土体在落锤的作用下在刚性模具内反复击实。所用设备是对用于确定总冲击值设备的改进，如 BS 812-112：1990 中所述。对通过 20mm 筛的土颗粒进行最小击实力的确定。

可以确定特定土体类型的 MCV 与含水率之间的关系。然后建立一种快速评估测试，确定是否符合预先校定的标准。温特（Winter，2004）对试验及其应用作了进一步的讨论，尤其是在土方工程中的应用。

6.6.2　原理

MCV 试验是基于第 6.3.1 节所述的击实土体的原理。如果用不同的击实力对土体进行击实试验，随着含水率的增加，干密度与含水率之间的曲线趋于收敛。它们位于饱和线附近，如图 6.3 所示。当使用 3 种不同的击实力时，用 A、B 和 C（A 最轻，C 最重）表示的击实曲线如图 6.26 所示。

当土体含水率为 m_1 时，击实力 A 给出与点 a 对应的干密度；击实力 B 指向 b；击实力 C 指向 c。增加击实力会导致该含水率下的干密度相应增加。

在较高含水率 m_2 的情况下，击实力 B 仍然比力 A 具有更高的干密度（分别为 e 点和 d 点）。然而，与击实力 B 相比，击实力 C（f 点）的增加相对不明显，因为 e 点已经接近饱和线。因此，在含水率为 m_2 时，击实力 B 足以使土几乎完全击实。增加一点含水率（点 g），曲线 B 和 C 几乎重合，击实力 B 给予了充分的击实。

当含水率进一步增加到 m_3 及以上时，与 A 相比，采用击实力 B 或 C 不会显著增加干密度。在此含水率（点 h），击实力 A 足以产生充分击实。

可以看出，土体含水率越高，所需的击实力越小，超过这一范围，干密度就不会显著增加，即充分击实所需的力越小。水分条件的测量可以通过测定最小的击实力来获得，超

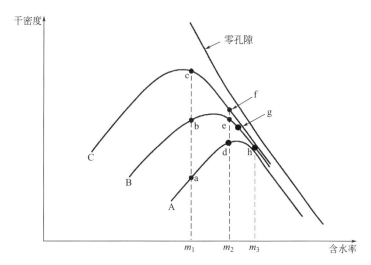

图 6.26　三种不同击实力的理想压实曲线

过这一击实力，干密度的增加就不明显。

在试验中，样品在模具中的高度变化（与密度变化有关）是通过测量击锤的贯入度来确定的。当附加击实引起的贯入度变化小于或等于 5mm 时，这种变化被认为是无关紧要的。

BS 试验中不需要计算重度和干密度。然而，这些值的确定，虽然可能会出现一些错误，但几乎不需要额外的处理，而且它们提供了与其他试验结果进行比较的进一步有用的数据。

6.6.3　湿度条件值（MCV）试验（BS 1377-4：1990：5.4）

试验是在含有经过 20mm 筛的颗粒的土体上进行的。它与黏性土特别相关，但对于非黏性（粒状）土，结果可能很难解释，特别是当颗粒易于压碎时。

1. 设备

（1）带有模具、分离盘和测量击锤贯入度或隆起量的仪器。典型仪器如图 6.27 所示，主要特征如图 6.28 所示。完整的细节在规范 BS 1377-4：1990：5.2 中给出。基本要求是：

① 框架底座质量至少 31kg。

② 带可拆卸透水底座的模具：内径 100mm；内部高度至少 200mm；有保护涂层的内部表面；透水底座，排水量 4～7L/min，水位在模具底座以上保持在 175mm 的水头。

③ 击锤：落锤重 7kg，断面直径 97mm，下落高度 250mm。

④ 标尺及游标卡尺，测量夯锤的贯入度或隆起量，精确至 0.1mm。

⑤ 将土体与击锤分开的纤维盘，最小直径 99.10mm。

⑥ 提升系统，将夯实机提升到预先设定的高度，并装有自动计数器。

图 6.27　湿度条件测试仪
（照片由 ELE 国际提供）

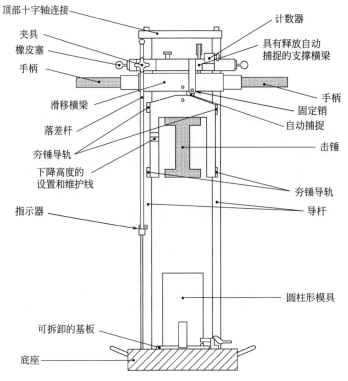

图 6.28　湿度调节装置的主要特征（由伦敦 BSI 提供）

⑦ 落差控制，将落差控制在 $100\sim260mm$ 之间，误差控制在 $\pm5mm$ 以内。

夯锤每击的能量是 BS 2.5kg 击锤的 $2\frac{1}{3}$ 倍。每单位土体每一击所提供的能量约为 2.5kg 击锤的 3 倍，比 BS 4.5kg 击锤多 11%。

（2）天平，称量 2kg，分度值为 1g。

（3）20mm 筛和接收器。

（4）大型金属托盘，如 $600mm\times600mm\times60mm$（长×宽×深）。

（5）烘箱及其他测定含水率的设备。

（6）用于从模具中提取击实力的顶升装置。

2. 程序阶段

（1）检查装置；

（2）准备试验样品；

（3）将土放入模具中；

（4）安置模具；

（5）实施夯击和测量贯入度；

（6）取出试样；

（7）计算；

（8）作图。

MCV 的推导和结果的报告将在单独的标题下进行描述。

3. 试验步骤

（1）检查设备

确保击锤自由下落。

根据制造商的说明，当放置在设备底座上的模具中时，调整击锤的下落高度，使其落在刚性圆盘顶部 250mm（在一些使用较高含水率的试验中，较小的下落高度可能是合适的；如有，应清楚列明下落高度）。

确保设备的所有部件都是安全的。

检查模具及其部件是否清洁干燥，内部保护涂层是否磨损。

测量模具内部尺寸。

为安全起见，当检查或调整设备或将模具、配件、击锤处于升高位置时，确保用固定销固定。

检查分离盘是否能自由通过模具孔。

（2）制备试样

用 20mm 的筛子筛净土体的原始样品，破碎残留颗粒，并去除残留在筛子上的单个颗粒。

如果要报告粗颗粒的比例，则称重样品和除去的物质，精确至 1g。

取一份有代表性的土样，通过 20mm 筛，测定其含水率。

通过滤网对土进行细分，得到一个约 1.5kg（±20g）的代表性试验样品。不要破坏样品中任何聚集的颗粒。

如果要测量击实密度（不是 BS 的要求，但可用于对比），称重试验样品，精确至 1g。

（3）将土样放入模具

将 1.5kg 的土样尽可能松散地放入模具中。如有必要，将土样推入，否则会溢出边缘，但只推动足够的松散土使其表面距离模具顶部不超过 5mm。

如果需要的话，可以通过漏斗将土倒入模具中来达到松散的状态。如果土样不处于最松散的状态，结果的再现性就会受到影响。

（4）安置模具

用固定销将设备的击锤固定在凸起的位置。

将模具置于设备底座上，将纤维盘置于样品上。

调整自动计数器为零。

稳住击锤，取下固定销，将击锤轻轻放在覆盖松散样品的圆盘上。让击锤在自身的重量下进入模具中，直到停止。

设置落差高度为 250mm。

（5）实施夯击

提高击锤，直到被自动抓取释放为止，以便对样品施加一击。用深度计及游标卡尺测量模具内贯入度，或击锤顶部至模具边缘即凸缘的距离，精确至 0.1mm。

无论是测量贯入（将增加进一步夯击）或隆起（将减少）都是无关紧要的，因为绘图是基于测量变化。使用深度计测量隆起度通常比较容易，下面给出的试验数据就是基于这种测量方法，但也要参考贯入度。

重设击锤下落高度为 250mm。如上述所述，施加进一步的夯击，并在适当时采取相应的措施。根据需要将下落高度重置为 250mm，并继续操作，直到没有明显的贯入增加，或者直到进行了 256 次夯击。

测量夯击后的贯入或隆起度，编号如下。

1		4		16			64			256
	2		8			32			128	
		3		12			48			192
			6		24			96		

在这个序列的每一行中，每个数都是前一个数的 4 倍。在施加 n 次夯击和施加 $4n$ 次夯击之间，贯入度未显著增加的标准被任意设定为变化不超过 5mm（见上文第 6.6.2 节）。

在如图 6.29 所示的表单的第 2 列中，输入与击打编号对应的读数。如果试样非常干燥，需要夯击超过 256 次，MCV 报告超过 18 次。

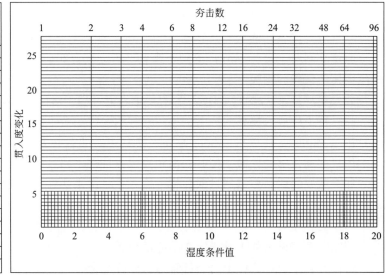

图 6.29　记录水分条件值试验的表格（由伦敦 BSI 提供）

注：当所有需要的夯击已经实施，小心地提高夯锤并用固定销确保安全

（6）试样移除

从仪器底座上拆下模具，取下底座，取出试样。清洁和干燥模具，以便下一次使用。虽然英格兰标准没有要求，但可以取一个有代表性的试样来测定含水率。

（7）计算

计算一定数量的 n 次夯击和 4 倍数量的 $4n$ 次夯击之间的贯入度变化。

在图 6.29 的第 3 列中输入 n 次夯击和 $4n$ 次夯击的差值。例如，在同一行输入 4 次夯击和 16 次夯击之间的差值。

如果需要，从已知的土体质量计算出击实土体的近似密度。击实试样的高度可以通过测量模具、夯锤以及最终的贯入或隆起来确定。高度用 H（mm）表示，土体质量为

第6章 击实试验

1.5kg，密度为 $191/H$（Mg/m^3）。

根据密度和含水率，利用第 3.3.2 节中的公式（3.12）计算干密度。这个值虽然不是 BS 的要求，但可以使被测试样与击实试验得到的水分/密度关系相关。

（8）作图

使用类似于图 6.30 所示的形式，将每一次贯入变化绘制在线性刻度上，每一次初始夯击数 n 绘制在对数刻度上。

使用在同一条线上的贯入度变化值作为数字 n。通过绘制的点画一条平滑的连续曲线。根据不同的权威机构的要求，对该图的解释也有所不同，如下所述。

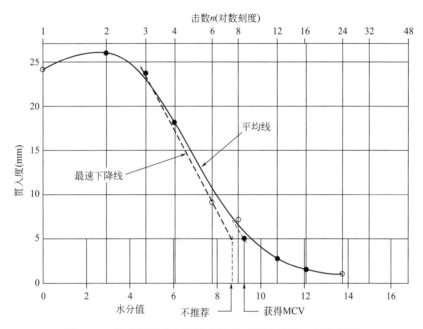

图 6.30 贯入度随夯击次数变化的典型曲线图（对数刻度）

4. MCV 的推导

（1）BS 1377 方法

从图中推导 MCV 的方法见 BS 1377-4：1990：5.4.2.3。

它符合 SR 522 第 11 章（附录）所述的程序，有时被称为英格兰方法。

在贯入度变化 5mm 之前，在标绘点上画出最陡的平均直线。如有必要，将该线延长至与 5mm 变化的水平线处相交。在交点处，将夯击次数 B 读取两个有效数字。该过程如图 6.31 所示。MCV 定义为 $10\lg B$，其中 $B=B_1$。

对于英国的许多土体来说，在达到 5mm 的贯入度变化之后，或在这之前不久，曲线就变得平缓，这反映出在接近完全击实状态时，从土中排出空气的难度越来越大。最速下降线解释有助于将这种影响减到最小。

在图 6.30 中，在底部添加了从 0～100 的夯击次数范围的算术刻度 0～20。这个刻度使 MCV 可以直接精确至 0.1。

BS 1377 中上述条款的说明提醒了需要注意对图表的解释可能会出现的问题，其中一

305

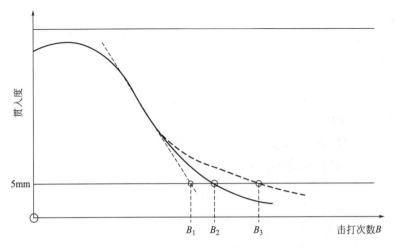

图 6.31　英国和苏格兰对 MCV 试验贯入曲线的解释方法

些问题在下面的（3）中讨论。

（2）苏格兰方法

该方法由马西森和温特（Matheson 和 Winter，1997）提出，因为它似乎更适合在苏格兰发现的粒状土。原始 TRRL 文件 LR 750 中给出了该方法，并出现在 SR 522 第 3 章中。

确定绘制的曲线与表示 5mm 贯入度变化的直线相交的点。读出与此点对应的夯击数（图 6.31 中的 $B=B_2$），并按上述方法计算 MCV，或直接从算术标尺中读出 MCV。

当曲线在 5mm 变化线上变得平缓时，英格兰方法比苏格兰方法给出的 MCV 结果要低得多，因此更保守，如图 6.31 中的虚线曲线所示。这条曲线给出 $B=B_3$，明显大于 B_1。温特（Winter，2004）建议对所有土体使用最佳拟合曲线（图 6.31 中的点 B_2）。

（3）其他解释

使用英格兰方法时，解释线应是最速下降线，如果有一些散点，则应取点的平均值。图 6.30 的实线给出了一个合理的解释。这条线不应该仅通过连接两个标绘点来获得最大的斜率，如图 6.30 中的折线所示。

对于某些土体类型，特别是粒状土，贯入度变化与夯击次数之间的关系可能如图 6.32 所示。在到达 5mm 变化线之前，曲线的斜率先减小后增大。这可能是由于达到充分压实以外的其他因素，如排水和土颗粒的压碎。后者很可能与砂砾质土有关。如果在现场击实过程中不太可能发生颗粒压碎，则对这种类型的曲线采用苏格兰方法（$B=B_4$）是不合理的。另一方面，英格兰的方法，给出 $B=B_5$，可能产生一个过于保守 MCV。除非有足够的现场数据，否则应避免出现这种类型的曲线。

一般来说，粒状土的 MCV 试验很难解释。特别是细砂到中等砂粒不适合这种试验。粒状土的 MCV 值很低，说明粒状土显然不适合土方工程，但实际上它们可能是良好的自由排水材料。

在比较试验结果时，例如主实验室的数据和现场的数据时，必须在两种情况下使用相同的解释方法。登内希（Dennehy，1988）和温特（Winter，2004）对 MCV 试验结果的解释进行了更详细的讨论。

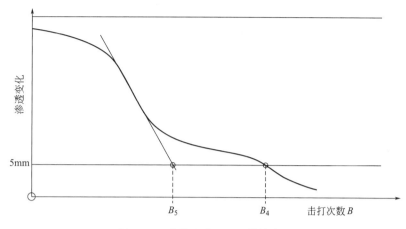

图 6.32 粒状土的 MCV 曲线类型

5. 结果报告

贯入度变化与击打次数的对数关系图通常应构成试验报告的一部分。图表的解释方法应该清楚说明。

报告还应包括:

（1）试验方法（BS 1377-4：1990：5.4）。

（2）土体的水分条件值（MCV），精确至 0.1。

（3）如果需要，测试土体含水率的百分比，以及它是否代表天然含水率。

（4）从初始试样中去除的大于 20mm（若有）颗粒的干质量比例。

6.6.4　MCV/含水率关系（BS 1377-4：1990：5.5）

这是一个针对特定土的校准程序，在这里称为湿度条件校准（MCC）试验。这种方法不适用于自由排水土（温特，2004）。

MCV 试验首先在有一定含水率的土中进行。

1. 设备

关于 MCV 试验见第 6.6.3 节。

2. 制备试样

如果土体中含有击实过程中易压碎的颗粒，或含有低渗透黏土，在与水混合后至少需要 24h 才能确保水的均匀分布，应准备一批单独的土样以在每种含水率下进行击实（方法 1）。否则，可以制备单个试样，并在与更多的水混合后重新使用（方法 2）。土的含水率不应低于试验要求的最低含水率。林德和温特（Lindh 和 Winter，2003）讨论了瑞典冰碛土样品制备过程的影响。

（1）不同批次

按第 6.6.3 节第 2 阶段所述的方法制备土样，部分风干至试验所需的最低含水率。不要让土体完全干燥。至少需要 10kg 通过 20mm 筛的土样。

再对土进行细分，提供至少 4 个约 2.5kg 的试验样本。将每个试样与不同数量的水混合，得到一个合适的含水率范围，提供 MCV 大约为 3～14 的。黏性土的样本应在测试前在密封容器中储存至少 24h。

（2）单批次

按照第 6.6.3 节第 2 阶段的描述方法，单批准备土样，样品重量约为 4kg。初始含水率应使 MCV 达到 13～15（夯锤击打 20～32 下后完全压实）。通过局部风干来降低含水率，若过于干燥，可以加水混匀，以达到对应状态。

3. 试验步骤

（1）不同批次

使用第 6.6.3 节中描述的步骤，依次确定每个样本的 MCV。

从模具中提取每个样品后，取一个有代表性的部分来测定其中的含水率。每个试样的剩余部分可以丢弃。

（2）单批次

取具有代表性的 1.5kg（±20g）土样，进行第 6.6.3 节所述的 MCV 试验。

从模具中取出土样后，取其中有代表性的部分进行含水率测定。分解土样的剩余部分，与原始样本的剩余部分混合。加入适量的水，搅拌均匀。每次增加水后重复 MCV 试验，总共至少做 4 次测定。含水率应该使 MCV 在 3～14 之间。

4. 绘图

根据 MCV 绘制每个击实样品的含水率，并通过点画出最佳拟合线。一个典型的关系是图 6.33 中的整条线所示的形式，该线在从单个 MCV 试验获得的曲线上方绘制。为了清晰，只显示 3 条 MCV 曲线，但在实践中，需要进行 6 或 8 次 MCV 试验来获得校准曲线。

对于粒状土，或砾石含量高的黏土，MCC 可以在第二校准线上或低含水率曲线上提供标记为 X 的点，如图 6.33 中虚线所示。这些点低于最佳 MCV。这条曲线代表无效校准，不应使用。

对黏土的有效校准可以采用曲线形式。这可以反映试验前黏土结构被破坏的程度，通常发生在过固结黏土。如果在试验前对黏土进行更多的加工，则更有可能进行线性校准，但在实验室中对黏土的过度分解和加工通常不能代表现场条件，而非线性曲线可能更有代表性。

5. 报告

图形校准图（可添加在单个 MCV 试验获得的曲线之上）构成试验报告的一部分。还应报告试验方法和 MCV 试验报告（第 6.6.3 节）中列出的其他信息。

6.6.5 土强度评估（BS 1377-4：1990：5.6）

本程序提供了一种可在现场进行的用于评估土状况是否适用于土方工程施工的快速方法。它是根据在类似土体的 MCC 试验的结果，使用第 6.6.4 节的程序，从这一程序中已经推导出了一个关于 MCV 的校准标准。这种快速试验只表明土体是可接受的还是不可接受的，而没有表明土体超过或不符合预先校准的标准的程度。结果通常对土体性质的微小变化不敏感。

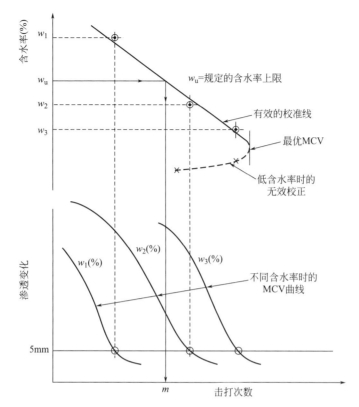

图 6.33　湿度条件校准（MCC）试验的理想化曲线

这里给出的常规程序涉及潮湿端含水率范围极限。该方法也可用于将土体水分条件与干燥度极限联系起来。如果在 6 次、24 次（或 25 次）和 100 次夯击后进行贯入测量，可以立即评估土的 MCV 是否在 8～14。

1. 设备

关于 MCV 试验，见第 6.6.3 节。对于现场评估试验，第（2）项可以用天平代替，如精确至 20g 的坚固弹簧天平，而第（5）项则没有必要。

2. 预校准标准的测定

对于给定的土样，推导预校准的标准 MCV 的过程可以总结为：

（1）进行合适的水分-密度关系试验（2.5kg 或 4.5kg 击实法），确定最优含水率（OMC）。

（2）对于黏性土，确定其塑限 w_P。

（3）选择原地击实所需的含水率上限 w_u 击实。

（4）对一具代表性的土样进行 MCC 试验（第 6.6.4 节）。

（5）从校准曲线中读出对应于 w_u 的 MCV 和初始夯击次数。

土体含水率上限的选择取决于土类型、击实方法、场地条件等因素。它可能与 OMC 或塑限有关，以下关系有时被用作一般指导。

对于黏土，$w_u = 1.2 \times w_P$（%）

对于其他土，$w_u = （OMC + 1.5）$（%）

或者，上限可能更容易与 MCV 和 CBR 值或剪切强度之间已经建立的相关性相关。使用的标准必须由负责工程的工程师决定。

一个典型的 MCC 图如图 6.33 所示。含水率的上限值在含水率刻度上标出，并投射到校准曲线上。这个 m 值对应的夯击数是从水平标尺上读取的。如果需要，还可以导出相应的 MCV。夯击的数量 m 对应于预校准的标准 MCV。

3. 制备试样

为 MCV 试验准备一个代表性的土样，见第 6.6.3 节。

4. 测试步骤

将试样放入模具中，按照第 6.6.3 节的 MCV 试验方法进行击打，击打次数 m 等于预校准标准的 MCV，根据需要重新设置下落高度。击锤的贯入度或隆起度测量精确至 0.1mm。

在没有进一步调整击锤下落高度的情况下，增加 3 倍于已施加的击打次数（即 $3m$ 锤击，共 $4m$ 锤击）。如前所述，测量击锤的贯入或隆起度。

5. 评估

计算 m 击和 $4m$ 击之间的贯入或隆起的差值，精确至 0.1mm。如果这个差值超过 5.0mm，土就比预先校准的标准更坚固，并且处于适合击实的条件。如果差值小于 5.0mm，土体就比标准差。

6.7 白垩破碎值

6.7.1 适用范围

这一过程是在 TRL 中研发的，以便能够测量白垩岩的强度（抗压强度）。在试验中，完整的白垩岩石块在 MCV 试验设备中被击锤压碎，白垩岩石块被压碎的速度提供了白垩破碎值（CCV）。通过将 CCV 与完整岩石块的饱和含水率（第 2.5.4 节）结合使用，可将白垩岩作为新放置的填充材料进行分类具体参阅相关文献（Ingoldby 和 Parsons，1977）。

6.7.2 白垩压碎值（CCV）试验（BS 1377-4：1990：6.4）

下面的步骤是描述单一样本的白垩岩石块，但正常的做法应该是准备和测试至少 6 个有代表性的试样，并得出平均值。

土工实验室试验手册

1. 设备

（1）如第 6.6.3 节所述，配有附件的水分调节仪。

（2）称量为 2kg 的天平，精确至 1g。

（3）击锤，如 2 磅的击锤。

（4）20mm 和 10mm 筛子和接收器。

（5）大型金属托盘，如 600mm×600mm×60mm（长×宽×深）。

（6）用于从模具中提取击实土样的顶升装置（可选）。

2. 试验步骤

（1）制备试样

取一个有代表性的完整的白垩块试样，用 20mm 和 10mm 的筛子进行筛分。需将 1kg 的试样通过 20mm 的筛，并保留在 10mm 的筛上。按质量确定在 10mm 筛上保留的材料占整个试样的百分比。如有必要，用击锤将大于 20mm 的白垩击碎，为试样提供足够的材料。

样本中不包括任何凝固的白垩粉块、燧石碎片或任何其他非白垩物质。

尽管白垩块的饱和度不显著，但不应烘干。

（2）将准备好的试样松散地放入干净、干燥的 MCV 模具中，并将分离盘放在白垩上。

（3）用固定销将夯锤固定在凸起的位置，将模具放置在装置底座上，调整自动计数器读数为零。

（4）稳住击锤，取下固定销。把击锤轻轻放到分离盘上，让其在自重作用下贯入到模具中，直到停止。设置下落高度为 250mm±5mm。

（5）将击锤提起，对试样施加一次锤击，直到它被自动抓取器释放。测量击锤在模具的贯入度，或击锤在模具中隆起度，精确至 0.1mm［参见 6.6.3 节第（5）步的注释］。在类似于 MCV 试验的表单上记录读数（图 6.29），但是要列出夯击的次数（见下文）。

（6）重新设置下落高度为 250mm。

（7）重复步骤（5）和步骤（6），在选定的累积击打次数后读取贯入度或隆起度的读数，必要时将下落高度重新设置为 250mm。

读数之后的累计击打次数至少应包括以下数字，即在对数刻度上绘制时提供了合理的点间距。

$$1，2，3，6，8，12，20，30，40.$$

在适当的情况下，可以在进行适当次数的击打后读数。

（8）当水开始从模具底部渗出时，不再发生进一步贯入或达到最大 40 次夯击，停止试验。小心地提起击锤并插入固定销。

（9）从仪器中取出模具，取下底座，取出压碎的白垩岩。

3. 绘图和计算

（1）在线性标尺上绘制打夯机的贯入度或隆起度（mm），在对数标尺上绘制夯击次数。

（2）大部分的关系应该形成一条直线，直线的斜率代表白垩破碎率。白垩破碎值（CCV）取直线斜率的十分之一。

$$CCV = \frac{P_a - P_b}{10 \ (\log a - \log b)}$$

式中，P_a 指从直线上读取的击锤 a 次击打后的贯入度或隆起度（mm）；P_b 指从直线上读取的击锤 b 次击打后的贯入度或隆起度（mm）。

为了便于计算，可以使 $a = 10b$。然后 $\log a - \log b = 1$ 并且

$$CCV = \frac{P_a - P_b}{10}$$

CCV 应表示为正数。

4. 报告结果

检测报告应包括以下内容：

（1）白垩破碎值（CCV），保留两位有效数字。

（2）如果需要，包括贯入-夯击次数对数图。

（3）原始试样中保留在 10mm BS 试验筛上的物料百分比。

（4）在适当时，包括白垩的饱和含水率。

（5）试验方法（BS 1377-4：1990：6.4）

6.8　级配骨料压实性试验

这项试验是在 TRL（Pike，1972；Acott，1975）中研发的，是一种评估级配骨料压实性的方法，特别是用于道路基层和底基层的骨料。但是用于土的标准击实试验在应用于某些材料时是不可靠的，本程序旨在为压实性试验提供一种标准化方法。

试验原理与第 6.5.9 节中描述的振动锤试验相似。然而所不同的是，在标准化方法中，使用了更强大的振动锤，被安装在一个加载架上，而试样被放置在一个特殊的重型模具中击实。试验结果通常以含水率与干密度关系来表示，但干密度也可用等效体积表示。

除标准土体试验设备外，还需要下列专用设备：

（1）击实模具，由阀体、底座、过滤器组件和铁砧组成。后者覆盖样品的整个区域，并可配置一个可选的真空释放塞。允许多余的水向下排出。

（2）电动振动锤，功率 900W，频率 33Hz，配有与铁砧配套的工具。

（3）支撑锤和模具的加载架，提供稳定的向下的力，大小为 360kN±10kN。

模具装配及其零部件如图 6.34 所示。加载架和模具，优先放置在一个降噪柜中，如图 6.35 所示。

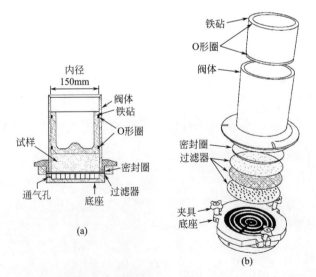

图 6.34　压实性试验用模具和砧（英国交通研究实验室提供）

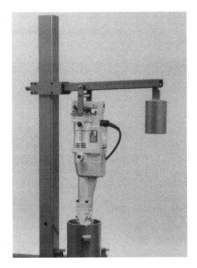

图 6.35　压实性试验设备

　　这里没有描述该过程，但是在 BS 1924-2：1990 的第 2.1.5 条中给出了详细描述。

　　已表明该仪器可以提供一种测定包括粉砂在内的颗粒土的最大密度（最小孔隙度）的方法，可以替代第 3.7.2 和 3.7.3 节所述的方法。

参考文献

BS 1924：Part 2（1990）Methods of test for stabilized materials for civil engineering purposes. British Standards Institution，London.

Dennehy，J. P.（1988）Interpretation of moisture condition value tests. Ground Engineering，January 1988.

Lindh，P. and Winter，M. G.（2003）Sample preparation effects on the compaction properties of Swedish fine-grained tills. Quarterly Journal of Engineering Geology and Hydrogeology，Vol 36：Part 4：321-330.

Little，A. L.（1948）Laboratory compaction technique. Proceedings of the 2nd International.

Conference on Soil Mechanics and Foundation Engineering，Rotterdam，Paper II g 1.

McLeod，N. W.（1970）Suggested method for correcting maximum density andoptimummoisture content of compacted soils for oversize particles. ASTM STP 479.

Maddison，L.（1944）Laboratory tests on the effect of stone content on the compaction of soilmortar. Roads and Road Construction，Vol. 22，Part 254.

Markwick，A. H. D.（1944）The basic principles of soil compaction and their application. Institute of Civil Engineers London. Road Engineering Division，Road Paper No. 16.

Matheson，G. D. and Winter，M. G.（1997）Use and application of the MCA with particularreference to glacial tills. TRL Report 273. Transport Research Laboratory，Crowthorne，Berks.

Parsons，A. W. （1976） The rapid measurement of the moisture condition of earthwork-material. TRRL Laboratory Report 750. Transport Research Laboratory，Crowthorne，Berks.

Pike，D. C. （1972） Compactibility of graded aggregates：I. Standard Laboratory tests. TRRLLaboratory Report LR447. Transport Research Laboratory，Crowthorne，Berks.

Pike，D. C. and Acott，S. M. （1975） A vibrating hammer test for compactibility of aggregates. TRRL Supplementary Report 140 UC. Transport Research Laboratory，Crowthorne，Berks.

Proctor，R. R. （1933） Fundamental principles of soil compaction. Engineering News Record，Vol. 111，No. 9.

Taylor，D. W. （1948） Fundamentals of Soil Mechanics. Wiley，New YorkTransport and Road Research Laboratory （1952） Soil Mechanics for Road Engineers，Chapter 9. HMSO，London.

Williams，F. H. P. （1949） Compaction of soils. Journal of Institute of Civil Engineers，Vol. 33，No. 2.

Wilson，S. D. （1970） Suggested method of test for moisture-density relations of soils using Harvard compaction apparatus. Special procedures for testing soil and rock for engineering purposes. ASTM STP 479.

Winter，M. G. （2001） Application of soil acceptability forecasts. TRL Report 484. Transport Research Laboratory，Crowthorne，Berks.

Winter，M. G. （2004） Determination of the acceptability of glacial tills for earthworks. Quarterly Journal of Engineering Geology and Hydrogeology，Vol 37：Part 3：187-204.

延伸阅读

American Association of State Highway Testing Officials （1986） Standard specification for highway materials and methods of sampling and testing. Designation T99-38，Standard laboratory method of test for the compaction and density of soil. AASHTO，Washington DC.

American Foundrymen' s Association （1944） Foundry Sand Testing Handbook，Section 4. American Foundrymen' s Association，Chicago.

MacLeans，D. J. and Williams，F. H. P. （1948） Research on soil compaction at the Road Research Laboratory. Proc. 2nd Int. Conf on Soil Mech. and Found. Eng. ，Rotterdam.

第7章
土的描述

本章主译：卞夏（河海大学）

7.1　简介

7.1.1　土的性质

适用于岩土工程的土定义见第 1.1.7 节，并且在第 7.2 节中也会再次进行说明。地质学、土壤学和农业领域中采用的定义不同，在岩土工程中，土的显著特征是其颗粒性和颗粒形成的多孔结构。

支持植物生长的表面腐殖质土层相对较薄，通常并不重要，除非它特别厚。

如第 4 章所述，大多数天然土由砾石、卵石、砂砾、砂、粉砂和黏土等颗粒组成。广泛的有机质沉积物，特别是泥炭，虽然通常是纤维状而不是颗粒状的，但也被包括在土的定义之内。天然物质，如放置在路堤中的黏土，砾石，或煤矿和采石场的废料，虽然已受到扰动，虽已被人类干扰，但也包括在内。除此之外，还可以加入一些人造材料，如炉渣、发电厂排放的粉煤灰（PFA）、建筑用碎石和生活垃圾。

7.1.2　土的起源

大多数天然土是由受到物理、化学或生物风化侵蚀作用的岩石分解产物组成。风化物质可能作为沉积物被搬运和沉积在其他地方，也可能作为残积土留在原地。

1. 沉积物

沉积物的主要类型及其成因模式可概括为：

风积物是风化作用形成的沉积。它们包括沙漠砂粒和黄土粉土，以及一些可能是由冰川沉积物风蚀形成的砖土。

火山碎屑沉积物是由火山喷发并沉积在陆地或水中的各种大小的颗粒材料，细火山灰层也可能与黄土沉积物互相夹杂在一起。

冰川沉积物是由冰川及其融水以各种形式沉积而成的各种粒度的物质，通常是无夹层的，具有各种形式和来源。这些沉积物在英国被广泛地称为漂石黏土。

冰缘沉积物是在近冰期条件下由冻胀和溶蚀作用形成的。其中一个例子是头状沉积层（峡谷岩石）。

湖相沉积物是指淡水或咸水湖泊中沉积的物质，包括冰川湖沉积物。

冲积沉积物是由细粒冲积物、河堤、河阶地、河道砾石等组成的河流堆积物。

河口沉积物是沉积在形成泥滩和河流三角洲地区的河流潮汐区的物质。

海洋沉积物是存在在海洋各个层面的各种物质，如深海淤泥、贝壳滩、珊瑚礁和海滩沉积物。

2. 残积土

这些土通常是在热带气候下，由岩石的深层化学风化在原地形成的。因此，一些组分通常会被移除，最终形成黏土沉积层。主要的土类型在英国地质学会《热带残积土修订报告》（1997）的表3.2中进行了总结。

7.1.3　鉴别土的必要性

由于土的种类繁多，因此有必要对土进行描述和分类，以便能够简洁明了地表达其特征，并被岩土工程师所普遍接受和理解。土的工程性质在很大程度上是由它的物理性质和性状决定的，所以仔细的目测和一些简单的试验可以提供对土有价值的初步评估。

没有任何两个场地是相同的，鉴别和描述系统必须具有足够的灵活性，以联系到相关关键特征以及应查明的问题。然而，对于给定的地点，必须理解描述系统的特定细节并一致地应用。

本章介绍了在土工实验室中对土试样进行的常规可视化描述。有些陌生类型的土可能需要更详细的研究，例如采用矿物分析法来鉴定黏土矿物，但这需要更专业化的设施。

7.1.4　实验室描述

在开始对土试样进行试验之前，应该对其进行检查并记录观察结果。如果仔细准备，这种初步描述可以提供有价值的信息，可以将现场观察和实验室试验结果联系起来。

第一个要求是根据样本的位置、编号和其他细节记录样本的身份，如第1.4.2节所述。每一份描述表都应至少标明试样的识别号码、日期以及准备描述的人的姓名和签字。适用于记录样品描述的表格如图7.1所示。

应使用下列各节中提供的公认术语简要而清楚地描述试样。描述不仅要包括所看到的内容，还要包括通过处理土所感觉到的，以及在适当的情况下，可以闻到的气味。方法将取决于土的类型是四种主要类别（第7.3节）中的哪一种。每种主要类型的详细步骤见第7.4.6节。它们是根据BS 5930：1999第6节第41条规定的原则，并对复合土类型做了一些修改。

7.1.5　土描述设备

对一批样品进行特定操作时，需要特殊的设备。对土的描述应在光线充足、工作区域宽敞的工作台上进行。自然光最好，避免阳光直射。如果需要人造光，应按照荧光管的颜色匹配标准。普通的钨丝灯泡会造成颜色的失真，特别是土中经常出现的土褐色、绿色和蓝色。描述工作台应在水龙头和水槽附近，水槽中的废水应配有隔泥池。

对土描述有用的设备和工具包括：

用于拆箱和打开试样的工具；清洗装有蒸馏水的瓶子；顶出原状试样用的挤压机；装在带滴管的瓶子中的盐酸（0.2mol/L）；小刀；150mm钢尺；工匠刀；试样描述表；各种大小型号的刮刀；水分含量表；镊子；剪贴板；放大镜（10倍放大）；普通的白纸。手提

地点	BRACKNELL				地点编号	2456

描述人	P.D.J.				钻孔编号	6

日期	1978-03-01				工作表编号	4-1

试样编号	类型*	试样管编号	深度(m) 起	深度(m) 止	% recovery	视觉描述
1	D		G.L.	0.25		有植物根的暗褐色表土
						带有植物根
2	T		0.25	1.40		黄棕色细粉质砂
						含少量细—中等砾石的砂
3	D		1.40	1.60		较硬的蓝灰色黏土，偶有棕色斑点
4	U100	18978	1.60	2.05	100	顶部：同3
						底部： 较硬一硬的蓝灰色带裂缝的粉质黏土
5	D		2.05	2.1		同4的底部
6	U100	16373	2.1	2.55	60	顶部：同5
						底部： 灰绿色细—中砂，含棕色粉砂带
7W	W		2.4			地下水
8	B		2.7	3.4		褐色的砂和砾石，偶有灰色软黏土

	备注
*U100，U38等：未扰动样(数字代表直径)	
D：扰动样，T：桶装样，C：土芯(直径表示为mm)	
B：块体，W：水，P：活塞	工程师 签名

图 7.1 试样描述表格

式土贯入仪，或手动十字板；蜡壶，蜡，刷子，薄纱；表面皿；铝箔；小勺；薄膜包装；研钵；多余的塑料袋、玻璃瓶；筛子（63μm）和收集器；标签、记号笔（防水）。铝或镀锌钢托盘；装在水龙头上的橡胶管；小刷子；擦拭布；玻璃和塑料的烧杯；指甲刷；玻璃搅拌棒；垃圾箱。

7.2 定义

土 地壳中由离散颗粒（通常是矿物，有时是有机质）组合而成的自然形成的沉积层，这些颗粒可以用温和的机械方法与数量不等的水和气体（通常是空气）一起分离。

鉴定 通过目测或指标测试确定土的主要特征。

描述 基于视觉检测、触觉、嗅觉和简单的手动试验，完成关于土特征的书面报告。

分类 根据标准的试验指标，把土分成若干组，每一组都有某些特性的固定界限。

指标试验 相对简单的试验，包括与密度、颗粒密度、颗粒大小和塑性相关的试验（不同于测定强度和压缩性等力学性能的试验）。

沉积物 土由岩石风化作用产生的材料组成，这些材料通过各种方式运输并沉积在其他地方。

残积土 岩石风化作用后留在原地的，没有被运输的土。

7.3 土的鉴定

7.3.1 主要特征

在进行土的工程描述时，应考虑以下因素：

（1）土形成的质量特性；

（2）材料特性；

（3）地质构造，类型和年龄；

（4）分类组；

（5）任何其他相关信息。

实验室描述主要涉及第2项土的材料特性，可以采用未扰动或扰动样品进行描述。第1项质量特性，只能通过现场来进行合适的描述，尽管可以从未扰动的样品中获得有限数量的信息。第3项，把土界定到一个特定的地质形成或时期，需要有专业的地质知识，在这方面应避免任何推测。第4项分类组，如在第2.4.2节中提到的细粒土，在第4.4.2节中提到的是粗粒土。

第5项规定，在检查时应记录样品的一般状态及其包装和保存情况的观察，以及可能注意到的任何异常特征或特征变化（见第1.4.3节）。

7.3.2 土类

土大致可分为四大类：

（1）巨粒土：漂石和卵石；

（2）粗粒土：砂砾和砂土，也称粒状土或无黏性土；

（3）细粒土：粉土和黏土，也称黏性土；

（4）有机质土。

巨粒土包括平均直径大于 60mm 的颗粒（实际上，颗粒保留在 63mm 的筛上）。直径达 200mm 的称为卵石，大于 200mm 的称为漂石。这些大颗粒超出了通常认知中土的尺寸范围，如果存在，在试图对试样进行分类或描述之前，应该先将其通过物理或视觉方式将其去除。

通过 63mm 筛子的材料在这里被称为土，并根据以下原则进行描述。无机粗粒土和细粒土的特性分别在第 7.4 节和第 7.5 节中详细描述。有机土和其他土类型将在第 7.6 节中介绍。

大多数土是属于上述粒径类别中至少一种粒径的复合混合物。通常一个大小范围占主导地位，这提供了主要的描述性名称。

表 7.1 总结了公认的岩土分类系统，该表源自 BS 5930：1999 第 6 节的表 13。在这个表格中，粗粒土中直径小于 0.06mm 的颗粒含量小于 35%（按干质量计算），主要成分是砾粒（2~60mm 的颗粒）和砂粒（0.06~2mm 的颗粒）。细粒土中含有 35% 以上的直径小于 0.06mm 的颗粒。它们主要由粉粒（0.002~0.06mm）和黏粒（小于 0.002mm）组成。有机土中含有大量的有机质（主要是腐烂的植物残骸）。它们包括泥炭、在淤泥中原位形成的沉积物，以及有机和无机成分的侵蚀或运输混合物。每个主要的土类将在下面一节单独讨论。

对于无机土，35% 细颗粒含量的分界标准只能提供一般的参考。其他必须考虑的因素包括细颗粒的类型、土组成和整体分级，以及以一致的方式考虑次要成分。仅仅基于定量标准的描述不一定能反映原位土的工程性质和质量特性。土是应该描述为粗或细的一个简单指标是它潮湿时的性状。如果土体粘在一起，即使它可能含有粗粒物质，但它含有足够的黏粒和/或粉粒来提供黏聚力和塑性，可以描述为细粒。如果土块不粘在一起，没有表现出黏聚力和塑性，则应描述为粗颗粒。

图 7.2 有助于了解主要的土类型。它来自 BS 5930：1999 第 6 节的表 12。（参见欧洲标准 EN ISO 14688-1：2002 第 1 部分）

这里没有对白垩的描述，主要是因为在 BS 5930 中它被归类为岩石，而不是土。白垩的特性只有在现场目测才能得到满意的结果。用于黏土的描述术语，如软或硬，在用于描述白垩时可能会产生误导。洛德、克莱顿和莫蒂默（Lord，Clayton 和 Mortimore，2002）给出了白垩工程描述的指导。

7.3.3　鉴定图表

表 7.1 中给出的鉴定图为土的可视化命名和描述提供了关键。它包括描述复合土类型的例子。

主要的分界线将土分为三类：粗粒土、细粒土和有机土，如第 7.3.2 节所述。无机土按其粒径或塑性进一步细分。这三类土的特征在第 7.4 节（粗粒土）、7.5 节（细粒土）和 7.6 节（有机土）中有更详细的描述。

表 7.1 按照以下标准可用于描述土：颗粒的大小、塑性、颗粒的性质、密实度或强度、颜色、结构或混合基本类型的次级成分。

表 7.1 所使用的术语是在岩土工程意义上被普遍接受的术语，有时可能与地质或口语用法不同。

土的鉴定和描述

土类	密度/密实度/强度 术语	试验	不连续性		层理		颜色	复合土类型（基本土类型混合）
巨粒土	松散 / 密实	通过检查空隙和颗粒堆积	不连续面间距尺度 术语	平均间距(mm)	层理厚度尺度 术语	平均厚度(mm)	红色 橙色 黄色 棕色 绿色 蓝色 白色 乳白色 灰色 黑色	涉及巨粒土的混合物，参见41.4.4.2
粗粒土（65%以上土砂土和卵石）	标准贯入试验(SPT)N值		非常宽	>2000	非常厚	>2000		基本土样分类前的描述 ∥ 次生成分约占(%)[c]
	非常松散	0~4	宽	2000~600	厚	2000~600		微砂质(d) <5
	松散	4~10	中等	600~200	中等厚	600~200		砂质(d) 5~20[b]
	中等密实	10~30	紧密	200~60	薄	200~60		强砂质(d) >20[b]
	密实	30~50	非常紧密	60~20	非常薄	60~20		砂土和卵石 约50
	非常密实	>50	极度紧密	<20	较厚的薄层	20~6		
	轻微胶结	外观检查；锄头可以清除块状的、可磨损的土	裂缝的	沿着未抛光的不连续面分成块	较薄的薄层	<6	必要时可补充	
细粒土（35%以上土粉土和黏土）	不密实的	容易在指间塑形或压碎			夹层	不同类型的交替层。如果比例相同，则用厚度项进行资格预审。否则定义下级层之间的厚度和间距	亮的 暗的 杂的	基本土样分类前的描述 ∥ 次生成分[c]约占%
	密实的	手指能被强大的压力压出或压碎	剪切的	沿着未抛光的不连续面破碎成块				微砂质 <35
	非常软的	手指很容易插入25mm（小于20kPa）						砂质 35~65[a]
	软的	手指插入10mm（20~40 kPa）	间距术语也用于描述各部分之间的距离、隔离层或薄层、干燥裂缝、细根等		间层			强砂质 >65[a]
	较硬	拇指能轻松留下痕迹（40~75kPa）						
	硬	用拇指只能留下轻微的压痕（75~150kPa）						
	很硬	可用拇指甲留下痕迹（150~300kPa）						
	坚硬（或极弱泥岩）	能用拇指指甲刮擦（>300kPa）						
有机土	较硬	纤维组织已被压缩到一起	纤维状	植物仍然是可识别的，并保留了些强度	运输的混合物 / 微有机黏土或粉砂微有机砂		颜色 / 矿物灰	
	松软的	可压缩性强，存在空隙	伪纤维状	植物仍然是可识别的，强度损失	有机质黏土 / 有机质粉土 / 强有机质黏土 / 强有机质粉土		暗灰色 / 暗灰色 / 黑色 / 黑色	
	塑性	可在手上塑形并弄脏手指	无定形状态	没有可识别的植物	原位堆积 / 泥炭			
描述案例		疏松的褐色砂质次棱角状的细到粗的燧石砾石，有小的黏土囊(可达30mm)。（台地砾石）			中等密度浅棕色砂砾质黏土质细砂。砾石很细。（冰川沉积物）			

（来自 BS 5930：1999）　　　　　　　　　　　　　　　　　　　　　　　　　　　表 7.1

微量组成类型	颗粒形状	颗粒尺寸/mm	主要土类型	视觉识别	微量组成	地层
钙质、贝壳状、海蓝质、云母质等	角 稍有棱角的 次圆形的 圆形的 平的 扁平的 细长的	— 200 — 60 粗糙的 — 20 中等的 — 6 细的 — 2	漂石	只能在凹坑或外露处看到完整的	贝壳碎片、泥炭袋、石膏晶体、细砾石、砖块碎片、细根、塑料袋等	（新近沉积物）；（冲积层）；（风化微威黏土）；（早保罗纪黏土）；（路堤填土）；（表土层）；（人造地层或冰川沉积物）
			卵石	通常很难从钻孔中恢复完整		
			砾石	肉眼可见； 颗粒形状可以描述； 分级可以描述		
		粗的 — 0.6 中等的 — 0.2 细的 — 0.06	砂土	肉眼可见的； 干燥时无黏聚力； 分级可以描述		
在特定地点或材料的基础上或主观上定义的		粗的 — 0.02 中等的 — 0.006 细的 — 0.002	粉土	用放大镜只能看到粗糙的淤泥； 可塑性差，膨胀性明显； 微颗粒状或触感柔滑； 在水中分解； 隆起块干燥迅速； 具有黏合力，但容易在手指间磨成粉末	在特定地点或材料的基础上或主观上定义的	
			黏土/粉土	在黏土和淤泥之间起媒介作用。 稍微扩展		
微钙质的	钙质的	非常钙质的	黏土	干燥的块状物可以打碎，但不能在手指间磨成粉末；会在水下分解，但速度比淤泥慢； 手感光滑； 可塑性强，无膨胀性； 粘在手指上慢慢变干； 干燥后收缩明显，通常有裂缝	含少量含有	偶尔含有	含大量

含有细小的或分散的有机物颗粒，通常有独特的气味，可迅速氧化。用上述术语描述无机土

注：
(a) 或描述为粗粒土，取决于质量性状
(b) 或描述为细粒土，取决于质量性状
(c) 粗或细粒土类型评估，不包括鹅卵石和卵石
(d) 砾质或砂质和/或粉质或黏土
(e) 砾质和/或砂质
(f) 砾质或砂质

主要为植物残体，通常为深褐色或黑色，气味独特，体密度低。可含有浸染的或分散的矿质土

坚硬，剪切紧密，橙色斑驳，褐色，微砂，微砾质黏土。砾石较细，中等为圆形石英岩。（再沉积风化伦敦黏土）

坚实的薄层灰色黏土与紧密间隔的厚层砂。（冲积层）

塑性、棕色黏土、无定形泥炭。（新近沉积物）

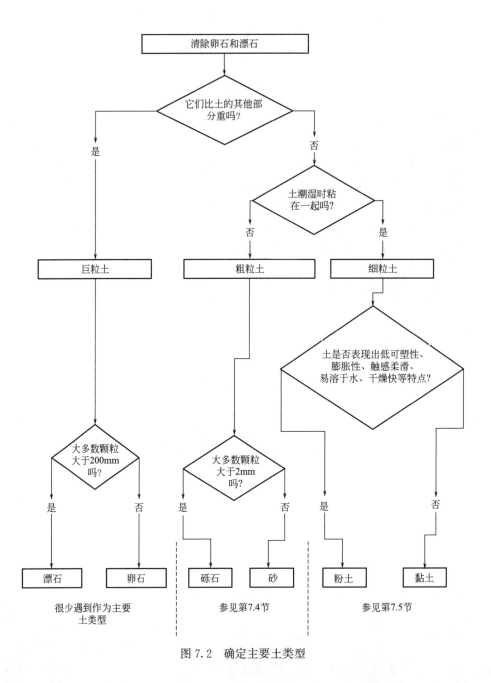

图 7.2　确定主要土类型

7.4　粗（粒）土的描述

7.4.1　粒径

　　砾石（2～60mm）和砂土（0.6～2mm）的粒径范围及其粗、中、细的分类见表 7.1，并在第 4.3.2 节中进行过讨论。

　　砾石颗粒的形状和表面纹理易于观察和处理。砂粒肉眼可见。砂粒有一种像砂的感觉，干燥时几乎没有黏聚力。

如第 4.4.2 节所述，主要的级配特征（即在工程意义上土是均匀级配、良好级配还是不良级配）通常可以用肉眼来估计，并应注意作为可视化描述的一部分（这些关于级配的术语对地质学家有不同的含义）。

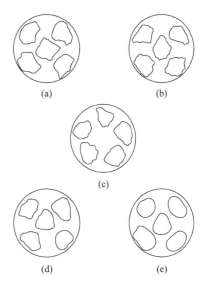

7.4.2　颗粒的性质

砾石和粗砂颗粒的描述应包括单个颗粒的形状。棱角度或圆度用棱角形、次棱角形、次圆角形、圆角形或全圆角形来表示，如图 7.3 所示。如果不是近似等维的，一般形状可以被描述为扁平的、细长的、扁平细长的或不规则的。

表面纹理的表示应包括在内，通常术语为粗糙、光滑或抛光。

构成土颗粒的岩石类型通常只有地质学家才能确定。但是，如果颗粒是一种很容易识别的类型，例如白垩或砂岩的碎片，这可能包括在描述中。

图 7.3　颗粒的形状
(a) 棱角形；(b) 次棱角形；(c) 次圆角形；
(d) 圆角形；(e) 全圆角形

7.4.3　复合土

许多土的颗粒大小包括两种或两种以上的基本土类型。砂粒和砾石大小的混合物的组成描述中用下列术语表示。主要成分用粗体印刷：

术语	近似质量组成
微砂质砾石	5%的砂粒
砂质砾石	5%～20%的砂粒
高砂质砾石	20%～40%的砂粒
砂/砾	砾石和砂粒的比例大致相等
高砾石质砂	40%～20%砾石
砾石质砂	20%～5%砾石
微砾石质砂	5%的砾石

如表 7.1 所示，含有细粒物质（粉土或黏土，或两者都有）作为次级成分的粗粒土，用微黏质、黏质或极黏质（或类似地用粉质）来描述。如果土在干燥时没有黏聚强度，那么这些细粒就是非塑性的，不含黏土。有时，沉积物可能有一种由于其组成而与众不同的次级成分，在这种情况下可以提到这种成分。例如，如果砂粒里含有小片闪亮的云母，它就被描述为含云母的。

次级成分可能包括有机质，这将在第 7.6.1 节中讨论。

7.4.4　密实度

颗粒土的密实度（相对密实度）状态只能通过现场试验和经验来评估，因此该因素不包括在实验室描述中。然而，颗粒可能会粘合在一起，在这种情况下，土将被描述为胶结的。如果土块很容易被磨蚀，那么土是弱或轻微胶结。

在一些砂粒中，颗粒上的一层细颗粒会使它们粘在一起，看起来像是胶结的。浸泡在水中后，颗粒会迅速散开，这种类型的土不应被描述为胶结的。

7.4.5 颜色

表 7.1 中列出的颜色以及下面列出的限定形容词足以用于一般描述。孟塞尔土色卡（Munsell Soil Colour Chart）可用于更详细的颜色分类。或者，参考样品或特制的颜色图表有助于保持说明的一致性。颗粒土的颜色应该基于整体外观，而不是单个颗粒。

7.4.6 结构

用来表示土结构（不连续面和层理）的典型术语见表 7.1。这些特征通常不能在扰动试样中观察到。

第 7.5.8 节中提到了与细粒土有关的层理和分层，但在颗粒土中可能存在类似的特性。

7.4.7 术语总结

颗粒土通常按以下顺序描述：主要土类型用大写字母、下划线或粗体书写。

密实度，或是否胶结

颜色

结构

次级成分

颗粒性质

级配

主要土类型

微量成分

其他备注

表 7.2 总结了描述粗粒土的术语。这包括在第 8 栏中一些关于可能存在的微量成分的典型描述。表 7.2 底部给出了三种描述土的例子。

7.5 细（粒）土的描述

7.5.1 粒径

细粒土由颗粒小于 0.06mm 的粉土和黏土组成。粉土是由 0.002～0.06mm 大小的颗粒组成，细分为粗、中和细，如表 7.1 所示。粗粉土的颗粒可以只凭借肉眼看到，但在高倍放大镜（10 倍放大倍数）下一般可以看到黏土颗粒。

形成黏土的颗粒由复杂的矿物组成，它们大多呈扁平状、板状或细长状，其尺寸小于 0.002mm。然而，如果这种尺寸的颗粒不是真正的黏土矿物，而是由非常细的颗粒（如岩粉）组成的，那么这种物质就不是黏土，而是粉土。

在描述细粒土时，首先要确定是粉土还是黏土。

7.5.2 粉土的鉴定

粉土的塑性很小，触感光滑，它在手上干燥迅速，可以被掸去。块体干得很快，干燥时呈颗粒状，易粉化。放置在水中的小块迅速分解成单个的颗粒，需要几分钟才能沉淀下来。当在试样管中松散时，粉土可能会塌落，水会从土中排出。

粉土在进行以下简单的手工测试时表现出膨胀性。润湿一点土，使其柔软但不粘黏，然后将其放在一只张开的手掌中。摇一摇手，在另一只手上轻拍几下。土表面出现有光泽的水膜表明其具有膨胀性。用手指按压小土块，随着小土块变硬并最终碎裂，表面会再次失去光泽。这些反应表明主要存在的是粉土大小的材料或细粒砂，前提是水分不过量。潮湿的粉土容易碎裂，很难卷成土条。

粗粒土的术语和描述　　表 7.2

相对密实度 (1)	颜色 (2)	岩性 (3)	次生成分 (4)	颗粒性质 (5)	等级 (6)	主要土类型 (7)	主要成分 (8)
很松散	亮色	成层	黏土	棱角形	细	漂石	含有很多晶体
松散	暗色	层积	粉土	次棱角形		卵石	
中等密实	杂色		砂	次圆角形	中等	砾石	有分散的砾石
密实	浅粉色		砾石	圆角形		砂	
很密实	微红色			扁的	粗	粉土	
	浅黄色	很厚		细长的			偶有贝壳
	棕色	厚		平的	级配良好		
	橄榄色	中等		球形的			
				管状的			泥炭带、黏土带、黏土透镜体、支根、部分粉土等
	浅绿色	薄			级配不良		
	浅蓝色	很薄					
	浅灰色		泥炭				
			云母	粗糙	间断级配		
	粉色			光滑			
	红色			抛光			
	黄色				均质		
弱胶结	棕色						
	橄榄色						
	绿色						
	白色						
	灰色						
	黑色						

7.5.3　黏土的鉴定

黏土最重要的特性是其黏聚力和塑性。如果在适当的含水率下，将颗粒紧紧地攥在手中，形成一个相对牢固的团块，那么土就会表现出黏聚力。如果它可以变形而不破裂（即不丧失其黏聚力），它就具有塑性。黏土比粉土干得慢，粘在手指上时不能擦干。它具有光滑感，用刀片切割时呈现滑腻的外观。较软的稠度表现得像黄油，而较硬的稠度表现得像奶酪。干硬的块状物可以在手指间弄碎，有时很困难，但不能粉末状。放在水中的块体保持完整。

黏土不表现出膨胀性。块状土在干燥过程中明显收缩，并出现裂缝，裂缝越明显，塑性越高。当黏土的含水率在塑性范围内时，黏土可以很容易地卷成直径为 3mm 的条（在塑限试验中），这些条可以在一段时间内支撑自重。高塑性黏土的土条相当坚韧；而低塑性黏土则更软、更脆。

7.5.4　塑性

根据细粒土的塑性以及液限将其细分为非塑性土和若干塑性范围，在第 2.4.2 节中进行了讨论。仅通过观察可能无法将黏土指定为特定塑性范围，但通常可以评估其是否为低塑性（L）或高塑性范围（U），后者包括塑性图表中的 I、H、V 和 E 组，如图 2.6 所示。

7.5.5　复合土

细粒土很少完全由粉粒或黏粒组成，通常两者兼而有之。黏土矿物的性质是，在黏土-粉土混合物中相对较小比例的黏土就足以赋予这种材料黏土的性质，在这种情况下，它被简单地描述为黏土。例如，中等塑性（占比较少）的黏土可能只含有 10%～20% 的黏土颗粒，而高塑性（占比较多）的黏土可能含有 50%～70% 的黏土颗粒。示例在第 4.4.3 节中给出。

细粒和粗粒材料混合组成的土的描述取决于哪一种物质占主导地位。例如，根据存在黏粒的近似百分比，砂可能被描述为微黏性、黏性或高黏性。如果黏土占主导地位，土将被描述为砂质黏土或含少量砂的黏土。表 7.1 中概述了用于描述各种次级成分比例的术语，包括粗粒土和细粒土两部分。

次级成分可能包括有机质，这将在第 7.6.1 节中讨论。

7.5.6　强度

下列描述提供了原状黏土抗剪强度的指标：

很软　握紧拳头时，会从手指间渗出。一根手指可以很容易地插入 25mm 左右。用刀可以很容易地从试样管中切下来。在挤压时容易塌陷。

软　很容易用手指进行塑形。手指可以推入 10mm 左右。在挤压时可能容易塌陷。

较硬　可通过手指的强力挤压成型。用拇指会留下痕迹。

硬　不能在手指上塑形，用拇指只能留下轻微的印痕。用刀切割需要一些力气。

很硬　易碎或非常坚硬。很难用刀切割。

坚硬　用拇指不会留下任何痕迹。

当一个试样处于临界状态时，它可以被描述为软到较硬，或较硬到硬。当一些软的或较硬的黏土在手上处理时，会变得非常软；如果材料尚未因取样而受到干扰，则真实稠度为原始稠度。非常软的黏土容易发生这种情况。可以使用微型贯入仪（图 7.4）或微型十字板（图 7.5）同时参考表 7.3，进行稠度的初步评估。这些装置只能用于描述黏土的稠度，而不能作为确定工程抗剪强度的手段。

粉土被描述为：

软或松散：容易在手指上成型，易坍塌，水分易流失。

硬或密实：可以在手指的强大压力下成型且不塌陷。

图7.4   微型十字板剪切仪

图7.5   微型贯入仪（照片由 ELE 国际提供）

黏土的稠度

表7.3

黏土的稠度	不排水抗剪强度(kN/m^2)
很软	<20
软	20～40
软到较硬	40～50
较硬	50～75
较硬到硬	75～100
硬	100～150
很硬	>150

7.5.7   颜色

参考第 7.4.5 节。

在细粒土中，斑点图案可能表明风化作用。深棕色、深灰色或黑色的颜色可能表明存在有机质，这可以通过气味得到证实。部分干燥时颜色的变化可以揭示结构（构造）细节，而这些细节在天然含水率下并不明显。有些颜色在光照和空气中暴露一段时间后会变得不稳定，所以颜色只能通过刚暴露的表面来描述，任何颜色的快速变化都应该被记录下来。

7.5.8 结构

基本上由一种土类型组成的沉积层称为均质沉积层。如果在描述中没有出现叠层或裂缝，则说明土是完整的。

黏土沉积层中各层的存在是由于层理造成的。如果层理间距大于 20mm，则将黏土描述为层状的（薄的、中等的或厚的）。层理间距比例尺见表 7.1。黏土中的分层可以由非常薄的粉土或厚度为 0.5mm 的砂层分隔开，这层砂被称为夹层或薄层。如果这些叠层都很规则，而且从砂到粉土再到黏土的过渡都很好，每一层都代表一个季节性的沉积周期，那么这些黏土就被称为"变化成层的"，但该术语通常保留用于冰川湖沉积物。

如果黏土具有不连续性，且这些不连续性不一定与层理面有关，即为裂缝。它会沿着裂缝表面分裂成不规则的块状，可以用抛光、条纹或暗淡来描述。任何填充物的性质都应报告。当用手操作时，非常连续的裂缝可能会导致黏土分解成碎屑，含粉土率高也会产生同样的效果，这种黏土易碎。

裂缝间距比例见表 7.1。

7.5.9 术语总结

细粒土通常按以下顺序描述：强度；颜色；结构；不连续性；次级成分；主要土类型；微量成分；其他标记。

表 7.4 总结了用于描述细粒土的术语。在表格的底部给出了 3 个描述示例。

细粒土的术语和描述　　　　　　　　　　　　　　　　　　　表 7.4

强度（1）	颜色（2）	岩性（3）	不连续性（4）	次生成分（5）	主要土类型（6）	微量成分（7）
很软		层状的	有裂缝			
软		分层的		含砂的	黏土	
较硬	见表 7.2		很宽松	含砾石的		见表 7.2
硬		很厚	宽的	粉质	（粉土）	
很硬		厚	中等	含泥炭的		
坚硬		中等	紧密	含白垩岩的		
		薄	很紧密			
		很薄	非常紧密			

（a）很硬（1）灰色（2）厚层（3）粉质（5）黏土（6）带有粉土颗粒（7）
（b）较硬（1）橄榄棕色（2）薄层（3）有紧密裂缝（4）黏土（6）
（c）软（1）微红棕色（2）黏土（6）厚夹层（3）带有红色（2）细砂（7）

7.6 其他土类型的描述

7.6.1 有机土

有机土以植物残骸为主，通常为深棕色、深灰色、黑色或蓝黑色，且通常具有独特的气味、体积密度低。矿物土可包含广泛分布的有机质，这种物质会产生类似的深色，暴露在空气中往往会氧化成棕色。

表层土含有根或支根及活的植被，但植物的支根可以穿透得更深。无论在何处发现其他有机残留物的支根，都应报告其所在位置及频率，例如，是作为垂直的支根还是作为水平的须根。这些特征对排水特性有重要影响。支根的直径，以及它们是封闭的、开放的还是填充的，也很重要。

部分分解的有机质可称为泥炭（见第 7.6.2 节）。当单独的叶、根、细枝和树枝等结构被发现则意味着它可能是纤维状的，当然也有可能是无定形的，即没有明显的结构且样品看起来像深棕色或黑色的淤泥。如果它是坚硬的，说明材料已经被压缩，不容易用拇指产生凹痕。如果是海绵状的，则很容易鉴别，试样可能渗出棕色的水。无定形泥炭通常是塑性的。泥炭常与黏土一同出现，所以也可能是黏土质。煤和褐煤应如此描述，而不是简单地描述为有机质，因为与泥炭相比，它们是相对坚固且不可压缩的材料。

有机土很难形成土条，所以非常脆弱。块状的有机土很容易碎裂。

7.6.2　泥炭的特点

1. 构成

泥炭的构成与无机土有很大的不同，对其工程性能有着重要的影响。它们不是完全由单个矿物颗粒组成，而主要由植物残骸组成，如茎、根和叶细胞，这些残骸可能处于腐殖化分解的不同阶段。泥炭的范围涵盖了几乎没有腐化的粗纤维材料到无定形的外观呈颗粒状的高度腐殖化的黑色泥炭。根据冯·波斯特（von Post）体系的腐殖质化程度可以通过下面描述的简单试验来评估（von Post，1924；Landva 和 Pheeney，1980）。

2. 根据"冯·波斯特"试验进行分类

取一把泥炭，捏在手心。检查手指间挤出的液体或其他物质，以及留在手掌中的残留物。通过将观察结果与表 7.5 中的描述进行比较，可以基于冯·波斯特体系（$H_1 \sim H_{10}$）评估腐殖质化和分解程度。

3. 工程性质

泥炭的颗粒密度约为 1.4～2.5，取决于泥炭中的矿物质的数量。在高有机泥炭中，大部分有机质在灼烧试验中损失（第 5.10.3 节）。平均颗粒密度可以通过以下方程从灼烧损失中得到：

$$\rho_s = \frac{3.78}{\left(1.3 \times \dfrac{N}{100}\right) + 1.4} \quad \mathrm{Mg/m^3}$$

式中，$N\%$ 为灼失量。这是基于假设的颗粒密度，一般设矿物颗粒为 $2.7\mathrm{Mg/m^3}$，有机质颗粒密度为 $1.4\mathrm{Mg/m^3}$（Skempton 和 Petley，1970）。

未固结的泥炭通常含有 75%～95% 的水（按体积计）。孔隙率在 5～20 之间，水分含量达到百分之几百（有时甚至超过 1000%）都是很常见的。孔隙还包括腐殖质化过程中产生的气体。

泥炭腐殖化程度（von Post 体系）（Landva 和 Pheeney，1980） 表 7.5

腐殖化程度	分解作用	描述	指间挤出的物质	手中残留物
H_1	无	完全未转化的泥炭	清澈，无色的水	
H_2	略微	几乎完全未转化的无泥泥炭	微黄色的水	
H_3	很轻微	很轻微的转化或很轻微含泥的泥炭	棕色，浑水；没有泥炭	非糊状
H_4	轻微	轻微转化或有些含泥的泥炭	深棕色，浑水；没有泥炭	有点糊状
H_5	中等	当相当转化或含泥相当的泥炭，植物结构仍然非常明显	浑水和一些泥炭	浓稠，糊状
H_6	中强	转化相当或含泥相当的泥炭，植株结构不清，挤压后更明显	大约三分之一的泥炭被挤出；水深棕色	很浓稠
H_7	强	转化相当良好或含泥相当的泥炭；植物结构仍然可辨	约一半的泥炭挤出，稠度像粥；任何挤压出的水都是深棕色的	
H_8	很强	转化良好或含泥非常多的泥炭，植物结构非常模糊	大约三分之二的泥炭被挤出，还有一些糊状的水	抗分解的植物的根和纤维
H_9	几乎完全	几乎完全转化或泥状泥炭，植物结构几乎无法辨认	几乎所有的泥炭都被挤压成相当均匀的糊状物	
H_{10}	完全	完全转换或完全泥状泥炭，没有植物结构可见	所有的泥炭都从指间流过；看不到游离水	

H_1～H_3 类别的泥炭可被描述为纤维状，H_4～H_7 可被描述为伪纤维状，H_8～H_{10} 可被描述为无定形状态。

7.6.3 人造土

对于已经过人工改造的天然土，上述描述适用。当涉及人造材料时，只有在不会与天然土混淆的情况下，才可使用上述术语。描述中可强调材料的非天然属性。例如，"卵石大小的角渣"，或者"由卵石大小的棱角碎片组成的矿渣"。

来自发电厂的粉末状燃料灰，即飞灰，很容易被辨认。它的颜色通常是浅灰色，主要由粉砂大小的球形颗粒组成，有时还含有未燃烧完全的煤的碎片。由于内部夹含有空气，颗粒的密度通常很低，有些颗粒（漂浮物）甚至比水的密度还小。

7.6.4 复合土

前面几节已经讨论了包含大量次生物质但仍保留主要土类型的基本外观和性状的土。

然而，有些土，尤其是冰川土（冰川成因的土），其颗粒大小不一。这种被称为"漂砾黏土"的冰碛土通常颗粒级配良好，从卵石或砾石到黏土颗粒均包含在内。对这些土进行有意义的描述需要相关的实践和经验。上述原则虽仍然适用，但可能需要在现场进行或实验室试验后重新对最初的描述进行评估。

7.6.5 热带土

在热带地区发现的土的工程描述同样遵循上述的一般原则，但在描述和进行试验的方式上，还有一些额外需要注意的地方。一些热带土，即残积土，是由岩石在潮湿的热带条件下通过化学腐蚀在原地分解而形成的，并可能保留其原始结构或构造所特有的迹象。其中比较重要的两种类型是红土和铝土矿，但这两种类型土通常被笼统地称为红土。红土富含氧化铁，呈红棕色。铝土矿富含铝，通常呈灰白色。这些土的黏土颗粒往往聚集成粉粒大小的团块，除非使用特殊的分散剂，否则可能难以分散（见第 4.5.3 节）。

黑棉土是在热带地区广泛发现的另一种重要类型土。这些通常是高可塑性的黏土，颜色为黑色或深棕色，并且可以在旱季保持水分，这就是它们对种植农作物有价值的原因。黏土部分含有很大比例的蒙脱石族高活性矿物，这是造成这些土具有显著收缩和膨胀能力的原因。它们属于膨胀黏土的范畴。

在中东发现的盐沼土是在亚热带干旱条件下形成的。（阿拉伯语中的 sabkha 指的是这些土生长的沿海和内陆盐碱地。）地下水（通常是海水）的蒸发使孔隙空间中留下了大量的盐，这些盐主要是氯化物和石膏。这些盐类含有结晶水，如果在过高的温度下干燥，结晶水很容易蒸发散失，从而导致含水率和孔隙率的不正确。（有关烘箱干燥时的特殊注意事项，请参见第 2.5.2 节）

一些热带土被处理得越多就会进一步分解。实验室试验的结果可能因工作量而异，例如使用杵或研钵、筛分或处理时间的长短。这类土会受烘箱干燥，甚至是空气干燥的影响，所以它们不应该被完全烘干。因此，可能有必要进行一系列的比较试验，以评估样品制备和试验方法对最终结果的影响，并在必要时采取改进的步骤进行处理。

关于热带残积土的描述和鉴定在地质学会工程小组《热带残积土报告》（1990）及其《修订报告》（Fookes，1997）中进行了详细的讨论。BS 标准中规定的试验步骤可能并不总是适用于这类型的土。

参考文献

BS 5930（1999）Code of practice for site investigation：Description of soils and rocks. British Standards Institution，London.

BS EN ISO 14688-1（2002）Geotechnical investigation and testing：Identification and classification of soil-Part 1：Identification and description. British Standards Institution，London.

Fookes，P. G.（1997）Tropical Residual Soils.（ed P. G. Fookes）Geological Society Engineering Group Working Party Revised Report. The Geological Society，London.

Geological Society Engineering Group Working Party Report：Tropical Residual Soils（1990），Quarterly Journal of Engineering Geology，23（1）.

Lord，J. A.，Clayton，C. R. I. and Mortimer，R. N.（2002）Engineering in chalk. CIR-

IA document C574. CIRIA，Westminster，London.

Landva，A. O. and Pheeney，P. E. （1980） Peat，Fabric and Structure. Canadian Geotechnical Journal，17（3）pp 416-435.

Munsell Soil Colour Chart. Reference 6-A. Tintometer Limited，Waterloo Road，Salisbury，Wilts.

von Post，L. （1924） Das genetische System der organogenen Bildungen Schwedens. International Commission on Soil Science，IV Commission.

Skempton，A. W. and Petley，J. （1970） Ignition loss and other properties of peats and clays from Avonmouth，King's Lynn and Cranberry Moss. Geotechnique，20（4）.

延伸阅读

Bridges，E. M. （1970） World Soils. Cambridge University Press.

Fookes，P. G. and Higginbottom，I. E. （1975） The classification and description of near-shore carbonate sediments for engineering purposes. Géotechnique，25（2）.

Manual of Applied Geology for Engineers （1976） Institution of Civil Engineers，London.

McFarlane，M. J. （1976） Laterite and Landscape. Academic Press，London.

Clare，K. E. （1957） Part1：The formation，classification，and characteristics of tropical soils. Part 2：Tropical black clays. Symposium on Airfield Construction on Overseas Soils. Proceedings of Institute of Civil Engineers，8，Paper No. 6243，November 1957.

附录
单位、术语和实验室设备

本章主译：张诚成（南京大学）

附录 1
国际单位制 (SI)

A1.1　使用的单位

本卷中使用或引用了表 A1.1 中列出的单位和符号。该表选自行业内普遍接受的《土力学和基础工程 SI 单位选择》。

SI 是 *Système International d'Unités*（International System of Units）的公认缩写，是 1960 年国际会议上最终同意的公制的现代形式。SI 单位的倍数和约数是通过在单位符号前加前缀而形成的。表 A1.2 中给出了最常用的前缀。推荐的前缀是表示 10 的 ±3 次方的前缀。除非建议的前缀不方便使用，否则应避免使用表 A1.2 中带有星号的前缀。

A1.2　定义和注意事项

A1.2.1　长度

米（m）定义为在指定的时间间隔（约 $1/3 \times 10^{-9}$ s）内，光在真空中所经过的路径长度。

以前的原型米（铂铱合金杆）仍由国际计量局（BIPM）在巴黎附近的塞夫勒（Sèvres）实验室中保管着。

毫米（mm）在大多数实验室测量中使用：

$$1mm = 10^{-3} m$$

注意应避免使用厘米（cm）。micrometre（μm）通常称为微米（micron），但前者在技术上是正确的。

A1.2.2　体积

如果将以 mm^3 为单位的体积除以 1000 来换算成立方厘米（cm^3），通常可以简化计算：

$$1cm^3 = 1000mm^3 = 1mL$$

请注意，尽管在 SI 中取消了 cm 的使用，但 cm^3 与建议使用的多个单位兼容（10^3 的倍数关系）。

公升（L）被公认为是一个立方分米的特殊名称，但是不应该用来表示科学或高精度的体积测量。从最实用的角度来说，有：

$$1L = 1dm^3 = 1000cm^3$$

但是，在精确的科学工作中，$1L = 1000.028cm^3$。

附录 1 国际单位制（SI）

表 A1.1

数量	单位	符号	应用	转换关系
长度	毫米	mm	样品测量,粒径	$1\mu m = 10^{-6}m$
	微米	μm	筛孔和粒径	$= 10^{-3}mm$
面积	平方毫米	mm^2	截面面积	
体积	立方米	m^3	土方工程	
	立方厘米	cm^3	样品体积	$1m^3 = 10^6 cm^3$
	毫升	mL	液体测量	
	立方毫米	mm^3	计算所得试样体积	
质量	克	g	精确称量	
	千克	kg	大量样品和近似质量	$1kg = 1000g$
	兆克	Mg	也称为吨	$1Mg = 1000kg = 10^6 g$
密度	兆克每立方米	Mg/m^3	样品密度和干密度	水的密度$=1Mg/m^3 = 1g/cm^3$
温度	摄氏度	℃	实验室和浴温	摄氏度是首选名称**
时间	秒	s	室内试验的时间	$1minute = 60s$
力	牛顿	N	量力环校准 较小的力	$1kgf = 9.807N$ $1N = 101.97gramf$
	千牛顿	kN	中等大小的力	$1kN = 1000N =$ 约 0.1tonne f
压力和应力	牛顿每平方米 ＝帕斯卡	N/m^2 Pa	非常低的压力和应力	$1g/cm^2 = 98.97N/m^2$ $= 98.07Pa$
	千牛顿每平方米 ＝千帕斯卡	kN/m^2 kPa	压力计 土压缩强度和剪切强度	$1kgf/cm^2 = 98.07kN/m^2$ $1bar = 100kN/m^2$
压力(真空)	毫米汞柱	mmHg	真空下非常低的压力	$1mmHg = 133.3N/m^2 = 0.1333kPa$
动态黏度	毫帕秒 ＝毫牛顿秒每平方米	mPa・s mN・s/m^2	水黏度	$1mPa・s = 1cP(centipoise)$
物质的量	摩尔	mol	溶液浓度	（替换 N 或 M）

* 等于"torr"，现已过时

** 有关温度转换表，请参见图 A1.1

表 A1.2

字首	名称	因子
G	千兆	$1000000000000 = 10^9$
M	兆	$1000000 = 10^6$
k	千	$1000 = 10^3$
h	* 百	$100 = 10^2$
da	* 十	10
d	* 十分之一	$0.1 = 10^{-1}$

字首	名称	因子
c	*百分之一	$0.01=10^{-2}$
m	毫	$0.001=10^{-3}$
μ	微	$0.000\,001=10^{-6}$
n	纳	$0.000\,000\,001=10^{-9}$

A1.2.3 质量

千克（kg）等于国际计量局（BIPM）在塞夫勒（Sèvres）实验室保存的铂依合金原型的质量。它是唯一的基本量，是一个多重单位：

$$1kg=1000g（克）$$

"重量"没有国际单位制。当使用"重量"来表示由于重力而作用在物体上的力时，必须将质量（kg）乘以 g（$9.807m/s^2$），以得到以牛顿（N）为单位的力。

A1.2.4 密度

兆克每立方米（Mg/m^3）是土力学采用的密度单位。它比基本 SI 单位千克每立方米大 1000 倍，等于克每立方厘米：

$$1Mg/m^3=1g/cm^3=1000kg/m^3$$

土颗粒的密度（土粒密度）以 Mg/m^3 表示，在数值上等于比重（现已淘汰）。以 Mg/m^3 为单位，水的密度为 $1Mg/m^3$。

A1.2.5 时间

秒（s）是以铯-133 原子在特定条件下的辐射周期来定义的。沉降试验时间通常以 min 为单位。

A1.2.6 力

牛顿（N）是施加在 1kg 质量上，使其达到 $1m/s^2$ 的加速度的力：

$$1N=1kg \cdot m/s^2$$

千牛顿（kN）是土力学中最常用的力单位：

$$1kN=1000N\approx0.1tonne\,f 或 0.1ton\,f$$

A1.2.7 压力和应力

帕斯卡（Pa）是 1 牛顿的力在 $1m^2$ 的面积上产生的均布压力。

帕斯卡已被引入作为压力和应力的单位，并且正好等于牛顿每平方米：

$$1Pa=1N/m^2$$

在处理土时，通常的压力单位为千牛顿每平方米（kN/m^2）或千帕斯卡：

$$1kN/m^2=1kPa=1000N/m^2=1MPa$$

巴（bar）不是 SI 单位，但有时会在流体压力中遇到：

附录 1　国际单位制（SI）

$$1bar＝100kN/m^2＝100kPa＝1000mb（毫巴）$$

标准大气压 $1atm＝101.325kPa＝1013.25mb$。

A1.2.8　物质的量

摩尔（mol）是一个系统的物质量，它所包含的基本实体的数量与 0.012kg 碳 12 的原子数量相同。在实际应用中，"物质的量"等于以克为单位的分子量。

A1.2.9　标准重力

由于地球引力而产生的国际标准加速度为 $g＝9.80665m/s^2$，尽管各地的加速度略有不同。为实用起见，$g＝9.81m/s^2$，是作为在地球上进行测量的共同基础的常规参考值。

换算系数、英制和 SI 单位　　　　　　　　　　表 A1.3

	英制转 SI	SI	英制	SI 到英制
长度	0.3048	m	英尺(ft)	3.281
	25.4	mm	英寸(in)	0.03937
面积	0.0929	m^2	平方英尺	10.76
	645.2	mm^2	平方英寸	0.001550
体积	0.02832	m^3	立方英尺	35.31
	4.546	L	加仑(英国)	0.2200
	3.785	L	加仑(美国)	0.2642
	28.32	L	立方英尺	0.03531
	16.39	mL	立方英寸	0.06102
	16387	mm^3	立方英寸	0.000061
质量	1.016	Mg(tonne)	吨	0.9842
	0.4536	kg	磅(lb)	2.205
	453.6	g	磅(lb)	0.002205
	28.35	g	盎司(oz)	0.03527
密度	0.01602	$Mg/m^3(g/cm^3)$	每立方英尺磅	62.43
力	9.964	kN	吨力	0.1004
	4.448	N	磅力	0.2248
压力	0.04788	kN/m^2(kPa)	lb f/sq ft	20.89
	6.895	kN/m^2	lb f/sq in	0.1450
	47.88	N/m^2(Pa)	lb f/sq ft	0.02089

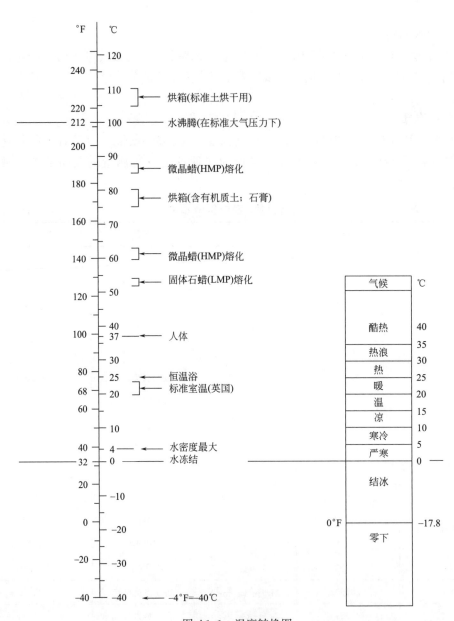

图 A1.1　温度转换图

附录 2
术语

A2.1 土和水性质的符号

被测量	符号	单位
含水率	w	%
液限	w_L	%
塑限	w_P	%
塑性指数	I_P	%
非塑性	NP	—
相对稠度	C_r	—
液性指数	I_L	—
缩限	w_S	%
线性收缩	L_S	%
收缩率	R	—
重度	γ	kN/m^3
堆积密度	ρ	Mg/m^3
干密度	ρ_D	Mg/m^3
饱和密度	ρ_s	Mg/m^3
浮密度	ρ'	Mg/m^3
最小干密度	ρ_{Dmin}	Mg/m^3
最大干密度	ρ_{Dmax}	Mg/m^3
水的密度	ρ_w	Mg/m^3
最优含水率	OMC	%
土粒密度	ρ_S	Mg/m^3
液体密度	ρ_L	g/mL 或 Mg/m^3
饱和度	S	%
孔隙比	e	—
孔隙率	n	—
气孔比率	V_a	%
粒径	D	μm 或 mm
小于某粒径的颗粒百分含量	P	%
有效粒径	D_{10}	mm

续表

被测量	符号	单位
限制粒径	D_{60}	mm
不均匀系数	U	—
水动力黏度	η	mPas

A2.2　希腊字母

大写	小写	名称	大写	小写	名称
A	α	alpha	N	ν	nu
B	β	beta	Ξ	ξ	xi
Γ	γ	gamma	O	o	omicron
Δ	δ	delta	Π	π	pi
E	ε	epsilon	P	ρ	rho
Z	ζ	zeta	Σ	σ	sigma
H	η	eta	T	τ	tau
Θ	θ	theta	Y	υ	upsilon
I	ι	iota	Φ	φ	phi
K	κ	kappa	X	χ	chi
Λ	λ	lambda	Ψ	ψ	psi
M	μ	mu	Ω	ω	omega

附录 3
有用数据

A3.1 密度

	温度(℃)	密度(g/cm³)
纯水	15	0.999 09
	20	0.988 20
	25	0.997 04
海水	20	1.04
蜡		
石蜡(熔点)	52~54	0.912
微晶(熔点)	60~63	0.915
汞	20	13.546

A3.2 黏度

水在 20℃时的动力黏度＝1.0019mPa・s

注意：1mPa・s＝1mN・s/m²＝1cP（厘泊）

A3.3 标准容器尺寸

	直径 （mm）	高度 （mm）	体积 （cm³）	所含土的近似 质量(kg)
压实模具	105	115.5	1000	1.8~2.2
CBR 模具	152	127	2305	4.0~5.0
U-100 管（每 100mm）	100	100	785.4	1.4~1.7
U-100 管（满）	100	450	3534	6.3~7.7
样品管	38	76	86.2	0.150~0.190

附录 4
BS 和 ASTM 筛孔尺寸的比较

BS 筛孔尺寸	符合 ASTM D 422 标准的最接近的筛网名称	筛孔尺寸
75mm	3 英寸	75mm
63	$2\frac{1}{2}$ 英寸	63.5
50	2 英寸	50.8
37.5	$1\frac{1}{2}$ 英寸	38.1
28	—	—
—	1 英寸	25.4
20	$\frac{3}{4}$ 英寸	19.05
14		—
10	$\frac{3}{8}$ 英寸	9.52
6.3	—	—
5	4 号	4.75
3.35	6 号	3.35
—	8 号	2.36
2	10 号	2.00
1.18	16 号	1.18
—	20 号	850μm
600μm	30 号	600
425	40 号	425
300	50 号	300
—	60 号	250
212	70 号	212
150	100 号	150
—	140 号	106
75	200 号	75
63	230 号	63

附录 5
设备清单

该附录（结合第 1.2.1～1.2.5 节）提供了本卷中所述试验所需的所有土工测试设备的完整清单。

A5.1 特殊设备

下面列出了特定试验需要的特殊设备装置，并根据其中详细描述的章节编号列出了这些名目。这些列表包括某些专门的玻璃器皿，在 A5.2 中的"通用玻璃器皿"下不再重复。

第 2 章：

液限圆锥贯入仪

锥度测量仪

贯入试验用金属杯

卡萨格兰德限液仪

卡萨格兰德开槽工具和量规

直径 3mm 的测量棒

缩限单元（TRRL 装置）

缩限容器（ASTM 装置）

缩限模具

缩限多孔板

汞

线性收缩模具

第 3 章：

样品挤出器

样品管适配器

薄壁取样管

翻滚式摇瓶机

电磁搅拌器

水置换装置

天平附件（用于水中称重）

振动锤和夯实附件

振动锤支架

第 4 章：

直径 450mm 带盖筛

直径 300mm 带盖筛
直径 200mm 带盖筛
筛刷
高速搅拌器
振动搅拌器
取样移液管和支架
土壤比重计

第 5 章：
BDH 土检测试剂盒
罗维朋比测仪
电动 pH 计
离子交换柱和恒压装置
柯林斯碳酸计
二氧化碳吸收装置

第 6 章：
1L 击实模具，套环，底板
击实夯锤："轻型"（2.5kg）和"重型"（4.5kg）
CBR 模具，套环底板和工具
振动锤
击实附件：直径 102mm 和直径 145mm
自动击实仪
哈佛压击实仪
水分条件测试仪
备用纤维盘
模具挤出千斤顶，带用于 1L、CBR 和 MCV 模具的附件

A5.2　玻璃器皿和陶瓷器皿

A5.2.1　通用玻璃器皿

耐热玻璃烧杯（带有玻璃皿盖）	100mL
	250mL
	400mL
	600mL
高型	250mL
量筒，带刻度	10mL
	25mL
	50mL

	100mL
	250mL
	500mL
	1000mL
	2000mL
单一标记，无壶嘴	1000mL
容量瓶	250mL
	500mL
	1000mL
锥形瓶	250mL
锥形瓶，广口	500mL
	650mL
	1000mL
移液管，球状	10mL
	25mL
	50mL
	100mL
带移液管滴瓶	25mL
滴定管	50mL
	100mL
萃取瓶	100mL
称量瓶	25mm（直径）×50mm
	50mm（直径）×30mm
	40mm（直径）×80mm
干燥器：真空	直径 200mm
	直径 250mm
机柜	300mm×300mm×300mm
漏斗	直径 50mm
	直径 110mm
滤瓶	500mL
	1000mL
搅拌棒	7mm（直径）×200mm
	3mm（直径）×100mm
表面皿	直径 50mm　直径 75mm
带盖气瓶	1L
带有毛细通气塞的密度瓶	50mL
带黄铜锥的比重瓶	1kg
抽吸注射器	
沉淀管	500mL

导管

玻璃板   500mm×500mm×10mm

         300mm×300mm×10mm

带水密塞的瓶子   500mL

琥珀色玻璃瓶，带瓶塞   1000mL

A5.2.2 陶瓷器皿

蒸发皿   直径 100mm

         直径 150mm

布氏漏斗   直径 110mm

         直径 150mm

坩埚：二氧化硅   直径 35mm

     瓷（带盖）   25mL

研钵和杵   直径 200mm

橡胶杵

A5.3 五金制品

A5.3.1 金属器皿

水分含量容器   75g

         150g

         500g

         4kg

样品盘   250mm×250mm×40mm

         300mm×300mm×40mm

         600mm×600mm×60mm

         760mm×760mm×60mm

分选托盘   900mm×900mm×75mm

         1000mm×1000mm×75mm

         1200mm×1200mm×50mm

铲刀（钢刀片）   100mm×20mm

         150mm×25mm

         200mm×30mm

刮铲（方头；橡胶或塑料）   100mm×20mm

夏塔维铲刀   150mm×3mm

         130mm×10mm

钳子：烘箱   400mm

     坩埚   200mm

     弓   200mm

　　　　橡胶涂层　　　　　　　　　　　　　　　　　150mm

电热板（可控热源）

本生灯

三脚架

铁丝网

三角铁丝

隔热垫

瓶装煤气炉或石蜡炉

备用气瓶或石蜡

支架：滴定管

　　　　蒸馏器

　　　　漏斗

管头和夹具

刨丝器

托盘

手推车

钻石尖铅笔

A5.3.2　塑料器皿等

烧杯　　　　　　　　　　　　　　　　　　　　　　250mL

　　　　　　　　　　　　　　　　　　　　　　　　600mL

　　　　　　　　　　　　　　　　　　　　　　　　1000mL

量筒　　　　　　　　　　　　　　　　　　　　　　250mL

　　　　　　　　　　　　　　　　　　　　　　　　500mL

　　　　　　　　　　　　　　　　　　　　　　　　1000mL

　　　　　　　　　　　　　　　　　　　　　　　　2000mL

离心瓶（聚丙烯）　　　　　　　　　　　　　　　　250mL

漏斗　　　　　　　　　　　　　　　　　　　　直径115mm

　　　　　　　　　　　　　　　　　　　　　　直径200mm

洗涤瓶　　　　　　　　　　　　　　　　　　　　　500mL

带防水旋盖的聚乙烯瓶　　　　　　　　　　　　　　500mL

　　　　　　　　　　　　　　　　　　　　　　　　2000mL

吸气瓶　　　　　　　　　　　　　　　　　　　　　4.5L

橡胶管

真空橡胶管

塑料管

橡皮塞；橡皮头；淀帚（橡皮头玻璃搅棒）

过滤泵

水雾喷头

桶	9L
垃圾桶	50L

A5.4 小工具

舀子	试管刷
手铲，平刃	玻璃刀
园艺刀	软木镗孔工具刀
抹泥刀	磁铁
钢制浮筒	钢尺：150mm
铲	300mm
修边刀	钢方尺
工艺工具（带替换刀片）	参考直尺
锯：	斜锯盒
中粗齿	卡尺：
琴弦钢丝	量规
螺旋钢丝	外部
	内部
圆头锤：120g	游标
250g	
500g	深度计
大锤	
	老虎钳：
地质锤： 500g	平口钳
1kg	气钳
皮槌	电钳
直边刮刀 300mm	钉钳
钢丝刷	螺丝刀
软毛刷	锉刀：手锉，圆锉，三角锉 150mm
筛刷	平滑锉和二次切割锉 或 250mm
蜡刷	金工虎钳
镊子	

A5.5 化学试剂和指示剂

A5.5.1 试剂

二氧化碳吸收剂	铬酸钾
氨（0.880g/cm³）	重铬酸钾
硫酸铁铵	邻苯二甲酸氢钾

氯化钡	硫氰酸钾或铵
硫酸钡	涂有无水硫酸铜的浮岩
盐酸（1.18g/cm³）	硝酸银
过氧化氢（20 体积）	碳酸钠
乙酸铅	苯胺磺酸钠
高氯酸镁	氢氧化钠
硝酸	四硼酸钠
正磷酸，85%（1.70～1.75g/cm³）	硫酸（1.84g/cm³）
氯化钾	3,5,5-三甲基己-1-醇

A5.5.2 指标

石蕊试纸：红色，蓝色	溴甲酚绿
pH 试纸：	溴百里酚蓝
通用	甲基红
窄范围（见表 5.5）	百里酚蓝
甲基橙（经筛选）	土壤指示剂
缓冲溶液：	二苯胺磺酸钠
pH 4.0（邻苯二甲酸氢钾）	专用指示条
pH 9.2（四硼酸钠）	

A5.5.3 其他材料

阳离子交换树脂（Zero-Karb 225 或 Amberlite IT-120）	滤纸：
汞（再蒸馏）	沃特曼 40 号
硅胶颗粒	沃特曼 42 号
六偏磷酸钠（卡尔冈）	沃特曼 44 号
	沃特曼 50 号
	沃特曼 541 号

A5.6 杂项材料

A5.6.1 一般

煤油（石蜡）	签字笔：
莱顿·巴泽德石英砂，63～600μm	乙醇基
橡皮泥或腻子	水基
石蜡（熔点 52～54℃）	剪贴板
微晶蜡（熔点 60～63℃）	玻璃样品罐
硅脂或凡士林	塑料胶带
真空油脂	保鲜膜包装
标签：	铝箔

系带式	薄纱
黏贴式	聚乙烯袋（各种尺寸）
	防护服（请参阅第1.6.10节）

A5.6.2 清洁工具和材料

工具	材料
	肥皂
钢丝刷	阴离子去垢剂
洗瓶刷	去污粉
试管刷	木器抛光剂
软毛刷	金属抛光剂
洗涤刷	纤维素布
粘胶海绵	布里洛垫
尼龙锅刷	钢丝球
茶巾	石油溶剂
手巾	丙酮
掸子	乙醇
抛光布	醚
垃圾桶	熟石灰
	硫磺华

参考文献

Anderton，P. and Bigg，P. H. （1972）Changing to the Metric System. National Physical Laboratory，HMSO，London.

British Geotechnical Society Sub-committee on the Use of SI units in Geotechnics（1973）. Report of the sub-committee. News Item，Géotechnique，23（4），pp. 607-610.

BS 3763（1970）The International system of units（SI）. British Standards Institution，London.

Metrication Board（1976）Going Metric：The International Metric System. Leaflet UM1，'An outline for technology and engineering'. Metrication Board，London.

Metrication Board（1977）How to Write Metric：A Style Guide for Teaching and Using SI Units. HMSO，London.

Page，C. H. and Vigoureux，P. （1977）The International System of Units（approved translation of Le Systeme International d' Unités，Paris，1977）. National Physical Laboratory，HMSO，London.

Walley，F. （1968）Metrication（Technical Note）. Proc. Inst. Civ. Eng.，Vol. 40，May 1968.

Discussion includes contribution by Head，K. H.，Vol. 41，December 1968.

索　引

索引

353

359

索引

索引